ブブノフ著

地質学の基礎

湊　正雄
小笠原謙三　訳

岩波書店

GRUNDPROBLEME DER GEOLOGIE
by Serge von Bubnoff

1954
(3rd. edition)

This book is published in Japan by arrangement
with Akademie-Verlag GmbH, Berlin.

セルゲ・フォン・ブブノフ教授

訳者序文

この本は Serge von BUBNOFF: Grundprobleme der Geologie, 1954, 第3版の全訳である.

BUBNOFF は1888年7月15日ペテルスブルグに生れ, 始めロシアの有名な鉱物学者 FEDROV および NIKITIN の下で鉱物学を習得した, 1906年, 一家はドイツに移住し, 彼はフライブルヒ大学に入学した. 1910年に学位を得, 翌年フライブルヒおよびハイデルベルヒ大学の助手となった. 恐竜の足跡の化石の研究に従事したのは, この頃のことであった. また, 地質学上の見聞をひろめるために, イタリーやロシヤにしばしば旅行した. 1920年になって, シュワルツワルトの花崗岩についての研究をまとめ, 彼の地質学者としての位置は決定した. 翌年に講師, 1928年に正教授となり, グライフスワルト大学に移った.

氏の"欧州の地質"および訳書の初版, "地質学の基礎"はこのグライフスワルト時代の作品である. 1950年にベルリンのフンボルト大学(Humboldt Universität)に移り地質学・古生物学教室の主任となった. その後, H. STILLE 教授が, ハンノヴァーに引退し, そのあとをひきうけてドイツ学士院, 地質構造研究所(Geotectonisches Institut)の主任を兼ねた.

1954年10月9日, 氏の永い間のドイツ地質学の貢献の故に, ドイツ共和国最高の名誉である国家賞を送られた. 1957年11月16日に突然に逝去された.

現代, 地質学界において, H. STILLE 教授とともに BUBNOFF 教授ほど, 輝かしい成功をおさめ, 強力な影響をのこした学者は稀であろう. しかし戦後になって, 改めてこの2人の巨匠の足跡を省みるとき, 私はひそかに思うのだが, BUBNOFF 教授を STILLE 教授と並置して考えるのは, BUBNOFF 教授のために少し, 気の毒ではないかという気がする. BUBNOFF は常に STILLE に後輩の礼をつくし, 仕事の上でも, その跡を追ったものが少くはない. しかし残された作品を通してみると, 実は, BUBNOFF の方が, はるかに偉大な存在であったように考えざるを得ない点がある. BUBNOFF は氏の履歴が示すように, 鉱物学, 古生物学, さらには応用方面で, 炭田地質学の上で大きな貢献を残した. しかもさらに, 花崗岩の研究, 地質構造論の上で没することのできない仕事をのこした. 火成岩の理解において, 通常の岩石学者は氏に一目をおかざるを得ないとは，日本の具眼の岩石学者の一致した見解である．

さて，この本の訳業は実は，かなり前に計画された．知る人は或は思いだされるであろう．故大塚弥之助教授の“日本の地質構造”という本は，その整った内容を示す，第1章～第4章の大部分は，実は，BUBNOFF氏の“地質学の基礎”を参考としたものである．当時，私は，将来，この本の完訳を大塚氏と約束し，若干は訳出したのであるが，完結に至らなかった．

たまたま，故大塚教授の門下，小笠原謙三氏が，仕事の関係で北海道に赴任され，実務の余暇に，地質学上の基礎的な文献を読んでみたいという御意向であった．上のような経緯もあったので，氏にこの本をおすすめした次第であった．その後，氏は余暇を借りて，完訳されたので，私は応分の御援助を約束した次第である．まさに印刷に移そうとするときにあたり，この本は，第II版で改訂され，さらに第III版でも，若干の変更のあったことを耳にした．そこで小笠原氏は，急ぎ第III版を入手し，全文をやり直して，小生に原稿を託された．おりあしく私は病床にあり，けっして氏のために十分な御援助のできなかったことを遺憾に思う．もしも，この訳本が日本の読者に役立つ点があるとすれば，それは専ら小笠原氏の功に帰せらるべきであり，仮りに至らぬ点があれば，それは私の責任であることを申しのべておかなければならない．

最後に，私どもの遺憾にたえないのは，BUBNOFF教授に，この訳本を生前にお見せできなかったことである．翻訳権について，先方のアカデミー出版社と岩波書店の間で，いろいろと交渉が長びいている間に，にわかに氏は逝去されてしまった．深く悲しむ．

以下，BUBNOFF教授および夫人のお手紙を訳出し，その間の様子をおつたえして，序を終ることにしたい．

BUBNOFF教授より（1957年6月13日）　湊宛

前略　貴下の1957年6月5日のお手紙拝見しました．貴下らが，小著を高く評価され，日本訳を出版されることをうれしく思います．このようにして，日本の同学諸氏と関連をもち得ますことを幸に考えます．

翻訳権については別に困難はないと思います．アカデミー書店もたいへん御申し出に好意的であります．　敬具

BUBNOFF 夫人より(1958年2月3日)　湊宛

深い悲しみに沈みながら，私は，私の愛する夫，教授，S. von BUBNOFF 博士が心臓障害のために，1957年11月16日に亡くなったことをお知らせしなければなりません．貴下の6月5日附けのお手紙は，今もなお，夫の机の上にあります．

私は思い出します．たしか11月13日の朝食のおりでしたが，夫は，11月15日金曜日に，貴下らの日本版のために序文を書かなければならないと言っていました．そうして，私に適当な写真をさがしておくように申しました．それは貴下が日本版にのせるように御希望されたものです．

残念ながら，今のところ序文はみつかりません．彼は13日と14日は家で仕事をしていました．おそらく，15日に研究所で，彼は直接に序文をタイプしようと考えていたもののようです．しかし，それなりになりました．

11月15日の早朝，彼は心臓麻痺をおこし，16日の朝はやくに亡くなりました．この日は講義にゆくはずでした．彼の死は，私どもすべてにとって，あまりにも大きな打撃でした．

いずれ，写真のみは必ず，お届け申します．　かしこ

BUBNOFF 夫人より(3月12日)　湊宛

御丁寧な，おくやみを賜り有難う存じました．生前，亡夫と御交際願っておりました方々は貴下と同じように，私の失ったものが如何に大きく，私はもはや生きる望みを失ったことを御察し下さると思います．

しかし，私は夫が貴下に日本版の序文を書いておいたことをお伝えできることをうれしく思います．序文はみつかりましたので，アカデミー書店からお届けする手はずになっています．出版に間に合えばよいがと案じています．これは夫の絶筆でございます．

なお，夫の写真を同封しました．私は，この写真が最もよく主人をつたえるものと思います．貴下は，この写真によって，夫の人柄を想像下さるものと思います．なお，もう一枚の写真はアカデミー出版社を通じ，訳者の小笠原謙三氏にお届け申します．

遺憾にたえないのは，夫の署名が，序文にないままに，お送りしなければならなかったことです．事情をお察し下さい．深い尊敬をこめて，　かしこ

なお，今日，この本が出版されるに至ったについては，岩波書店の稲沼瑞穂氏，堀江弘氏の御高配の賜であり，深い感謝の意を表する次第である．

湊　正　雄

序にかえて

日本の同学の教授たちが，拙著“地質学の基礎”を訳出するに値する本であると，お考え下さったことを，うれしく思います．しかし，それは私の名前が日本語で印刷されるという理由からではありません．それにもまして私は，日本の学者が，この本の特別な性格というべきものを，はっきりとお認め下さったことをうれしく思うのであります．

“地質学の基礎”は普通の教科書ではありません．この本の目的は，地質学上のあれこれの素材を，よせあつめて紹介することではありませんでした．むしろ，それらの素材を地質学の体系の上で，どのように評価され，どのように探求されるべきであるかを考えてみることにあったのであります．

地質学は科学の普通の方法である実験に加えて，過去の一連の事件を復元するという，いわば“歴史的”とも称さるべき方法がからみ合わさっていなければ，満足な結果は得られません．したがって地質学には，どうしてもイデオロギッシュないし哲学的な思考が関与せざるをえないというのは私の年来の主張でありました．地質学は精神科学と深い関連を有しています．地質学の基礎に精神科学が大きな意義を有していることは否定できません．

近頃になって，いろいろな国，わけても地質構造もドイツとはひどく異なり，分布している岩石や地層もドイツとは全く異なっているような国々でも，地質学の対象に対して，私があえて“精神科学的”と称しましたような研究方法が必要となってきているということを，しばしば耳にしました．

この意味で，拙著“地質学の基礎”は単に地質学者の間ばかりではなく，諸国民の交流にすら役立つと考えたいのです．こうした見地から小著の日本訳が日本の多くの人々に親しまれるように念願する次第です．

セルゲ・フォン・ブブノフ

学士院会員，ベルリン
フンボルト大学教授

1957年11月14日

第I版への緒言

まずはじめに，小著はけっして地質学の教科書ではないことをはっきりさせておきたい．小著は，教科書としては不十分なものではあるが，同時にまた教科書以上のものであり，ふつうの教科書ではえられないものを説こうとしているのである．ここで教科書として《不十分》であるというのは，小著が地質学のあらゆる研究分野にわたって完全な展望をこころみているものではないという点にある．むしろ，風化とか，いわゆる"外因的作用"の作用型とか，地表面の形態等々の項目については，意識的に簡単にとりあつかうか，全く省略してしまい，ただ考え方のすじみちだけをはっきりさせるようにした．それにもかかわらずこの著書が教科書《以上》のものであると主張するわけは，ふつうの教科書にみる折衷的な体系のかわりに，観察と推論の関係についての論理的な体系を立てようとしたことにある．

小著をあらわすに至った《外面的》な動機は，雑誌"Naturwissenschaften"(自然科学)にのった私の論文が，地質学以外の自然科学の専攻者の間にも大きな興味がもたれたことが，たくさんの投書によってわかったことにあった[1]．それによって，私は，こういった地質学的な考え方を，より広い立場からまとめて論じることもけっしてむだではないと考えたのである．一方また，私はグライフスワルト大学*で講義を行うにあたって，地質学の基礎をいま一度自分で吟味して，授業のために地質学の理論的諸仮定を総括してみる必要に迫られていた．

これらの思考過程をいっそう広範囲の人々に親しみやすいものにしようと思った《内面的》な動機は，精神科学徒ばかりでなく他の自然科学徒にも往々にして抱かれやすい，地質学者の仕事に対する誤解をとりのぞきたいという熱望であった．今日でもなお，地質学は大なり小なり空想的な思索のよせ集めであって，地質学とはおそろしく"正確を欠く"ものであり，したがってその全部をまじめにはうけとれないというような偏見も横行しているのである．この偏見は，多くの人が地質学の特殊な思

1) Grundprobleme der Geologie Europas. Naturwissenschaften, 1928, H. 7, 31, 40, 49; 1929, H. 9, 23; 1930, H. 4. (欧州地質学の根本問題，自然科学)

この論文の各部は小著においても直接に問題としてとり上げられ，また各方面にわたって論ぜられている．

* ドイツ最北の大学，著者は当時ここで地質学・古生物学を講義した．*印は訳者註．

考過程にいまなおほとんどが注意を払っていないことと，地質学の《論理上の制約》を知らないために生じているものである．正確性というものは，要するに，ある観察から論理的に侵すことのできない一連の結論をみちびきだすことにあるのであって，数と量で示される“数式的正確性”だけではないのである．この数式的正確性は，生物学においても，常に具体化されているとは限らないものである．時間的にはずれている事がらを一つの印象にまとめて描いた画は，偶然の状態を本質的か非本質的かの価値づけをすることもなく再現した写真よりも，あるばあいには“より正確”なこともありうるのである．この価値づけ，すなわち論理的正確さが大切であることは，しばしば見のがされているが，それはわれわれ自然科学者が論理的基礎というものを，わかりきったものとして，深くかえりみない傾向にあるからである．したがって近隣科学との共通な議論の基礎を探究するときに，はじめて，地質学的思考法について解説が必要となってくるのである．

地質学の述べていることは，どの程度まで一般的な規範性をもつものであるか，またどの程度までさらに吟味を要し，あるいは他の領域の科学との結びつきによって修正されなければならないものであるかということは，小著でまず第一に探究しようとするものである．そうすることによって地質学の文献上の間隙を補うことになると私は確信している．それによってまた，自然科学の学生ばかりでなく，地質学や他のあらゆる自然科学の愛好者，とくにまた地質学以外の自然科学専攻者たちが——地質学的研究への入門ないしはさらに高次の研究への刺激としてであっても，または根本問題の解決をしばしばもたらすと期待されるところの境界領域に関する論議の基礎としてであっても——本書において得るところがあることを希望するものである．

本文においては，もっとも重要でかつ基本的な文献は所々に例示しておいた．また便宜のために巻末にはもっとも重要で比較的しばしば用いられる術語を少しばかり集め，その簡単な解説と索引を附した*．その他，やむをえず外国語も入っている学術語というものは，経験によれば問題の究明を大いに困難にするものなので，シュミットSCHMIDTのすぐれた地質学・鉱物学小辞典**を参照されたい．

グライフスワルトにて　　1930年11月

* 索引として用語も少いので訳出をみあわせ，別に訳者らによる索引を巻末に附けることにした．

** C. W. SCHMIDT: Wörterbuch der Geologie, Mineralogie und Paläontologie. Verlag W. de Gruyter, Berlin-Leipzig, 2. Auflage 1928.

第II版への緒言

初版を起草してからすぎ去ったほぼ20年の間に，この本で取扱った問題の研究は注目に値するほど掘下げられかつ進歩し，問題によってはまったくあたらしい基礎の上におかれるようになった．著者も，自著“欧州の地質”Geologie von Europa およびスカンディナヴィアの研究において新事実を追加し，知識を体系化することによっていっそう正確に問題を取上げ，少くともその一部の解答の道をひらこうとこころみたのである．この第II版は，たとい大部分の構成，方法およびまとめ方は変らないとしても，この新しい知識の進歩段階に適合させねばならなかった．私はいくつかの章を修正したことが観察を深めるために役に立ち，しかもそれによって概念の単一性をそこなわなかったことと願っている．本書は1935年にロシア語訳が出され，また計画されていた英訳(ティレル TYRELL による)は惜しいことに著者とは全く関係のない理由で実現されなかったことも，申しそえておきたい．自然科学出版社(以前のボルントレーガー社)の好意によってこの第II(認可)版が世に出ることになった．

グライフスワルトにて，1949年2月

著　　者

第III版への緒言

地質学の根本問題はすでに2版を出し，地質学的な問題の取上げ方の本質と方法とを解析し，地質学の知識が世界観に寄与することを明らかにした．この一般的な認識批判の根本的立場をとった結果として，この書物は専門学者でない人たちにも関心を持たれ，第II版は比較的早く売切れるということになった．新版を出すようにとの激励がたびたび私によせられたので，私は喜んでこれに応じた．とくにアカデミー出版社に対しては，少なからぬ障害を排除されたことを感謝する次第である．この本の本文は変っていないが，ただ最後に地質学における時間の概念に関する補遺をつけ加えた．それは最近数年間の文献に見られた提議と抗議とに刺激されて書いたものである．

ベルリンにて，1954年7月

著　　者

目　次

図版目次

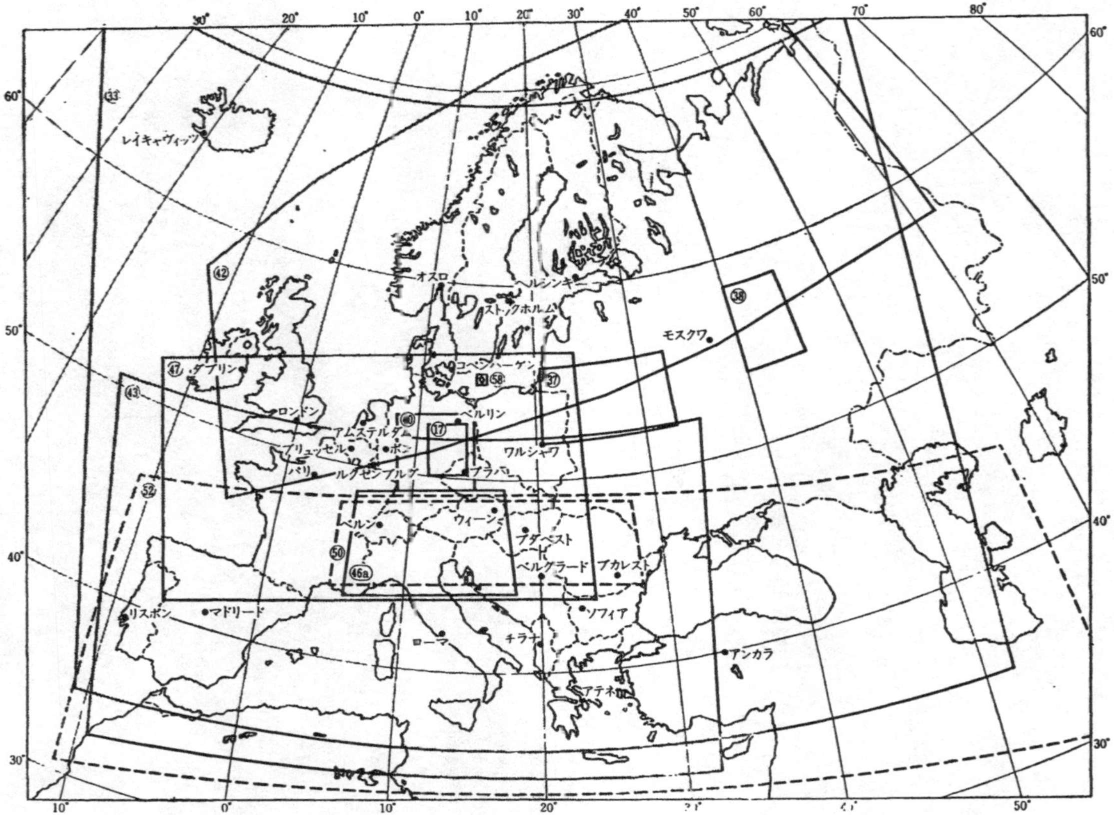

本文中の図がどの地域に相当するかを示す．○でかこんだ数字は図の番号

I 地質学の認識論的基礎

この考察を始めるにあたって，私は，ゲーテ GOETHE の地質学的研究をとりあつかったセンペル SEMPER の著書[1] に本質的な点でつながりをもつ一般的な議論を二三おこなうが，そのばあい，私には，精神科学と自然科学との思考法の間の橋わたしを助けたいという考えが基調となっているのである．往々にして，これらの二つの科学の間に誤解が存在するのは，多くのばあい両者に共通な認識論的基礎がないからであって，そのことはまた，人々が精神生活のこの二つの領域の間に深い溝をつくるのを常としていることの結果なのである．

むかしはこの関係は異なっていた．なぜならば，当時は哲学はあらゆる部門の科学を包括する大概念であり，名称であったからである．それからこの哲学の分科が起ったが，最初に独立したのは事実について直接の研究にまっさきに着手した学科であった．こうして物理学・化学・動物学・植物学が独立し，独自の目的を追求し，独自の方法を発展させたのである．地質学は哲学からの分離の過程を比較的おそく経験した．というのは，地質学が特殊な構成の上に立ち，特殊な目的をもっているからであった．当時の人々といえども，現在の世界とその構成を知るためには，単なる思索にたよるよりは，その状態と作用する力を観察するほうが，すぐれているということはたやすく了解できたのである．ただそれを実行に移すのがあまりにおそすぎた点が奇妙に思われよう．けれども，過去のことおよび発生の由来を事実の直接観察によって知ることができるということ，すなわち，自然はその生成を人々によみ解かせるために，多くの記録 Dokument をのこしているということは，なかなかわからなかったのである．

したがって，今日では切りはなすことのできない地質学の二つの部門は，18 世紀では別れ別れの発育不完全な存在であった．この二つの部門というのは，一つは地観察論 Geognosie であり，それはまず第一に鉱山業に役立つもので，成因的な考察などははじめから放棄して単なる記載にとどまっていたものであった——アグリコラ

---

1) M. SEMPER, Die geologischen Studien Goethes, Leipzig 1914, Veith u. Co.（ゲーテの地質学研究）.

AGRICOLAはこの部門のもっとも注目すべき代表者の一人であった．もう一つの部門は地成因論 Geogenieであり，これは天地創造に関する学問であって，事実をまったく無視し，最初は聖書の創生記をたてにとり，その後も，内容的にはこれから脱却したとはいえ，形式的および方法論的にはまったく同様な思弁的方法にとどまり，世界観すなわち哲学の不可欠の要素とみなされたのである．ビュッフォン BUFFONの“自然の諸時期 Époque de la nature”は，才気にあふれた理論の書であるが，実は地観察論と地成因論との不愉快な分離と，誤った方法論とを示すものにすぎなかった．

けれども自然科学がすべて哲学から分離してしまった時には，哲学とあらたに結合することはいっそう不可能のように思われた．なぜならば，哲学と自然科学の分離をあきらかに示して，ヘッケル HAECKELのいわゆる“世界の謎”にあらわれたような多くの混乱に終止符を打ったのは，おそらくいわゆる理想主義哲学の功績に帰すべきものであり，とくにヴィンデルバント WINDELBANDおよびリッカート RICKERTに負うところが多いのである．そのために一元論が科学的二元論におきかえられたものならば，やっと分離された哲学と科学とをふたたび概念的にむすびつけるべき根拠は何もないと思われるのである．

しかしながら，ここに他の根拠からふたたび関係が生じるような場合がおこってくる．もしも我々が科学を単に実際的職業として追求するだけでなく，それに対して理論的興味をも抱くならば，我々はある程度まで，世界像に対し，また世界観に対して，あこがれをもつようになる．我々は科学において真理を求め，真理を知ろうとする理想を有する限り，科学が我々の生活をこえてもっている価値を認めるのである．ここで我々はふたたび哲学に近づく．なぜならば，現代の哲学は特殊な科学ではなく，歴史学でもなく，倫理学でも美学でもなくて，一般に価値およびそれの実現への手段に関する学問なのだからである．

したがってここで，ふたたび一つの結合が可能であり，精神生活の二部門の間に常に起りがちな悲しむべき分離をふせぐための一つの方法が与えられる．なぜならば，もし我々がこの結合を実現するための価値と方法とを自覚するならば，そのばあい，我々は哲学していることになるからである．こうして哲学はふたたび一種の上部構造となる．ただし，それはギリシャ哲学の意味においてすべての現実に対して説明をあたえる科学ではなく，現実を《価値づける》科学である．この意味において，どんな科学にも哲学的な部分があるといえるのである．けれども，我々がこういうたぐいの科学をしようとするならば，ただ哲学的方法すなわち歴史学的方法においてのみなしうるのであって，個々の科学の方法をもってすることはできないであろう．我々は観念の生成と消滅，それのもつ真理性とその論理的可能性を認識しようとするのである．

このような方法には収穫があるだろうか？ この方法は我々の科学の専門的な追求に対しても有用であるのだろうか？ この方法は固有の専門的研究に対してはもちろん推せんすることができない．しかし，いずれの部門の科学にも，在来の学説が動揺する革命の時代がかならず来るものであり，その時には我々はやはり我々の観照に内在する真実なものを自覚しようとする衝動を感じるのである．

ここでとられる歴史学的方法において我々が関心をもつのは，もちろん古い理論そのものにあるのではなくて，ただそのような理論にみちびいたところの方法と，誤った結論を生じさせるような誤解とにある．これによって歴史学的-哲学的考察は有用となる．歴史学的-哲学的考察は多くの判断がどうしても主観的なものになるためにけっして万能薬ではないが，それでも思考方法の欠陥をきわめて鋭く強調するのに役立つのである．

私はここで，当然のことではあるが，この特殊の方法の基礎についてあらましだけしか示すことができない．

定式化しなければならぬ根本問題は次のようなものであろう．すなわち，我々の科学すなわち地質学とは何であるか，地質学はいかなる方法をとるか，地質学の方法論的構成においておこりうる誤りはいかなるものであるか，地質学の終局の目的は何であるか．

まずはじめに，‘地質学とは何であるか’という問を出すならば，その答は，たいてい，自然科学の地球への応用ということになる．この答の内容は，地質学がともかくも自然法則の助けをかりて地球上の現象を理解しようとつとめているという点では正しい．地質学は，宇宙の根本法則を打立てるわけではなく，むしろ他の自然科学，たとえばとくに化学および物理学の根本法則に立脚しているという点においては，一つの派生的科学といえるのである．しかしそれにもかかわらず私は，とりわけ方法論的危険が包蔵されているために，この定義をみとめるわけにはゆかない．なぜならば，上述した種々の科学のすべての方法が地質学にも適用されるものであり，すべての特殊科学の陳述内容がそのまま地質学を制約するとは，けっしていえないからである．地質学と他の科学との根本的な差異は，地質学は今日の状態を今日の現象から解明し題は，地質学を哲学的に体系立てる上には，ある程度役に立った．地質学はただ1度かぎり発生したものを復元しようとする故に，歴史学と同じような目的をもっているとは，一般にいわれたことであった．たしかにそのとおりであるが，この1回かぎりの発生にさいしては，個々のものが重要なのではなく，ある一定の空間と時間における法則性をうち立てることが重要なのであって，この点に歴史学との厳格な相違が存在するのである．私はかつて特殊な爬虫類化石を発掘したことがあるが，この爬虫類がどんな様式で生存していたかということは，私にとっては大した問題ではなく，この特殊な爬虫類は指標として，すなわち無数の同じものの代表者として興味をひかされたのである．あるいはまた，地史の経過中の生物学的反応として興味ぶかいともいえるのである．私にとって問題となるのは，それ自体が問題としてあつかわれる個体ではなくて，属の代表者としての個体である．またある花崗岩がフランスに貫入したかツールーランド*に貫入したかということも大した問題ではない．それはあたかも物理学において光線の偏倚が木星で観察されるか土星で観察されるかが問題にならぬのと同様である．地質学の方法はやはり個別化的ではなく普遍化的なのである．したがって，地質学の方法は，たとい時間の概念を導入することによって特殊な性質をもつようになっているにしても，《自然科学的》であるといえるのである．地質学は，空間における同じ単位（すなわち構造の相似）と同様な事件（すなわち時間における律動 Rhythmen）のくりかえしとを示すことによって，地球の構造と生成過程の根本法則をつきとめようとこころみるものということができる．地質学においては――実現できないことではあるが――数式の《数学的》な正確さが重要なのではなく，仮説と推論の《論理的》な正確さのほうがむしろ重要なのである．

自然科学の中では，ラッツェル[1]がヴントの考えをとりいれていったように，現象学的なもの（物理学・化学・生理学）と分類学的なもの（鉱物学・動物学・植物学）とにわけることができて，この両者のあいだに進化の学問，たとえば宇宙論・地質学・進化論がはさまってくる．これらの学問は進化系列を研究するもので，したがってこれらにとっては，時間の概念が特殊な役割をはたすのである．うたがいもなく，これらの学問は――分類学－記載学も成因的考察によってのみその深い基礎すなわち見透し

---

* Zululand　南アフリカ東海岸地域，南緯 28°，東経 32° 附近．

1) Raum und Zeit in der Geographie und Geologie, Leipzig, J. A. Barth Verlag 1907.

が得られるという点で——分類学-記載学の方に近縁である（“あらゆる分類学的学問はそれぞれの古生物学をもっている”）．ラッツェルが手びろくおこなった歴史学との比較は，上に述べた理由から，条件づきでのみ有効である．

以上のような考察によって，《方法》の問題にも入ったわけである．これからのべようとするのは個々の方法ではなくて，方法の理論的構成だけについてであるが，それは他の科学とは多くの点で異なっているからである．それはすでに述べたように実験が大して重要でないという点にある．それとともに，推論の方式や概念の形成や理論に重大な意義が加わるが，そのことは，地質学においてこの理論的構成がとくによく吟味されるならば，明白になるであろう．この方法に実際上の価値があるかどうかとの問題がふたたびおこるかもしれない．これに対して私は然りとこたえうると信じている．センペルが次のように強調したのは正しい．それは，我々が地質学を上記のような方法をもって研究するとき，すなわち本質的には地質学の歴史から地質学的推論の方式を学ぶときには，以前に推論によってなされた誤りを洞察することができるし，また現在自分たちが正しい途上にあるかどうか，ないしはある種の誤りの原因が今日もなお除外されないで残っているかどうかを判断できるだろうというのである．

しかしはじめに当って私は，多くの自然科学者が十分に気づかず，しかも私自身がしばしば観察したように，人文科学と自然科学とのあいだの意志の疎通をかくようになる原因の最も重要なものの一つをふくんでいる問題を示しておきたい．

私がある観察からある概念を形成するばあい，この概念はけっして事実そのものとは同一視できないのである．それは一つの抽象であり，我々の精神の作用の一形式であり，事実に及ばぬものと事実をこえるものとを包容しているのである．事実に及ばないというのは，個々のものを顧慮しないという点についてであり，事実をこえるというのは，重要か重要でないかの価値づけをするという点についてである．しかしながら，どの科学においても我々は概念を手段とし，けっして事実そのものを手段とはしない．ここに重大な誤りのもとがあるが，これは人々にうけいれられている評価というものが《しばしば》主観的な要因によるものであって，《常に》知識の一般的水準にしたがっているからである．このことは造山論の沿革において明かに認められる．

ウェルナー WERNER によって全盛にみちびかれた18世紀の汎水成論者の見解によると，すべての岩石は，たとえば花崗岩のようなものですら，水溶液から沈澱したものと思われていたのである．この解釈はゲーテによってかなりまとまった理論にまで発展させられた．ゲーテのばあいには，この理論の生成の由来をいまもなお正確にたどることができるので，我々にとってとくに参考になる点がすくなくない[1]．

ゲーテは，花崗岩には通常たがいに直角な3平面に平行な，かなり規則正しい割目があり，その中のひとつはきわめてしばしば花崗岩と他の岩石との境界に平行であるという事実から出発した．この観察はそれ自身まったく正しいものであったが，後年あまり注目されなくなってしまい，ようやく近年にいたってクロース CLOOS の花崗岩の構造的研究においてふたたび造山論の重要な礎石として取上げられたのである．

しかし，この観察にあたえられた当時の説明は，まったく異なった方向に向ってしまった．規則正しい割目の現象は，各鉱物の規則正しい境界性に対比され，したがってこの両現象はおなじ原因にもとづくものとされた．いいかえれば，一つの切石状の花崗岩はあたかも巨大な結晶をあらわすものであるとされたのである．

この推論にはいったいどこに誤りがあるのであろうか？

疑いもなくそれは，形態によってだけでなく，とくに物理・化学的均質性(格子構造)によって定義されねばならぬところの結晶というものの概念が，きわめて不十分に把握されていたことにある．すなわちここでも本質的なものとそうでないものとの価値づけを誤ることによって，不十分な概念構成を来していたのである．しかし，当時においてこれらの誤りを認識するということは，不可能ではないまでもきわめて困難なことであった．なぜならば熔流 Schmelzfluß から凝固した岩石と，水質の媒質中に沈澱した岩石との差異を正しく判断できるためには，量的に新しいばかりではなく質的にも新しい知識が必要であり，とくに顕微鏡的博物学がこの領域において正確な証拠をつかみうるような方法を完成していなければならなかったからである．その上，地質現象の静力学的解釈は動力学的解釈によって補足されねばならなかったが，それは当時はけっしてできないことであり，今日でもこれら二つの根本原理の実際の区別はかならずしも確かではないのである．

この点をのぞけば，広大に完成されたゲーテの思考構成は徹底して理路整然たるものであった．彼の考えでは，高熱の始原海 Urmeer から順次に相累重して花崗岩・斑岩などが析出し，結晶力が上方に向って徐々に減少するにつれて石灰岩および他の堆積岩が析出したとする．このばあい，上に向って各岩石の境界がかならずしも平面的である必要はなく，結晶の集合状態に応じて適当にかわりうるものとされ，実際そ

1) センペル(前出)を参照．

れらの境界は往々にして岩石が析出した溶液中に急傾斜をなしてそびえ立っているというのである．当時においては，種々の岩石の境界面が斜交していようと直交していようと，ふしぎだとは考えられることはなかった．そして，今日ではまさに地質構造論の核心を形成していること——地層の傾斜と岩石の種々の異なった高距的関係——は当時の考察においてはその意義を失っていたのである．

この形像が今日ではがまんのならぬほどあいまいであると思われるとすれば，それは誤った推論に存在するのではなく，最初の概念構成の不明瞭さに存するのであって，それは当時の知識の状態に相応したものであった．なお，このほかに，最初の状態が不十分に総括されたという理由もあったのである．なぜならば三つの割目の方向は実際には等価値ではないのであって，このことはまさに新しい構造論の基礎ともなったのである．しかしそれも今日になってはじめて気づかれたにすぎなかった．

しかしながら我々は，この機会に，今日の造山運動説なるものも，後代にはきわめてあいまいだと思われるような内容をもっていはしないかということを問題とすることができよう．たとえば地質構造の複雑な地方のほとんどすべての断面図がある深度以上には達していないということをセンペルもすでに指摘しているが，これはその断面を下方へ描いてゆくばあいに，徹底的に明瞭な幾何学的表示を得るには，往々にしてあまりに大きな困難が存在しているからである．それと同様な不明瞭さは，ごく最近まで，我々が深成岩の貫入に際しての空間の問題や深成岩体の深部の続きぐあいを表示しようとするばあいにも見られたのである．一方ではクロースの底盤説 Batholitendeutung と，他方では花崗岩化作用の理論とは，この不明瞭さを——動力学的あるいは静力学的な基礎において——除去しようとする二つの根本的に異なった方法をあたえている．

ここで問題とすべきことは，当時，ゲーテの時代においては，質的に新しい知識のことは別として，理論構成上の誤りが純理論的にわかる可能性があったかどうかということだけである．センペルもすでに述べているように，実際に我々は，仮説構成の正当性を判断するばあいに重要である三つの基準をもうけることができるのであるが，それは次のようなものである．

1. 説明されずに残っている事実があること．
2. ある状態の解釈を変える必要がおこること．
3. いわゆる仲介的推論または矛盾した推理系．

《第1番目の誤りの原因》をば1例をひいて説明してみよう．断層 Verwerfung すなわち元来の地層状態からの転位は，ゲーテの静力学的理論においてはなんらの地歩も占めていなかった．しかしながら当時においても，地層群が直接に他の岩石とほぼ直角の境界をなして接しているような所はすでに知られていた．これにたいして，あるばあいにはまったく不完全な解釈も出されたが，後にはこの解釈は理路整然としたものになったのである．たとえばマンスフェルトの含銅頁岩 Mansfelder Kupferschiefer は，普通はそれよりも下位に位するいわゆる赤底統 Rotliegend* という地層群と，あるところでは垂直の割目 Kluft によって接してならんでいることがわかっていた．けれども，この割目は鉱石によって鉱染されているために，急立してはいるが頁岩からの正常の連続であるとみなされ，それについてはなんら考慮されなかった．けれどもフォイクト VOIGT はすでに，この鉱脈は当時の理論をもってしては絶対に説明されないような下底まで続いていることをみとめたのである．この事実は確認されてはいたが，当分は説明不能の現象としてそれ以上の注意がはらわれなかった．

このようなばあい，心理的には思考習慣が大きな役割を演じているのは疑いもないことである．しかしながら考えてみると，このような誤りはもはや我々に無縁であると自負することもできないのである．アルプスの解釈においては，デッケン説 Deckentheorie 発生以前に行われたように，すべての岩石は現存する場所で堆積したと考えたときには，クリッペ Klippe すなわち若い岩石の上に累重している古い岩石からなる地塊などは絶対に説明不可能なこととして残ったのであった．デッケン説が出てようやく，古い仮説を廃棄することによってある説明を与え，同時にクリッペに新しい理論構成における礎石の役割を振り当てることになったのである．インド・南アフリカおよびトーゴー**などで同時代のものと証明された二畳紀の氷期も同様の問題である．すなわち，もしもこれらの地域のどれかに極があったと仮定するならば，他の一つの地域は，氷期の全然存在しえないような赤道上にあったこととなるのである．ここに，今日ではとうてい説明できないけれども，新しい，より正しい仮説の支点となりうるような未消化の部分が，我々の理論構成にもあるということが認識されるのである．この二畳紀の氷期問題こそは，まさにウェーゲナー WEGENER の大陸移動説の基礎となったものなのである．

* ドイツの下部二畳紀層．
** Togo　アフリカ黄金海岸にある地名．

《状態の解釈変更》というものは，おそらく研究の最も注意すべき論理的技巧の一つである．これについても1例をあげてみよう．ゲーテ説によれば，一連の岩石における結晶力は上方に向って減少しなければならないが，花崗岩の上に斑岩があり，そこではなお明瞭な割目，すなわちゲーテの結晶形態が保たれており，次に機械的堆積岩が来るのである．ところが花崗岩と斑岩との間に赤底統の礫岩が存在するような場合のあることがわかってきて，しかもこの礫岩の礫は岩石の移動転落によってもたらされたものであることが当時としてもすでに明瞭にされていたのである．このようなことは当時の理論に合わなかった．その考え方に従えば，この事実は結晶力が減少してその後に再生したことを意味することになろう．そこでこの状態の解釈をかえて，外観の性質などは一切無視し，礫もまた結晶力によって生じたものであると説明した．センペルが，以上のようなやりかたは常に非難されるべきだと言ったのは正しいことである．なぜならば，こうすると，理論，すなわち事実とかけはなれた抽象的な概念を重んずるあまり，直接事実に立脚した結論の方が変更されるからである．しかし今日でも，我々はこのような誤りをおかさないでいるわけではない．ここに再びデッケン説のことを考えてみたい．二三のアルプス地質学者が，一般的な南北性衝上論 Nord-Südschub をようごするために，アルプスには東からの衝上もあるという確実な証拠があるのに，複雑な補助理論の助けをかりてその解釈を変えようとするならば，それは最も危険なやり方であって，そのことは純理論的にでも認めることができるのである．古生物学においても同様なことがある．たとえば種の不滅説 Theorie des Nichtaussterbens der Arten のために比較解剖学の確実な事実を曲解するような場合がそれであって，たとえばシュタインマン STEINMANN が爬虫類は走禽類 Laufvögel・いるか Delphinen などに生れ変ったと解釈した時のようなものである．

最後に《仲介的推論》あるいは推理系の矛盾に関しては，できる限り除外しようと努力すべきではあるが，完全にさけるということはほとんどできないであろう．このばあい，次のような経過が考えられる．私が一連の事実の状態にもとづいてある結論に到達し，他の一連の事実にもとづいて，最初のものとは矛盾するような結論に到達したとする．このばあい両者の関係を矛盾 inkonsistent というのであって，仲介的推論を必要とするのである．それらは通常未知の自然力によると思われる．たとえば物理学的根拠から地球の平均密度は5.52ということになり，そのことから地核の方が重いことが結論されるのである．一方地震波の伝播からは地球が平均して鋼鉄の2倍の剛性を有し，地球の内部では少くとも鋼鉄の4倍に達しているはずだと結論される．したがって，もしも地球に重金属核を仮定するならば，この両方の推理系はさしあたって互いに矛盾しないから，そのような推論は《非矛盾性》konsistentである．しかしながら，観察された地球内部に向う増温度性というような基礎に立って，地球内部はガス体であると推論するならば，地球の剛性とは矛盾する．したがって両者の理論的結合は，仲介的推論によってのみ，すなわちこの場合にはある仮定*によってのみ可能である．たとえば地球内部は，物質のいまなお未知の集合状態**から成っているというようなことを言わなければならないだろう．ところでクーン KUHN とリットマン RITTMANN の最新の理論は，次にのべるようにまさにこのような解釈の方法にしたがっているということは，方法論的におもしろいことである．この理論は，地球の核が緻密に圧縮された水素原子をもつ未分化の太陽系物質からなるものであるというのであって，さしあたり矛盾しないと思われた地球の重金属核という推論に反するものである．前にものべたように，このような推論をすることは注意を要するものではあるが，そうかといってかならずしもさけられるというものではない．少くとも地質学では，実験ではどうしても手のとどかない現象があることを考慮しなければならないために，さけがたいのである．したがってこのような推論を必ずしも無条件でしりぞけるにはあたらないし，《作業仮説》としては用いることができる．しかしこれは作業仮説としてのみ認めるべきものであって，ここに地質学の思考構成の弱点が存在し，事情によっては推理系および最初の概念を変更することによって排除されなければならないものであることを明らかにしておかねばならない．

ここでいよいよ最後の問題，すなわち地質学の《目的》は何かという問題に入るわけであるが，これについては簡単にふれるに止めたい．センペルが，最後の論理的目的は，すべての推論が，個々の科学部門の中でも，隣接科学との関係においても，矛盾しないことであると言っているのは，この目的を正しく表現したものといってよいであろう．仲介的推論の少しもない，不明瞭で不統一な事実を全く伴わないところの理論構成というものがあれば，それは完成された科学にふさわしいものであろう．地質学の今日の理論は，いずれにせよこの状態への多少ともあらっぽい近似にすぎない．地質学の今日の理論は，その矛盾が解決できる時，あるいはいっそう明らかでいっそう

* 公準 Postulat(哲学上の用語)．
** 固体・液体・気体以外の状態．

確実な根本概念が出現した時，あるいは以前の結論が解釈の変更を要求されるような新事実が出現した時には，放棄されなければならない．けれども，それだからといって，今日の理論が無価値だというわけではない．なぜならば，現実を把握するためには，人間の精神はまず概念化された模式（シェーマ）Schema を必要とするからである．本質的か本質的でないかによって事実を価値づけすることが必要であって，そうしなければ秩序はなく，ただ混乱があるばかりである．そのようなことが最近まで古生物学で見られた．すなわち古生物学上の無数の記載種は，ただ微細な差異によって区別されるだけで，少しもより高次の説明原理によったものではなかったために，全くの混乱状態を示したものであった．したがって，たとえばヴェデキント WEDEKIND がきわめて整然となしとげたような生物層序学*的方法によってあたらしく古生物の分類学を打立てようとするこころみは，たとえ細部において誤りがあるにしても，よろこばしいことである．

たまたま以前に建設されたものを破壊することが必要になれば，それをさけるべきではないが，やたらに疑うことも当を得たものではない．なぜならば多くの学説というものは，かならずしも消滅してしまうのではなく，いわば高次の発展段階にくりかえされてくるのが本来の姿だからである．たとえばフォン＝ブッフ L. von BUCH によって，すべての山脈は火山力**との共作用の下に隆起して生じたものであるという造山論が発表された．ところがユラ山脈その他を正確に研究してみると，このような形式の説明は不適当であって，褶曲を生ずるためには，下からの圧力（曲隆 Wölbung）ばかりでなく強力な水平の圧力 horizontale Pressung*** も必要であることがまもなく判明した．それによって地球の収縮説 Schrumpfungstheorie に到達し，のちには，収縮 Kontraktion の極度の増加をある程度まで説明することのできるデッケン説に到達したのである．けれどもこれとともに，特有の前提が再び揚棄された．なぜならばデッケン説が必要とするような巨大な運動は，収縮の過程とは矛盾するからである．しかしこの運動は事実に近い推理によって，あるいは状態の直接観察によって証明されているので，現象形そのものは否定することができない．それを否定しようとすれば，観察された状態について許すことのできないような解釈の変更をしな

*　Biostratigraphie　生物変異を層序の決定に用いる層位学．
**　Vulkanische Kraft とあるが今日の火成作用に当る．
***　初版では Seitendruck 横圧とのべている．

ければならなくなるだろう．それで今日では多くの研究者は収縮説を放棄し，現象をある程度明瞭に説明するために，地球深部の動き，すなわちマグマ内部の結晶作用による流動や容積変化の説を再びえらぶようになった．言いかえれば，ひろい意味での火山作用*の説に立帰ったのである．伸張 Dehnung によっておこされる曲隆運動を説明するためにクロースが用いたような“こぶ状褶曲” Beulenbildung というものもまた，いわば近代的な基礎に立った隆起説ということができる．このようにして我々は，らせん軌道にそって再びフォン＝ブッフにまで戻ってきてしまうのである．もちろん，今日の隆起説は，物理・化学的前提についてはもはやあいまいなことがなく，むしろ物理・化学的前提の上に構成されているのであるから，いっそう高次の認識の段階に達したのではあるが．

前提を公平に判断し，すべてのことがらを矛盾のない推論によって説明することは，センペルもみとめているように，科学の目的である．しかしとくに地質学では，簡潔な公式という意味での一般仮説によってこの目的に到達できるなどと考えてはならない．地質学は自然科学の根本法則，物理学および化学と結びつけられている．これらは，より以上の説明を全く必要とせずむしろ外界に対する規則正しい説明がそこから生じてくるような基礎事実，すなわちゲーテのいわゆる“源現象 Urphänomene”を提供するのである．これらの根本法則だけが簡潔に公式化できるのである．ところが地質学の理論は，それが簡単な一般式に表現される場合には，常に固定した模式主義 Schematismus におちいって事実を曲解するという危険にさらされるのである．地質学の理論はある程度の余裕があって，新しいもろもろの事実も受けいれられるものでなければならない．歴史的に回顧すれば，汎水成論者や汎火成論者の固定した一般仮説というものがいかなる道すじをたどったかを教えられる．我々にとって必要なのは，すでにフォーゲルザンクが90年前に喝破しているように，地観察的説明をともなった地成因論ではなくて，成因的解釈をともなった《地観察論》なのである．そのことを理解し，仮説の価値と意義とを正しく評価するためには，方法論的——歴史学的回顧がしばしば必要なのである．

しかし新しい科学はけっしてそのような回顧に基礎をおいてはいけない．地質学は，過去のほこりまみれの文書をたえず探し求めるには，まだあまりにも若く，ありあまる発展の余地をのこしている．我々が岐路に立つ時，すなわち根本概念に欠陥が示さ

---

* 火成作用の意味．

れる時には，しばらく自らの熟考にたよることだけが必要である．そしてまさに今日では，多くの自然科学がこのような岐路に立っているのである．物理学・化学・天文学はいわゆる“精密”科学の領域からその十分な証拠を供給しており，生物学においては，遺伝学的実験 Vererbungsexperimente がダーウィン主義および進化論の基礎を大いに動揺させている．そして地質学においては，造山運動の深い原因については，今日もなお古い理論が与え得ない多くの不明な点をのこしているのである．

この点で我々は，古い世代から良いことも悪いことも学ぶことができる．なぜならば，古い世代の人々もまた同じように岐路に立ったからである．とくに我々は歴史から，最後の真理としてではなく単なる暫定的な概念としての仮説を，入念に吟味する必要のあることを学び知るのである．

II 記録の解釈

1. 地質学的資料研究の基礎

地質学の研究にあたって，結論の基礎をあたえる材料はいろいろの岩石であって，しかも各ゝの岩石の《組成》，相互の空間的の位置またはその《成層状態》である．直接に観察できるのは岩石であり，また岩石のなかにふくまれる無機物と有機物とである．それにもとづいて間接に，岩石の生成の様式，生成の時期，さらには生成後にうけた変化などが推論される．結局において，これらのことから論理的な推理系によって，岩石の生成当時の地理学的あるいは物理・化学的状態と，地球形態の一般的な法則性がみちびかれることになるのである．こういう確認によって私は，シュヴィンナー(Neues Jahrb. Monatshefte B, 1943, H. 5)とはちがって，地質学の研究対象(岩石・化石)の性格を，記録あるいは研究資料としてあつかうべきことをとくに強調したい．それらの記録がまず第一に興味をひく点は，“自然の断片”としてではなく，言いかえれば記載的な点にあるのではなくて，特定の自然地理学的および生物学的過程と環境条件の証人であり，結果である点にある．それらを復元することこそが地質学の課題なのである．

岩石の生成過程自体は，すでに序論でくわしく述べたように，直接に観察されることはまれなものである．なぜならば，それはひきつづいて観察できないほど長期にわたって形成され，さらにまた直接に実験で具体化することのできないような条件下に生じたものだからである．したがって岩石の生成過程は復元するより仕方がないのであって，それは今日観察できる岩石の状態を，岩石が生成する以前または生成の途中におけるもとの状態と比較することによって行われるのである．《今日の》状態は直接観察できるが，《もとの》状態は当然演繹的に求められ，演繹そのものは理論的合法性から吟味されなければならない．

そのばあい，岩石のもともとの《生成》は，その後の《変形》とはっきりと区別されねばならない．後者，すなわち正常な条件下の《継変作用》Diagenese または固化作用 Verfestigung と，高温高圧下の《変成作用》Metamorphose または再結晶作用

Umkristallisation は，後章で研究することにしよう．岩石の生成については，二つの拠点が考えられる．すなわち，今日確認できる岩石の生成状態との比較と，物理・化学的根本法則とがそれである．

この両方の拠点はもちろん，物理学および化学の根本法則とその地球への応用が，今日と同様に岩石生成当時にも完全に有効であったという前提の下にのみ利用できるのである．この《現在主義》Aktualismus という根本原理はすでにハットン HUTTON (1726—1797) によって用いられ，のちにフォン=ホッフ C. E. A. von HOFF (1771—1837) およびライエル Ch. LYELL (1797—1875) によってさらに的確に基礎づけられて，結局あらゆる地史学的研究はこれを根拠としているのである．今日適用される，力学・重力・熱理論・放射能・化学的親和力などの法則は過去にも適用できるものであったということや，同じ最終生産物はおなじ発展過程からみちびかれるということに関するかぎりでは，これは論理的に完全に明白な公理となっているのである．近年，物理学・化学の根本法則の "永久的な適合性" に対して疑問が投ぜられている[1]が，これに対してキューン B. KÜHN が，地質学的研究に確実な足場を失わせるそのような思弁は無益であることを指摘したのは，正しい[2]．このような思弁はひとつには近代物理学の若干の成果についての誤解によるものであって，たとえば物理学の根本法則が統計的適合性しかもたないとするようなものであるが，じつは統計的適合性とはいっても "中くらいの大きさに関する物理学 Physik mittlerer Größen" では，極めて高い確率値以上の適合性を有するのである．

現在主義の原理全般に対してもまた，近年ドイツではたびたび論争がまき起されている[3]．しかしそれは誤解にもとづくところが大きく，そして——けっして純粋な科学的動機から生じたものではない——そのような論戦は，はじめから何物をも生ずることがないという運命を背負っているのである．論争の原因は，現在主義という概念がいろいろちがったふうに理解できるという点にある．古い地質時代には，今日ではあり得ないような環境ができていたということは確かに正しい．たとえば湿潤な気候

1) K. HUMMEL: Zeitschr. Deutsche Geol. Ges. 92, H. 7/8, 1940 und 94, H. 3/4, 1942, また本書 4 頁の脚註も参照のこと．

2) Zeitschr. Deutsche Geol. Ges. 93, H. 4/5, 1941.

3) とくに次のものを比較するとよい．BEURLEN: Zeitschr. f. d. Ges. Naturw., 1935, H. 1/26; 1936, H. 2; Kieler Universitäts-Reden N.F.H. 3, 1935; Kant-Studien 41, H. 1/2, 1936; Zentralbl. f. Min. etc. 1935, B.N. 12.

でしかも“不毛の地 Wüste”という組合せなどがその例であって，不毛というのは，陸上植物が出現する前には陸地に有機的生命を欠如していたという意味である[1]．結晶片岩の生成過程を今日の地表の状態から考え出すことはできないということも，また“中くらいの大きさ”の領域で行なった実験を他の大きさの桁のもの，たとえば地球全体というような尺度のものに，いきなり適用してはならないということもやはり正しい．しかしながらこのような例証も，岩石の生成を示すような複雑な実験では非常に多様な実験条件の組合せが可能であるということや，今日の地球表面ではかならずしもすべての可能な組合せが実現されていないということだけしか言ってはいない．けれども，上述の組合せで問題になるのはただ実験条件の変化だけであるから，化学や物理学の根本法則になんら反するものではないのである．

現在主義の原則によらずしては，権威ある地質学的研究，とくに地史学的研究はほとんど考えられない．ただし到達することのできない深所，すなわち地球の内部に生じた過程とその結果を判断する際には，もちろんこの原則のほかに他の論理的ないし実験的な補助手段が必要である．

そこで岩石をまず基礎的に大別して，《表成岩》superkrustale Gesteine すなわち地殻の表面で形成された岩石と，《内成岩》interkrustale Gesteine すなわち地殻の内部で固化した岩石とにわけることになる．第三のものとしては，地殻表面で形成されて，地殻内部で変成させられた岩石があるが，それについてはあとでくわしく説明しよう．上に述べたことに関しては，この根本的な区別は成因的であり，したがって“歴史学的”であることを強調したい．

表成岩としては，まず第一に堆積岩がこれに属する．すなわち本来は水中に溶解するかあるいは崩壊した物質から化学的ないし機械的に沈澱したもので，固体の媒質(岩圏)と液体の媒質(水圏)との境界か，または固体の媒質と気体の媒質(気圏)との境界に形成されたものである．さらに火山の固体噴出物(火山弾・火山灰など)や，火山から流出して地表面で凝結した熔流(熔岩)などもこれにかぞえられる．これらの岩石の生成に当っては，その上位の境界が液体ないし気体であり，したがって自由におし分けて行ける媒質であるから，空間問題などは起らないのである．

内成岩のばあいは，これと違った関係になる．すなわち熔流が深所において緩慢な

1) Erich KAISER: Zeitschr. Deutsche Geol. Ges. 83, H. 6, 1931.

温度の減小と高圧によって固化するのであり，それは常に固い媒質の内部に存在する．空間問題，言いかえれば，今日岩石が存在する場所に以前に何があったか，岩石がみたした空洞はいかにして形成されたかというような問題は，このばあいは簡単に返答できる問題ではなく，解決を必要とする問題なのである．

我々がもし両岩石群の生成の歴史を究明しようとするならば，それらの生成の時間的順序をまず第一に知らなければならない．《我々はこれらの岩石の空間的な並置関係 Nebeneinander または累重関係 Übereinander を時代的順序に変えなければならない》．なぜならば，そうすることによってのみ岩石の時代的順序を知ることができ，これを実行できない実験の代用にしなければならないからである．その点にこそまさに，地質学的研究の根本的な“歴史的”特徴が存在するのである．

これらの空間的関係は，両岩石群においてまったく異なった法則に従うものであるが，今からその論証にうつることにしたい．

2. 地殻表面における岩石の生成

a) 成層の根本法則

火山岩のわずかな部類(熔岩・凝灰岩)だけを例外として，あらゆる地殻表面の生成物は古い岩石が気圏との境界で崩壊したものからできた産物である．それらの岩石は機械的な破壊ないしは溶解作用によって動きやすい状態，すなわち粗鬆なあるいは溶解した状態にうつされ，《運動する》液体や気体の媒質(水・風)の共同作用によって運搬され，《静かな》媒質(湖・海・沙漠)の底に沈澱させられたのである．言いかえれば“堆積”させられたのである．

直接の観察によって得られたこれらの事実から，我々は三つの根本的な推論をひきだすことができる．

1. 表成岩は流体の媒質中に粗鬆な状態下で沈澱させられるか，あるいは熔融した灼熱流 Glutfluß(熔岩)として重力流にしたがうかのどちらかであるから，それらの岩石の状態は常に多少とも流動状態に似ていて，その表面を重力方向に対して鉛直に保とうとする傾向がある．実際的な表現をすれば，表成岩のがんらいの沈積形態はつねにほとんど(±)水平面であり，この際それが理想的な水平性に近づく程度は，岩石粥*の粘性ないしは内部摩擦の程度に関係している．水にひたされた泥のばあいには，粗粒の砂や粘稠な熔岩流の場合よりもいっそう容易に理想的な場合に到達する．しかし後者のばあいでも，水平からの偏倚が数度にも達することはごく稀である(以下参照)．

堆積条件から得られるもっと進んだ結果は，すべての歴史的考察の基礎となる事実であって，それは，新しい方の表成岩は古い方の表成岩の上にあり，したがって下から上への垂直な岩石の順序は，同時に時代的順序でもあるということである．

第1図 水平層理．シュヴェービッシュ＝アルプのワッセルベルクにおける白ユラ石灰岩．トルンキスト TORNQUIST: Grundzüge d. Allg. Geologie, 1916(基礎一般地質学)より．

表成岩の成層の第一の根本法則は，したがって，《これらの岩石は水平面に堆積させられ，最上位のものは最新期のものである》ということである．水平性の原理 Prinzip der Horizontalität あるいは垂直的時代順序が乱されているばあいには，一般に正常な条件下に生成された岩石面(層面)**が後に変移 Verlagerung したものであると考えてよいのである．

この根本原則の例外は，次の4群に総括される．

a) 火山から粘稠性のある(熔岩)状態として，あるいは凝固しているが粗鬆な(火山抛出物・火山灰)状態として流出した火山性表成岩では，もしもその内部摩擦の方が重力よりも大きければ，この火山の斜面上で最初から傾斜した層を形成しうるのである．もちろんこういう例は局地的な意義しかない．

* Gesteinsbrei，直訳すれば岩石粥．岩石が未凝固の状態にあるとき，粥を思わせる状態にあると想像される．ドイツ人はオートミールのようなものを思いうかべるらしい．

** Gesteinsplatte，普通は Schichtungsfläche, Ablagerungsfläche, Bedding plane, Stratification-plane などといわれている．

b) 同様のことが，動いている媒質の中で傾斜した面あるいは傾斜しない面上に堆積した粗粒の堆積物(礫・砂)のばあい，たとえば河成礫または風によって動く砂丘 Dün のばあいに見られる．このばあい，そこに局地的一次的傾斜層(傾斜層理 Schrägschichtung)が生ずるが，これはしばしば週期的に水平の地層によって截られる(斜交層理 Diagonalschichtung)．また礁，とくに急傾斜の境界面をなして海面からそびえ立っているさんご礁のばあいにも，しばしば傾斜層理を呈する堆積物(ふりかけ層理 Übergußschichtung)すなわち，波によって生じた周辺破砕帯がある．運搬の方向が交代しているような場合には，しばしば交叉層理 Kreuzschichtung が見られる．これらの現象も多かれ少なかれ局地的なものであって，そのわずかな傾斜角が問題である．堆積岩生成の本質を解明するためには，これらははなはだ重要な意味をもつものである(第2図)．

第2図 交叉層理をなすブント砂岩．シュワルツワルト，アルピルスバッハの三畳紀．トルンキスト著：基礎一般地質学，1916より．

以上のほかに，さらに二つの場合があり，それは本質的には堆積岩の生成後の時期に起るものであるが，ある意味では一次的なものとみなすこともできるのである．

c) 適当な底面のばあい，とくに岸では，水中でやわらかくなった泥塊が生じて，もみあってゆく．これらの土壌流 Bodenfließen ないしは水面下の滑動によって生じるいわゆる“褶曲”は，もちろん本来の褶曲とは少しも関係のないものである．

d) ある鉱物は水を吸収することによって変化し，そのさいいちじるしく容積を増すことがある．たとえば硬石膏 Anhydrit から石膏 Gips に移行するばあいがそうである．この空間拡大は圧砕 Stauchung によって相殺される．この現象もいわゆる“非造山的 anorogenetisch”であり，言いかえると，なんら造山力によってもたらされたものではないのである．

2. 《いずれの沈積地域にも，破壊地域と運搬地域とが属している》．すなわち，いかなる表成岩も地球全体を包むような地層を形成することはないのである．どこかでその岩石はなくなってしまわねばならない．すなわち，岩石の生成時代には材料を供給し，したがって堆積が行われずに侵蝕されていたような地域に移りかわっていく．流動する媒質(水・空気)の直接の共同作用にさらされた地球表面上の比較的高い部分は破壊区域を示し，静かな水圏に侵入された広大な沈降地域(大洋・海)は重要な沈積地域であることは，ほとんど言うまでもないことであろう．《粗鬆な岩石のたどるコースは重力流に従う》が，それについてとくにペンク W. PENCK が証明している[1]．

以上のことから，過去の状態の復元について重要な根本的事実が生じてくる．それは岩石の破壊地域と新生地域とはつねに隣りあって生じなければならなかったということである．したがって岩石の新生によって記録されている地史というものは，世界のいかなる場所においても間隙のないものではないのである．破壊区域と新生区域との境界は動揺していたものであるから，地殻の構成は“たまねぎの皮のよう”である．

3. 《いかなる堆積岩も生成の際の自然地理学的状態の反映であり，その堆積条件は生成時の状態と同様に地域的ならびに時間的変化に支配されている》．堆積岩の形成は次の事柄に関係している．

1. 供給される物質の種類，たとえば
   a) 水中に転落するもの——礫，砂．
   b) 水中に浮游するもの——泥．
   c) 水中に溶解するもの——塩，石灰の一部．
2. 運搬地域の長さ，すなわち破壊地域と堆積地域との距離．
3. 供給される物質の量．
4. 媒質の組成；運動状態；ならびに堆積地の姿態(空気，塩水，または淡水；流水または静止水；河，湖，浅海，深海)
5. 気候的状態．それは搬出物質の種類，供給の速度，溶液から沈澱にいたる化学的経過，および，最後に位するわけではないが，岩石生成の際にしばしば決定的に関与している動物群 Fauna の構成を定めるものである．

《ある一定の生物的内容をともなった，ある一定の岩石の生成を誘導するような自然地理学的状態の総和を相 Fazies という》．そしてその生成の時代の如何をとわず，

1) Morphologische Analyse. Geograph. Abhandl. 2, 1924(地形学的解析)．

同じ相の状態を《同相的》isopisch*，異なるものを《異相的》heteropisch*という．今日の熱帯地方のさんご礁と三畳紀・デヴォン紀・シルル紀のさんご礁とは，いずれも陸地からの泥土の供給をうけないような比較的浅い海のあたたかい流動水の中で生成されたものであって，これらはその生成時代に幾百万年の差があったとしても同相的なのである．逆に，ヘルゴランドの急な海岸の粗粒の礫と，干潟の細粒粘土とは，同時代に形成されてはいるが異相的なのである．

このように考えてみると，成因的研究については，岩石の機械的ないしは構造的状態の方が，化学的組成よりも重要なことがわかる．機械的破壊および溶解は堆積岩生成の前提条件であるが，この条件はもともと比重と溶解性によって物質が分離することにもとづくものである．堆積岩は化学的にはかなり均質な混合物であって，その均等性はいろいろな仕方で成立している．こういう点に，いわゆる"化学相"なるものが成因的に重要視される火成岩との根本的な差異が存するのである(以下参照)．

相は，表成岩の大きな——空間的・時間的——変化の原因である．自然地理学的条件というものも，とくに海岸線や海の深度に関連しては連続的に変るものであるから，空間的な相の変化はたいていは急激におこらないものである．時代的な相の変化は岩石の性質の垂直的変化をひきおこし，これは時代区分に関しては根本的なことである．そしてこのばあいにもまたある連続性がみとめられるので，ヨハンネス=ワルターがのべたように，相の原則として，《水平的に並置して出現するような岩石だけが垂直的にも重畳して出現することができる》という法則を立てることができるのである．後ほどアルプスの地質のところで詳細に説明するはずのこの法則は，こういう最も一般的な形では，無条件に正しいのである．ただし水平的に並置して出現することの可能性の方がもっと明確にされなければならないのである．

b) 層理の意義[1)]

相の変化は結局，ほとんどすべての表成岩を特徴づける層理 Schichtung の原因で

---

* 厳密にいえば同条件相，異条件相と訳すべきもの．

1) この問題の詳細な取扱いは，J. WALTHER: Allgemeine Paläontologie, Bd. I. Berlin 1919 にみられる．さらにつぎの諸論文も重要である．SEMPER: Schichtung und Bankung. Geolog. Rundschau, Bd. 7; ANDRÉE: Wesen, Ursachen usw. der Schichtung, daselbst, Bd. 6; WEPFER: Die Auslaugungsdiagenese usw. Neues Jahrbuch f. Mineralogie usw. 1926, Beilage-Band 54. BRINKMANN: Über die Schichtung und ihre Bedingungen. Fortschr. Geol. u. Paläont. XI, 1932.

もある．沈積条件がつねに同じであるとすれば，物質の供給に変化が起るはずはなく，均質で緻密な岩石塊ができ上るにちがいない．しかしながら表成岩が多少ともある厚さの《明瞭な》平行平面の層理を示すということは，相に変化のあった結果である．

岩石中に薄片状の鉱物(雲母・絹雲母など)の存在する場合は例外である．この場合，鉱物は自然に平らに堆積し，こうして粘土岩や砂岩にこまかい層理ないしは薬片状剝理 Plattigkeit を生じさせている．

しかしながらその他においては，層理の問題はかならずしも容易に解決できるとはかぎらない．一つの地層のつぎ目 Schichtfuge の上と下で異なった組成の岩石が堆積しているような場所においては，層理と層との関係は即座にみとめられる．そうはいうものの，こういうことはけっして常にあるとはかぎらず，むしろ稀なばあいなのである．層理は時間的変化の表示であるから，その可能性の個々についてつぎに簡単に説明したい．

層理は堆積岩の沈積がある期間だけ中断したことを表示する場合があって，このときは各々のつぎ目 Fuge は休止期と堆積の欠如とに相当する．さらに，石灰岩においては，しばしば各々のつぎ目に粘土質の皮膜が存在するが，これは粘土質残留物が増加して，以前に堆積していた石灰岩の一部がふたたび溶解されさえしたことを意味している．このような中断に対してはさらにいろいろな理由がありうる．

まず，とくに層理が同じような状態でくりかえすことが多い場合には，週期的な気候変化を考えるべきである．有名な例としてはスエーデンの氷期の氷縞粘土 Bänderton があり，これは氷がとけた水のために終堆石 Endmoräne が洗い出されることによって生じたもので，数百回の同様な地層のくりかえしを示している．すなわち融雪の際には粗粒物質(砂)が沈積し，つぎに水量が減少するに応じてつねに細粒の物(粘土)が沈積し，最後に冬期には何も沈積しないのである．

しかしながら，このようにしばしば確実に当っていると思われる説明も，気候変化には全然関係のない，海岸から遠くはなれた深海の堆積物のばあいにはあてはまらないのである．そこで，いかなる岩石面も無限にひろく連続するものではなく，どこかで尖滅するかまたは他の相に置換されるかであるという，22頁に述べた考えが思い出されなければならない．岩石面は厳密にいうと平行ではなく，どこかでかならず地層のつぎ目におわっているようなきわめて平たいレンズ状のものである．言いかえれば，一つの地層の堆積は，他の場所では常に中断とか，相の変化とか，あるいはむしろ侵蝕にすら対応するのである(2. 堆積の法則，上記を参照)．しかしながら同時に，各地層のつぎ目は自然地理学的変化の指標となり，したがって歴史的研究の重要な補助手段となるのである．

第三の場合は，しばしば流動する水のある浅い滞水盆地 Wasserbecken に起る．ここでは時々——比較的急激に——近隣の高地から分別されない材料すなわち粗粒の砂と細粒の泥が撒きちらされ，それから供給が止まる．けれども，流動する水中においては砂粒は止ったままであるのに反して，泥は巻き上っている．したがって，後には材料は分別され，粗粒と細粒の地層のこまかい変化を生ずるのである．

このような変化は，長短いろいろの週期をもつ気候的律動にもとづいているのかもしれない．しかしまたそれは——比較的多くのばあいにそうだろうが——海の深度の変化と海岸からの距離の変化，すなわち結局は海面の動揺(循環的堆積作用)を示しているかもしれない．

そのような海面の動揺が陸地との距離の変化によるのか，あるいは海面の上昇ないし沈降によって生じたのか，というような問題に最初から深く立入ることはやめて，そのような運動の経過をしらべることにしたい．そのばあい，まったく中立的な立場で，水面の上昇は正の運動または優海的運動 thalassokratische Bewegung と呼び，水面の沈降は負の運動または優陸的運動 geokratische Bewegung と呼ぶことにしよう．前者のばあいには，過去に侵蝕地域であった部分が堆積地域となり，はんらんした海は古期の岩石の上に堆積物を沈積させる——新しい堆積物と古い岩石とのあいだにひとつの隙間が生じるが，それが最も簡単なばあいには地層のつぎ目*として認められるものである．これを《海進》Transgression という．後者のばあいは，逆に過去の堆積地域は海面上に隆起するようになる．このようなばあいを《海退》Regression という．

これらの思考過程は，ここで述べた形式ではまったく演繹的であり理論的である．帰納的吟味はただ現在主義の原則の基盤に立ってのみ可能であるが，そのばあい，我々は今日においても単に《状態》を観察するだけであって，変化の《過程》に関する陳述はつねに，論理的には異論のないものであるが，ともかくも推理にもとづくのだということを認めなければならない．したがって我々はこれ以上の結論を出す前に，

* すなわち地層の境界面または不整合面のこと．

空間と時間における相変化の法則を，まさに今日の経験を基礎として詳細に考察しなければならない．

c) 空間と時間における相の変化[1]

今日の状態から出発するにあたっては，まず陸の堆積物と海の堆積物とを，したがって異なった媒質(同質相的 isomesisch と異質相的 heteromesisch)における堆積物を区別しなければならない．陸上の堆積物は，侵蝕地域に囲まれた，限られた堆積盆地の内部にのみ存在するので，たいていは断片的である．そして局地的にはげしく変化する条件の下にあるために，きわめて多様な相を示し，生物体の保存には都合のよくない状態であるから，多くは化石にとぼしいのである．わずかに湖と，過去の石炭生成地に対する今日の類似物であるところの広大な泥炭地 vermoortes Gebiet とだけが一種の例外をなしている．けれどもこの判定基準は，陸上および水中堆積物の区別に対してかならずあてはまる標識ではありえない．したがって多くの岩石，たとえばデヴォン紀の旧赤色砂岩 alte rote Sandstein(スコットランド，ロシア)，二畳紀の赤色砂岩および粘板岩(ドイツ)，三畳紀のブント砂岩 Buntsandstein(ドイツ)などを陸上堆積物か水中堆積物かに分類することには，今日なお議論の余地がある[2]．これらの砂岩はしばしば，主として風の運動の共同作用によって生じた沙漠堆積物であると解釈されてきた．乾燥気候を前提とはするが，湖の中の局地的堆積および一部には浅く広い海岸地域での形成を問題にすべきだということは，今日ではかなり確かであるとみてよい．ここではしばしば証明を誤った論議の二三についてだけしか述べることができないが，それによって，いわゆる“現在主義的帰納法”の誤りの原因がよく曝露される．

1. 陸棲動物の遺骸はかならずしも陸成堆積物であることを示すものではない．それは流水によって高地から流され，内陸盆地やさらに沿海区域にさえ堆積することが

---

1) 一般地質学の教科書のほかに重要なものとしてまず第一に次のものがある．J. WALTHER, Einführung in die Geologie als historische Wissenschaft, Jena 1893—94(歴史科学としての地質学入門)；E. DACQUÉ, Grundlagen und Methoden der Paläogeographie, Jena 1915(古地理学の基礎と方法)．

2) 重要な文献は，J. WALTHER, Das Gesetz der Wüstenbildung(沙漠生成の法則) Berlin 1912; PASSARGE, Die Kalahari, Berlin 1904; SOKOLOW, Die Dünen, Berlin 1894; SOERGEL, Die Ursachen der diluvialen Aufschotterung und Erosion, Berlin 1921.

ある．ウェッパー WEPFER によればシュワルツワルトのブント砂岩(三畳紀)*の中にマストドンザウルス *Mastodonsaurus* の遺骸がつみかさなって発見されているのも，こうした原因によるものである．また苦灰統**に魚の化石の豊富なことを，ポンペッキー POMPECKJ は同じように説明している．おそらくこの魚類は海棲のものではなくて，河棲のものであったと考えられるのである．また原始的な甲冑魚 uralter Panzerfisch が，陸上に堆積したと思われる旧赤色砂岩中にも，ライン頁岩山地 Rheinische Schiefergebirge の海成デヴォン紀層中にも分布することも，同様に解釈される[1]．同様のことは植物についてもあてはまり，それは，流しよせられた炭層，すなわち(別の場所から由来した)流積炭層 allochthone Kohlenlager は海岸にすら形成されるのである．このさい誤って植物の生えていた場所と埋没した場所とをとりちがえることがある．

2. 含塩層(岩塩・石膏・炭酸石灰その他)は，乾燥気候のもとで風化した岩石からの塩の遊離によっても生ずるし，とくに海岸地域においては海水の蒸発のために塩が沈澱することによっても生ずる．したがって含塩層の生成した媒質が何であるかということは無条件には証明されるものでない．

3. 砂質堆積中の傾斜した層理(交叉層理・傾斜層理)は風による砂の運動によっても(砂丘)できるし，また流水中，すなわち河川，とくに河口地域においても(三角洲生成)生ずるものである(21頁参照)．

4. 砂岩の表面にできる規則正しい波状の溝(漣痕 Rippelmarken)は，あまり運動しない媒質の上をよく運動する媒質が流れることによって生ずる波動の跡である(摩擦の最も少い平面，ヘルムホルツの法則)が，この現象は粗鬆な沙漠の砂にも，浅くて底まで動揺する滞水盆地でも，どちらでもおこると考えられる．

2〜4 のばあいには，同じような誤りの原因が問題となる．すなわち異なった生成過程から同一の終局形態を生ずるということである．地質学上の帰納にさいして，このことは往々にしてあまりにも考慮されなさすぎたので，この誤りの原因はとくに強調

---

* ドイツの三畳系は下からブント砂岩，貝殻石灰岩，コイパーに3分される．

** 実際は，苦灰統に魚の化石の多く発見されることを，苦灰統を堆積した海すなわち苦灰海 Zechsteinsmeer に魚が豊富であったと，原文では表現している．

1) J. POMPECKJ, Das Meer des Kupferschiefers, Leipzig 1914; E. WEPFER, Der Buntsandstein des badischen Schwarzwaldes und seine Labyrinthodonten, Monogr. zur Geol. u. Paläont. II, 1, 1923.

されねばならない．今日では，観察を深めること，とくに価値判断のなされた生物学上の資料と岩石学上の資料*を総合することによって，多くのばあい従来の誤解を訂正できるものとされているが，しかしながら陸上堆積物と水中堆積物を区別するには，なお不正確な点が残っているのである[1]．

陸上堆積物が欠けているところ，すなわちある時代に侵蝕地域であったところでは，当然，一定の時代の岩石がここでは全然堆積しなかったか，あるいは実際には堆積したがその後侵蝕されたか，という未解決の問題が残されるのである．このばあい思考上の廻り道はさけることができない，最も簡単な例は，破壊された古い岩石の残骸が，若い，すなわち新しい海水の氾濫によって生じた岩石中に発見されるばあいである．たとえばフォゲーセンのブント砂岩中にシルル紀の岩石(筆石類を含む)の礫の存在することは，今日この地域にシルル紀層は全く残されてはいないけれども，過去(三畳紀以前)にはこの地域をおおっていて，それが破壊されたのだということを意味している．同様に，エストランドの下部シルル紀オボルス砂岩 Obolus-Sandstein 中に三葉虫パラドキシデス *Paradoxides* の化石をふくむ砂岩の礫が存在することも，エストランドが中期カンブリア紀に海水におおわれていた唯一の証拠であって，カンブリア紀の堆積はほかには全く含まれていない[2]．たいていのばあい状態はずっと複雑であり，周囲の堆積地域の相の状態(海岸・浅海など)が間接の推理を与えるだけにすぎない．さらに一例をあげれば，シュワルツワルトの周囲ではその東西南北にわたって貝殻石灰岩 Muschelkalk(中期三畳紀)がまったく同様の状態で見られるのに，シュワルツワルトそのものには分布していないとすれば，この地層はシュワルツワルトにも堆積したがその後侵蝕されたものとみなしてよい．これに反して，たとえばロートリンゲンにおけるように貝殻石灰岩がアルダンヌ**に近づくにつれて砂岩(貝殻砂岩)ないしは礫岩に移りかわるとすれば，おそらくアルダンヌは三畳紀に陸地であったと推論してよいであろう．

ところで過去の陸地の輪廓を復元するのに決定的と思われる思考過程を，個々の例

---

* 岩相または化石上の資料で，堆積環境をはっきり示すと認められているものを意味する．

1) 方法としても重要で，きわめて興味のあるこの種の研究は：W. SOERGEL, Apodiden aus dem Chirotherium-Sandstein, die Geschichte eines fossilen Tümpels. Paläont. Zeitschrift 1928.

2) その存在はとにかく今日では疑問である．

** Ardennen(Ardennes) 北フランス，南東ベルギーの境界．

について追究してみることは，この論議の目的ではない．こうした帰納に可能性のあることも誤りの原因のあることも，すでに述べたところで明白ではあるが，個々の例については，ダッケ DACQUÉ の総括は今日でもなお権威あるものであるから，参照されたい(上掲，1915).

海成沈積層のばあいには，堆積中の自然地理学的条件を確認することは，本質的にいっそう明白に行えることが多いものである．そのことはとりわけ，気候の交替，とくに短い週期のものと媒質の運動とは深度を増すごとに減少し，したがって相の空間的分化にいっそう動揺が少くなっていくということにもとづいている．さらに，水中における有機物の遺骸は大気中におけるよりは保存されやすいということと，有機物はたいてい上記の二つの因子(気候と運動)に対してきわめて微妙な反応を示すものであることを注意すべきである．したがって陸地との距離か水深かによって区別される相帯 Fazieszone の区別は，地理学的および生物学的資料の総合判断にもとづいているのである[1]．全く明白なものであっても最近の事実は，それを過去にあてはめようとすると，死滅した動物の生活様式が，今日の近似種のそれとは必ずしも同じであったとは考えられないという困難に遭遇するものである．生活領域の深度などは，近似種のばあいであってもいちじるしく異なるものである．

最も大きい相の変化は普通は海岸地帯，すなわち《沿海地帯》Litoral に多く生ずる．それはいわゆる“両棲地域”(ワルター)で，海陸の現象がそこで交錯しあうのである．海岸の形状や岩石構成に応じて，あるいは波の強さによって，海岸の岩石から粗粒または細粒の破砕物が沈積される．はげしい運動のおこるばあいは，生物の生活にとってもその保存にとってもつごうがよくない．したがってそのばあいは生物の遺骸がいちじるしく少いということが起るのである．その他のばあいには，固着(貝類)，掘さく(蠕虫)，穿孔(穿孔貝)などによって媒質のうごきに適応して行くような種がみいだされる．水準の変化しないばあいには，沿海成沈積物は海岸に沿ってせまく帯状に生ずる．海面が上昇すれば，この帯状部は陸地の方に移り，一方今までの場所にはいっそう深海成の離陸性沈積物が生ずることになる(42 頁第 4 図)．こうして海面の変化は相の変化をおこさせるものであり，この変化は岩石の層理となってあらわ

---

1) 文献: J. WALTHER; E. DACQUÉ(上記参照); ANDRÉE, Geologie des Meeresbodens, Leipzig 1920; その要約は，SALOMON, Grundzüge der Geologie, Bd. 1, 2, 1925.

れてくる．したがって海進は層理の《一つの》原因である．

このばあい，同相的の岩石たとえば最も海岸に近い礫岩で時代の異なるものがあるということは，しばしば見すごされる事実として論及されなければならない．このような往々にして層理の発達の悪い岩石については，慎重に調査しないと，岩石の相似が時代の相似と誤認されやすいからである．

海の方向に進むほど波の破砕作用と波の運動とは減少し，それに応じて陸地から供給される材料の粒度も減少する．それらの物質は陸から遠くなると，なお水中に漂ってはいるが，もはやころがって運搬されることはないのである．ものを沈澱させる力が強い電解質にとんだ海水のばあいには，他の決定的な要素すなわち海の深さが極端に増さないばあいでも，これらの材料の供給は海岸からかなりはなれた場所では最小限の量になる．そのようなところは浅海 Flachmeer の領域すなわち《浅海地帯》neritische Region であって，とくに大陸の浅い周縁，すなわち《陸棚》Schelf の上にかぎられており，その向う側は大洋のひじょうな深部にまで海底が深まっている．今日の陸棚はたいてい狭いものであるが，陸棚の堆積物の特徴は過去の海が分布したひじょうに広い面上にみられるものであるから，地表面と海底の起伏の度合は地史の経過とともに強められてきたと考えるのは，おそらくまちがいないであろう．陸棚海の特徴は自然地理学的にみて浅いという点にあり，この浅いということは，弱いものにもせよ海水の運動を引起す可能性があり，さらには海水の温度を変化させたり，とくに透光性をあたえたりすることになるのである．さらに生物学的には，気候的変動の因子や光線の因子によっていろいろに分化した，豊富な底棲（ベントン）動物群を繁殖させることにもなるのである．相という点からみれば，次にのべる二つの極端なばあいが重要である．

1. 陸地から泥の供給があるばあい．沈積する岩石は粘板岩かまたは泥灰岩 Mergel である．海底には混濁した水にも耐えられるような動物だけが生存し，さらに浮游性（プランクトン）ないしは游泳性（ネクトン）の生活をする動物もこれに加わり，その死骸は沈下する．

2. 陸地から泥の供給がないばあい．海の浅いばあいは底棲生活が可能であるから，底棲生物の生産物が唯一の堆積源である．すなわち純粋に生物源の石灰岩が生じ，その極端なばあいとしてはカサリン石灰岩 katharische Kalke という，固着性の株状をなす生物（さんご類・蘚虫類・石灰藻類）の遺骸からなる，無層理の純粋な石灰岩塊を生じている．

この両極端の対立は，大局的にみれば，過去の状態についても絶滅した動物群に対してもあてはまらねばならないということは，まったく明白である．したがってこの対立は，あらゆる古地理学的考察にさいして大きな役割を果すのである．しかしながら，そのような説明は個々のものについてはつねに一種の外插法にすぎないということも明らかである．なぜならば，多くの因子たとえば，海岸からの距離，真の深度，泥土供給の量と方向，絶滅種の生物学などはかならずしも正確なものではなく，しばしば一種の循環論において，まさにこの相の関係から推論されるものだからである．したがって陸棚堆積物の相の研究はひじょうに内容のゆたかなものではあるが，実際には誤りを多く生じやすい研究領域で，ここに生ずる誤りを検討することは方法論的にも興味あることである．地質学的記録を解読するためにこれらの状態を説明するにあたって，その二三のものを簡単に論じなければならない．

ここでも誤りの原因として，時間的なものと空間的なものとを区別することができる．そうして両者は，現在主義的観察をあまりに形式的に利用したということ，とりわけ《水平的に相が変化しうることを無視すること》に根ざしているのである．たとえば，二つの異相の岩石が隣接して存在する時に，我々は，それらが時代の異なるもので，垂直運動によって隣接するところに持ってこられたものと考えるか，さもなければアルプスの地質においてよく見られるように，たしかに同時代のものであるが堆積区域を異にする岩石であって，大きな水平の運搬作用によっておし動かされて直接隣りあうに至ったものと想像しがちである．

これらの一群の誤りの原因については，南チロルの白雲岩 Dolomit が古典的な一例としてあげられる．シュレルン，セットーサス，ローゼンガルテンなどの，ひじょうな奇観を呈する数百メートルの厚さのさんごおよび石灰藻の礁とならんで，しばしば層理のある薄い石灰岩や泥灰岩が存在し，しかもたいていのばあい，ひじょうに化石の多い泥灰岩よりも礁石灰岩の方が高く突出している．この礁は，現在は半ばこわれているが，過去においては一枚のつながった板状をなしていたもので，それが泥灰岩の上を被覆していたのだとする解釈がまず容易におこる．けれども一方においてこの被覆関係が直接に観察されることはまれであり，他方において泥灰岩中の動物群は礁中のそれらより若い時代のものと思われることがしばしばあって，正常な順序では泥灰岩は礁の《上に》のるべきものとなるので，したがってさんご礁がその後に複雑な隆起を行なったものとみなされた．けれども造礁岩石が水平的に泥灰岩にうつりかわって行くことが証明されて，はじめて水平的な岩相変化の正しい姿があきらかにされたのである．

今日までまだ必ずしも完全に説明されていない他の例として，ゴトランドの上部シルル紀層(ゴトランド紀層)がある．ここでも緻密な石灰岩と層理のある泥灰岩とが何度もくりかえして隣接して出てくる．しかしここでは，隆起による構造論的な説明などは全然考えられないことであった．ヘデ HEDE はさらに，泥灰岩は北西から南東にむかって，変化しながらだんだん若くなっていく動物群を含有しているということを確認した．したがって彼は，ここでは礁石灰岩と泥灰岩との垂直な互層があり，全体として南東に傾き，その全層厚は 500～600 m におよぶものと考えたのである(第3図の上部参照)．

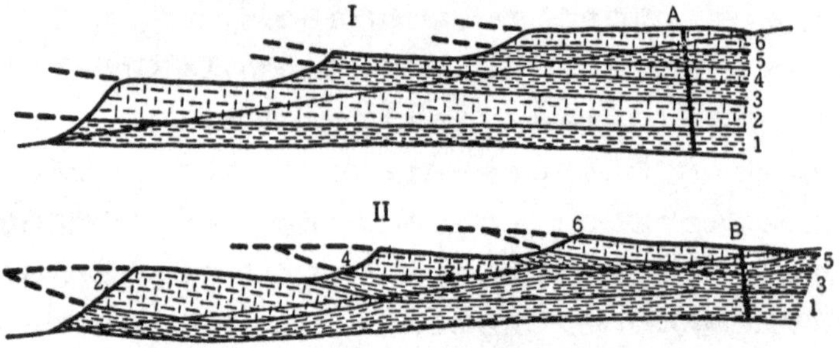

第3図 ゴトランドの造礁さんごの堆積を示す想像模式図．
I——ヘデによる．成層した石灰岩層 2, 4, 6 はそれぞれ泥灰岩 1, 3, 5 よりは若い．
II——ヴェデキントとトリップによる．造礁さんごのレンズは周囲の泥灰岩と同時代のものであり，それにむかって尖滅している．

一方においてヴェデキントとトリップ TRIPP は，みかけ上互いに累重しているようにみえる個々の礁に含有されるさんご動物群は同じものであって，したがってさんご礁の内部には，明白に説明できる時代的差異はなんら存在しないことを示すことに努力した[1]．もちろんこのような不一致は，さんご動物群は泥灰岩中に産出する腕足類・貝類 Schnecke などの動物群ほどに早く変化したり，いちじるしく変化したりすることがないという仮定を立てれば，とりのぞかれるであろう．しかしながらヘデの

1) Centralbl. f. Min. etc. 1930.

見解が正しいということも，ボーリングを行なって，造礁さんごと泥灰岩の互層関係が島内のいたるところでくり返しており，個々の成層面は切れ目なく続いているということが確認されたときにのみ実証されるものである．さしあたりは，礁石灰岩は北西から南東にむかって尖滅し，そのさいにいくらか高い位置に，新しい少し若い石灰岩が入れかわって出てくるという可能性も考えに入れなければならない．それはどこまでも続く成層面の代りに，相の移動 Wandern der Fazies (第3図の下部)，すなわち現在論的にいうならば，位置が北西から南東に少しずつずれて行く堡礁 Barriere-Riff を考えることになろう．このばあい全層厚は実際にははるかにうすいものであろう．しかし問題を最終的に決定しようとすることはやめて，そのような誤った解釈を生じやすい理由について論及するにとどめたい．

問題はふたたびライン頁岩山地におけるデヴォン紀の礁石灰岩のばあいにもどる．ここでも時代順序に関して原理的に同様な困難に遭遇したのである．

浅海帯内部の相変化に関する基本的な考え方はつぎのように展開される．

造礁性の生物は一定の，あまり深すぎない深度（さんごの場合で約80 m まで）の透明な流動水を必要とする．したがってこれらの生物は一般に浅海で，泥土の供給のおこらない場所，いわば陸棚海の浅所に繁殖し，海面に達するまで生長して行くのである．したがってそれ以後の礁の生長は海底の沈降または海面の上昇が行われるばあいにだけ可能であり，このことはすでにダーウィン DARWIN が 100 m 以上の厚い造礁さんごの成因を正しく説明したさいに採用しているのである．

しかしながら，均等な沈降にも次の二つの場合が考えられる．

1. 礁の生長すなわち生物的堆積が周囲の泥土堆積よりも早く行われるばあいがある．したがって両者の高さの差は大きくなり，最後には石灰岩柱 Kalkklotz が同時代に生成された泥土堆積物よりも高くそびえることになるのである．このばあいには側方への漸移帯が存在するが，これは後の侵蝕作用によってしばしば破壊されるのである．南チロルの白雲岩や——小規模であるが——おそらくゴトランド島のもののばあいがそれであろう．

2. 浅所における造礁性生物の生長が，周囲の沈降区域における泥土の供給よりもおそいことがある．そのばあい，はじめにあった高さの差はならされてくる．その結果，薄層の純石灰岩質の《中州型堆積相》Schwellenfazies が，粘土質の厚層の《盆地型堆積相》Beckenfazies とならんで生じるのである．ライン頁岩山地，ハルツ，ポーランド中部山脈のデヴォン紀と石炭紀においては，この対立が，ソボレフ SOBOLEFF，シュミット H. SCHMIDT，その他の人によって明らかにされている．そして彼らは，同時代で相の異なる岩石が全く異なった動物群をともなって隣接しているという，従来ならばほとんど理解しがたいような状態についていろいろ説明をおこなっている．いわゆる“ハルツ相” Herzyn すなわちボヘミア，ハルツ，マールブルグ附近における早期デヴォン紀石灰岩相の，ライン頁岩山地の砂岩質——粘板岩質相に対する関係についてのむかしからの論争も，この基礎に立ってはじめて解決しうるように思われる[1]．

海底における盆状地と中州状地 Schwelle は過去の沈降した地表面の起伏のなごりであるか，または堆積の途中に新しく生じたものであるかのいずれかである．最初のばあいならば，高低の差は堆積作用によって漸次ならされるものである——おそらくハルツのばあいはこれであって，ここでは古い“カレドニア”造山運動当時からのこっている高さの差にもとづいて，デヴォン紀層の岩相が帯状配列をなしている．

第二のばあいには，状況によっては地史の全期間を通じて，おなじ場所における相の対立が認められる．これはアルプス山脈においてたびたび問題にされた可能性であって，同時に前述した岩相問題の空間的解釈への指針となるものである．

アルプスにおいては，のちほどくわしく述べるが，ひじょうに乱された地層の状態のところで，上述のような，相が水平的にも垂直的にも不変であるという法則に反すると思われるような，並置あるいは累重関係にある岩石がしばしばみられる．フィアワルトステッテ湖 Vierwaldstätter See 畔のイベルク，スタンセルホルンなどのクリッペ*を作る三畳系は厚い層の礁石灰岩をともなっていて，南アルプスの三畳系に対比されるが，これは周囲に存在する内海性の三畳系とは根本的に異なるものである．ユラ系や白堊系についても，別の，しかし同じ程度に明瞭な差異が見られる．このばあいに時代が異なるという説明は不可能であるし，隣りあっている異相の岩石が同時代だということが往々にして確実なので，空間的な説明をとらなければならない．

---

1)　このような状態の可能性についての現在主義的例証は，ワルターがナポリのタウベンバンク Taubenbank の堆積物に関する一読に値する労作の中で与えている．Abh. K. preuß. Akad. d. Wissensch. 1910.

* Klippe，がんらいは崖の意味．押しかぶせによって，断層面に沿い移動した岩石が，侵蝕によって孤立するようになったもの．通常は若い地層の上に古い岩石がのり，境界は破砕帯をつくる．根なし地塊，横移地塊などと訳されている．

すなわち異常な状態の岩石は造山運動によって他の堆積区域から堆積後に水平に運搬されたものであって，これらの岩石は原地性 autochthon ではなく，いいかえれば，現存する場所で生成されたものではないのである．たがいに相の一致している非原地性の岩石を一括し，古地理図を復元するために，アルプスで証明された南から北への運動に相応するように南方の仮想的な堆積区域にもどしてみると，北から南への規則正しい帯状の岩相区分をみるにいたる．これらは現在の千変万化の“市松模様のような”岩相変化の形よりは，はるかに可能性のあるものなのである．

成層状態したがって堆積後の運動過程が正確にわかっているところや，相の漸移が存在するところでは，この方法は無条件に適用できる．たとえばアーノルド＝ハイム Arnold HEIM は，そのような“整理法”によって東スイスの白堊紀海の古地理をりっぱに復元した[1]．ワリス＝アルプス Walliser Alpen においてはアルガン ARGAND がこれと似た方法で復元したが，それによると，その地方のユラ紀海には褶曲以前に盆状地と中州状地があり，この中州状地はのちに大きな押しかぶせ褶曲地塊 Überfaltungsmassen の核(額部 Stirn)となったのである(61頁，201頁および第19図参照)[2]．したがって，中州状地と盆状地とが褶曲の途中に形成を進めていったという上述の場合にあたるものであろう．このような考えは，明らかに岩相配列が無条件の規則性を示すという考えからの転向を示すものであって，相の変化というものが造山運動の過程とある規則正しい関係にあることを明らかにするものである．これをひとつの公理として表現するならば，相は地殻の運動に一致して変化するといえるのである．

これらの考え方がアルプスの状態の解明にも役立つことが証明されたとしても，その中に存在する論理的な誤りの原因を見おとすことは許されない．

すべての同相の岩石は同一の堆積空間に属すること，言いかえれば，一つにまとまって運動する岩石塊に属するという公理を打立てるとすれば，そのばあい規則正しい相帯をもつ最初の形態を復元することは，この前提からみちびかれる一つの論理的結果であって，けっして直接の観察結果ではないのである．中州型堆積相と盆地型堆積

---

1) Monographie der Churfirsten-Mattstockgruppe, Beitr. z. geol. Karte der Schweiz, xx, 1910—1916; Über Abwicklung und Fazieszusammenhang in den Decken der nördl. Schweizer Alpen, Vierteljahresschrift naturf. Ges., Zürich 1916.

2) Sur l'arc des Alpes occidentales, Ecl. geol. Helvet. 1916.

相との区別の認識，すなわちアルプスのばあいには北から南へ同じ相が何回もくりかえしているらしいということだけでも，すでにこの思考過程に複雑性をもちこむものである．しかもなお，北から南への規則的な相の変化，いわば，アルプスの北から南への運動方向に相が変化していくということは，第一に相の漸移のみとめられるような処で，しかもその漸移は方向についても延長についても運動そのものと関係のないことが確かなような場所においてのみ，確実視されるのである．この運動が確証されないばあいには，今日見られる岩相区分から運動方向の単一性を推論したり，さらにそのことからふたたび最初の堆積空間における岩相区分のいちじるしい規則性を証明しようとするのは，明らかに危険である．これはもちろんまぎれもない循環論か，あるいは有名な動物学者ワイズマン WEISMANN が言ったように，いわゆるトランク理論であって，みずからもちこんだものをみずから引出すにすぎないのである．

そのような循環論の危険は，アルプスのある部分においてはとくにはなはだしい．なぜならば，たとえば東アルプスと西アルプスとの境界附近でこの運動方向は変化しているように見えるし，真南から真北への運動は今日みられる相区分だけから推定されるものであり，しかも個々の岩相区はアルプスの延長方向に平行して，まったく機械的に西から東へとえがかれたものであるからである．がんらいの区分が複雑なものであって，たとえばある二三の岩相区は西から東に向ってとぎれているとして，運動が岩相境界にかならずしも直角でないと仮定するならば，複雑な岩相区分の解明はたしかにもっと困難となるであろうが，アルプスの多くの模式的断面図のような超人的な要求を想像力に課することはないのである．

たとえばシュタウブ R. STAUB[1]も，彼の大著アルプス生成論 Alpensynthese において，スイスで観察される岩相帯と運動地塊を簡単に東アルプス全体に及ぼしているのである．このようにしてえられた形は立体幾何学的には簡単であるが，今日ではあまりにも模式化されすぎたものとされている．リヒター M. RICHTER の北アルプス第三系における岩相区分や，コッケル KOCKEL その他による同所の白堊系の岩相配列は，ここでは岩相境界と運動した地塊の境界とは一致せず，西アルプスにある個々の帯はここでは最初から欠けており，したがって南から北への運動はシュタウブが

---

1) Über Faziesverteilung und Orogenese in den südöstlichen Schweizer Alpen. Beitr. z. geol. Karte d. Schweiz, 46, 1917 ; Der Bau der Alpen, daselbst 24, 1927.

考えたよりもはるかに少いものであってもさしつかえないということを示している.

岩相配列の空間的問題についての論理的解析から，次のような結果がみちびかれる．すなわち，盆地型堆積相と中州型堆積相の配列および造山運動の方向は，まずそれぞれ単独に考察せねばならぬ二つの別々の問題である．両者の規則的な関係は考えられるし，またしばしば直接に証明されている．けれどもこの証明は，二つの問題に対してそれぞれ無関係に行われた論証にもとづくものでなければならない．なぜならば，先験的に公理化された合法則性というものは，明らかに循環論であるからである．

《深海の堆積物》を論ずるためには，最近の海洋学で行われている遠海成堆積物 eupelagische Sedimente (公海の堆積物) と本来の深海生成物との区別について論及しなければならない．これはまたよく半深海成 bathyale および深海成 abyssische の堆積物ともいわれる．これら二つの海域はともに，ひじょうに深度が大きい結果，水の運動はなく光線も透過しないのである．さらに，陸地からの供給物の僅少なことと，温度状態が平均化されていることも，両者に共通である．生物学的な結果としては，底棲動物群がとぼしいかあるいは全く欠如している(とくに暗黒状態のため)ということと，したがって堆積物の中には浮游性(プランクトン)ないしは游泳性(ネクトン)動物の遺骸がいちじるしいということがあげられる．言いかえれば，ここの海底は全くの埋葬地であって，生活域ではないのである．

半深海成と深海成との堆積物の区別をきめるのはいっそう困難である．遠洋地域は浅海帯の深部に移行するということは一般に認められてはいるが，きわめて単調であること，化石に乏しいことと，陸地の影響のすくないことが特徴である．しかしながら，ある程度の岩相的分化はありうるのである．内海の深部たとえば黒海などはうたがいもなくこれに属するのであるが，特殊な沈積物を示している．それは黒色泥であって，酸素の循環がさまたげられていることにもとづいて，腐敗した有機物および硫化水素に富むものである．深海帯に対して，本来の遠海地域では石灰に富むこと(グロビゲリナ泥土)が特徴的であるが，これは炭酸石灰は冷水に溶解するという事実の結果である．大洋の深部では，温度は零度をわずかにこすだけであるから，石灰質沈積物のほとんどすべては，とくに浮游性動物のすべての殻はそこでは溶解してしまう．実際これらの殻は海の浅所に保存されるにすぎないのである．

これに対して，本来の深海においては，きわめてわずかな堆積材料が堆積させられるにすぎない．陸地の影響は最もすくなく，動物の遺骸としては，石灰質でないもの，とくに放散虫(原生動物の一科)の珪質の殻が保存されているにすぎない．その他には，海底火山噴出物が供給される．したがって深海の沈積物はたいていはひじょうに単調であり，主として赤色粘土と珪酸に富んだ放散虫泥土からなっている．

今日の海洋区 Meeresbezirk の区別もまた当然，過去の海成堆積物を判断するさいの基礎とされなければならない．この比較はかならずしも成功するとはかぎらず，またとくに正確にできるとはかぎらないということは，つぎのことから考えて明らかである．その理由は，過去の多くの堆積物は今日それに相当するものが知られていないこと，地質時代の堆積物はその後何度も変形させられたということと，相の最も鋭敏な指示者——動物——は絶滅種に属しているということである．さんごあるいは他の株状をなす動物種に富む岩石は，いずれにせよたいていは浅海成であると断定してさしつかえない．また沿海成岩石は，堆積物が粗粒であること，あるいははげしい水の運動の痕跡があることからわかる．半深海成岩石であることを認定するのはいっそう困難である．その一例として白堊 Schreibkreide について述べてみると，これはある人には半深海成堆積物，すなわち今日のグロビゲリナ泥に類似したものとみなされたが，他の人には浅海相であると考えられたのである．前者の解釈としてはロシアの白堊の観察があり，その堆積区がどういうものであったかをアルハンゲルスキー ARCHANGELSKI が決定している．ここの白堊は堆積盆地の中央部に堆積したもので，周辺に向って粘土岩，次に砂岩に交替されている．これら白堊・粘土岩・砂岩の三つの岩相区のすべてから有孔虫 Foraminiferen (石灰質の殻をもった単細胞原生動物)が見られるが，種の数は各相によって異なり，砂岩には少く，粘土岩では増加し，白堊でふたたび減少している．それは今日の海における有孔虫分布にまったく対応するもので，深度によっておなじようなぐあいに変化してゆくのである．このことからアルハンゲルスキーは，白堊の堆積深度は約 1100 m と見つもった．けれどもこれに対する反対論としては，たとえばドイツの白堊には厚殻のかき貝の産出が注目されるのであって，これは浅海の波の荒い所を示すものである．したがって，生物学的証拠というものは時によっては多様な意義をもつものであり，往々にしてかならずしも絶対的な確実性を保証するものではないことがわかる．

深海成堆積物を知ることはいっそう困難な事態となる．そのことは当然，今日の深海の堆積物はしばしばきわめて不完全にしか研究することができないし，それゆえに絶対に確実な特徴が見いだされにくいということに関係しているのである．今日の深海泥土の中にひじょうにたくさんある放散虫(珪質の殻を有する単細胞動物)は浮游性の生物である．したがってそれは深海以外の堆積区域からも豊富に産出しうるものである．しかも珪酸に富むといっても，それはかならずしも生物起源である必要はない．たとえばドイツの下部石炭紀の珪質頁岩 Kieselschiefer の一部はたしかにその一例であって，これは海底火山噴出物に由来するものである．したがって，今日までなお，ドイツ人に身近な大陸の地域にはたして地質時代の典型的な深海成堆積物が存在するかどうかということは確実ではないのである．アルプスのユラ系の放散虫に富む珪質頁岩，ウラル(ヤスピス)のデヴォン系の同様な岩石は深海成のものと解されているが，この岩石を側方に追跡するとしばしば直接陸地に近い堆積物に移化しているので，このばあい深海底が広大にひろがっているということはありえないのである．このような岩相の移化に関しては二つの解釈の論争があるので，次にそれを簡単に説明する．

上述(23 頁)した相の対比の法則は，今日水平に並置して見られるような岩石だけが直接累重しうるということを述べている．この意味において，沿海成堆積物と深海成堆積物とが水平的に隣接しているということは，アルプスではしばしば堆積後の変化によるものと解されるのである．ところで，この説明には二つの前提が必要なことは明らかである．

1. いわゆる深海成堆積物はたしかに深海のものであると見なすことができる．
2. 沿海成堆積物と深海成堆積物とが並置することはありえない．

最初の前提には多分に疑問の余地があることは，すでに述べたとおりである．しかしまた第二の前提も，このように一般化したのでは，ほとんど確実とはいえないのである．もちろん，今日の大洋の広大な深海区域は比較的海岸からはなれた位置にあるが，大洋というものは最深部が中央にある均斉のとれた皿状盆地 Schüssel ではなくて，むしろ最深部はしばしば盆地の周縁近くに存在しているのである．たとえば，東アジアの島弧に沿ってかなり規則正しくならんでいる太平洋の海溝 Tiefseegraben はそうである．したがって数千メートルの深度の狭長な空間が海岸に沿って存在し，海岸からの搬出物 Abschwemmungsprodukt によって影響されること，したがって深海成堆積物と沿海成堆積物とが密接に境界を接するということは十分に考えられることである．アメリカの東海岸では数千メートルの深度においてなお，流木が発見されたではないか．

相の原則は一般的な意味においてはたしかに有効であるが，《なにが》並置して存在しうるかということについての特殊な区別に関しては，個々のばあいについてひじょうに入念な吟味を要するのである．研究を進めるにつれて，地向斜 Geosynklinalen について述べなければならなくなるが，この地向斜というのは，一見理に反するような種々な型の堆積相が並置して存在することが完全に可能な堆積空間なのである．相に関するあらゆる考察にさいしては，海の深度と陸地からの距離という《二つの》因子が海成堆積物の種類に影響していることを確認することは，つねに根本的であり，また主要なことでなければならない．垂直的変化すなわち海面の上昇または沈降は，水平的にも海岸の大洋に対する後退または前進となってあらわれてくる．このことの中に，この考察のはじめに提起された層理の問題に対する説明もふくまれている．なぜならば，上述の二つの因子の一つが変化すれば，相の変化を生ずる原因となり，この相の変化は垂直的に堆積物の層理として明瞭にあらわれてくるからである．したがって，供給物質の量と質とによって左右されている層理というものは，《一方においては海の深度と海岸からの距離の変化に関係し，他方では》最初に述べたように，《気候状態に関係している》のである．この根本的な変化の関係は，相の領域の空間的な並置関係または累重関係を解明するさいに誤りをさけたいと思うならば，つねに忘れてはならないものである．

d） 表成的噴出岩相

地表火山作用という現象を総括するこの大きな領域については，ここではごく簡単に論及しうるにすぎない．

地表で凝固した噴出岩 Eruptivgestein の解明は，当然堆積岩のばあいとは異なる方法によってなされる．それはこのばあい，材料は地表面の岩石の破壊物から由来するのではなくて，地下深所から由来するものだからである．このような岩石は，地殻内部で生成(熔融)され，そして地殻表面で形成(凝固)されるのである．したがってこれらの岩石はのちに述べる結晶片岩 kristalliner Schiefer とはまったく対照をなしている．結晶片岩は少くともその一部は地殻表面で生成(堆積)されて，のちに地殻内部で形成(変成作用)されるのである．

したがって，表成的火成岩はのちに述べるべき内成岩相生成の法則とは大いに関係があり，とくにその中でも化学相とは関連があるが，他方において成層状態については表成岩の成層法則にしたがっているのである．成因的には二つの基本型に区別される．

1. 地表面に溢出し，そこで熔岩として固まった熔流．化学現象，凝固速度，粘性，脱出口の形態(中心孔 Schlot または割目)のほかに，ここでは周囲の媒質(水・大気)が決定的な役割を演じている．

2. 移動 Förderung の途中で凝固し，爆発によって吹きとばされ，その後重力にしたがって堆積した岩石――岩滓 Brocken・凝灰岩 Tuff・火山灰 Asch. これら生成物は堆積岩に似ているが，雑多な組成(化学作用)や層理の律動性によって区別される．その層理は外因的(気候・運動などによる)ではなくて，内因的(噴出による)に制約されてできたものである．

したがってこのような岩石の記録は，内成岩へ移過するものとして，ひとつの独自な立場をもっているのである．

3. 表成岩にみられる運動の証拠
(運動型の分類)

a)　造陸運動 Epirogenese

たがいに累重する水平層の垂直的順序は，自然地理学的現象の経過を明らかにするものである．まず海面の変化から出発することにして，その絶対的な意味はしばらくおけば，海面の上昇は以前の侵蝕地域を堆積地域に変更させ，前進的な海においては相帯(海岸・浅海・公海)は陸地にむかって移動することは明らかである．そこで垂直断面には，累重関係をなして沿海成・浅海成・半深海成の堆積岩が明瞭に見られる．このように，新しく生成された堆積岩を古い岩石の上に堆積させながら前進する海水氾濫の段階を《海進》とよぶのである(25 頁参照)．海面が最高位になった状態すなわち最もはげしい氾濫は侵没 Inundation (あるいは《侵潰》Immersion)とよばれる．つぎに海面がふたたび沈降するか，新しい盆地が堆積物で埋められると，海は浅くなり，相帯はふたたび海の方に後退する．垂直断面においては，半深海成堆積物の上にふたたび浅海成堆積物がのり，さらにその上に沿海成堆積物があらわれる．こういう段階が《海退》とよばれ，その後堆積物が水面上へ現れて陸地となること，すなわち侵蝕区域ないしは削剝区域 Abtragungsbereich へ新しく移行することは《顕現》Emersion とよばれる．ここに述べたような完全な過程はしばしば《輪廻》Zyklus とよばれるが，そのばあい，輪廻の第2回目の部分はけっして最初の回の部分を単にもう一度くりかえしたようなものではないということは銘記されなければならない．いかなる地史学的経過も厳密な意味において可逆的ではないのである．海が陸面 Landplatte から後退するというばあいのほかに，海盆がくびれて堆積物で埋められるばあいが考えられる．そのばあいには結局，沿海成堆積物のかわりに内海成沈積物が生じるか，あるいは海水が完全に蒸発して含塩層が生ずる(第4図)．

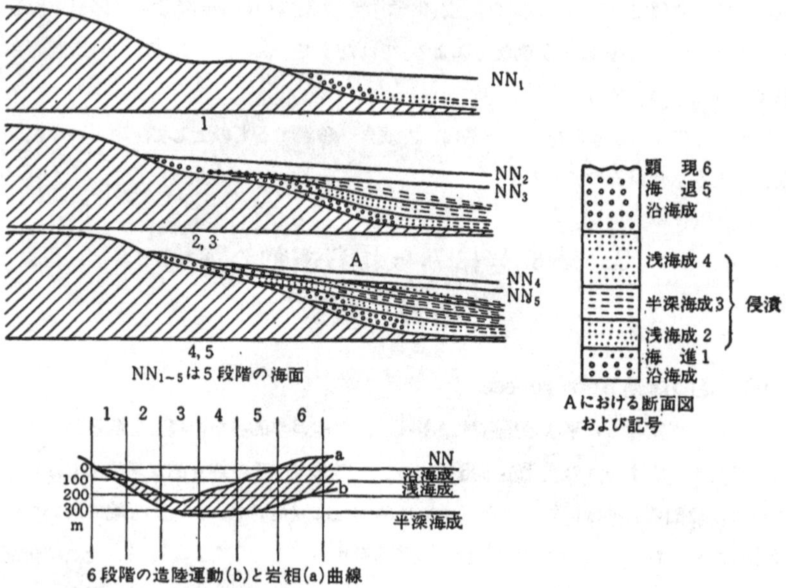

第4図　堆積帯(1)と海面の上昇(2,3)および沈降(4,5)にともなうその移動．輪廻の過程は堆積物の累重関係(右上)から明らかである．右下曲線の意味は本文を参照のこと．

ユラ紀と白堊紀において，平たんなロシア卓状地 Tafel は海の侵入と退行によって示される発展の最初の段階を何回もくりかえし経験している．その結果，垂直断面において沿海成と浅海成堆積物が何度もくりかえしているのがみられる．これに反してドイツの上部二畳系(苦灰統 Zechstein)は他の型の過程を示している．すなわち海が海進をおこし，沿海成堆積物として礫岩を沈積させ，その後に侵没時相において浅海成堆積物——石灰・頁岩など——が生ずる．つぎにこの盆地は外海からくびれてゆき，海水が“蒸発”して，上部苦灰統のあつい岩塩塊が生成されるに至ったのである．

海進と海退のくりかえしは地史全体を通じて行われていたものであり，地史はそのような輪廻の順序によって区分されうるのである．さらにカンブリア紀以来六つの大輪廻 Großzyklus を区別することができ，それらはおのおのの中で空間的分布のせまい，短週期の部分的輪廻に分れることがわかる．これに反して大海進はしばしば世界的広さで確認される(オルドヴィス紀・中期デヴォン紀・中期ユラ紀・セノマン階)．したがって顕著な優海的時代と優陸的時代とが認められるのである．

そこで，それではこの海陸変遷の原因は何であるかという問題になってくる．純論理的にはつぎの二つが考えられる．それは海面の動揺すなわち結局は大洋の全水量の変化によるものであるか，さもなければ陸地の隆起と沈降すなわち地殻の垂直的運動の結果ということになる．

厳密な意味においての第一の仮定，すなわち純粋な“海水面運動論” eustatische Theorie はほとんど行われえない．なぜならば，地球の全水量がたびたび変動するということは直接に否定することは困難であるとしても，ほとんど可能性がないからである．もっとも比較的小さい海面の動揺ならば，たとえば氷期には大量の水が極地域の氷帽 Eiskalotten にあつめられ，そのために海から水が失われるということによっても可能である．このばあい氷は1000～2000 m の厚さと数千平方キロメートルの面積の量が問題となるので，それにともなって数十メートルから百メートルまでの大洋面の昇降はおこりうるのである[1]．しかしながらこれによっては，世界的なひろがりの海進や個々の地域の深度の差はほとんど説明できない．またどうして一つの地域にひじょうにひんぱんに海進が行われ，しかも同時に他の地域では海退が行われるのかということも，ほとんど説明できない．したがってどうしてもその説明には，安定な地殻の運動を想定しなければならないのである．

地質学的概念の発展にとってひじょうに特徴的なことであるが，地殻の垂直運動すなわち隆起と沈降の律動という自然に見える推論は，けっしてたやすくひきだされたものではなかったが，それというのも，この概念が地球の収縮という基本的仮定に反するように思われたためなのである．絶対的にいえば，収縮は沈降現象だけをひきおこしうるにすぎない(“我々と共に存在するのは崩壊しつつある固い地殻だけである” エドワルト＝シュース Eduard SUESS)．したがってまずはじめに部分的解決がはか

1) A. PENCK, Glaziale Krustenbewegungen. Sitzungsber. Preuß. Akad. d. Wissensch., Berlin 1922.

られた．新しい海盆が出現すると，水量が広大な平面に配布されるために，世界的な海面の沈下をひきおこす．その結果は，全然動かない部分では海退となり，ひきおとされた部分では海進となろう．堆積物によって海盆が埋められると，ふたたび水は徐々に排出され，ついに海面の上昇をみるにいたる．このような海面運動(eustasis＝安定なの原意)論，すなわちエドワルト＝シュースが彼の著書“Antlitz der Erde (地球の相貌)”の第2巻で基礎づけた理論は，地球はある意味では安定なものとみなして，すべての運動の原因を海面の動揺に帰したのであった[1]．

地史学の知識がすすむにつれて，なにか不自然な補助仮定なしにはこのような見解をおし通すことができないということがわかってきた．近い過去*の研究では，まさしく，“海水面運動論”ではけっして説明できないようなばあいが知られている．スカンディナヴィア，地中海地域やさらに他のたいていの海岸地方においては，現在の海面上数百メートルにもおよぶ過去の高い水面位置のしるし(岩石に対する波浪現象，海棲動物を含有する段丘など)がしばしば見られるのである．ところがこれらのしるしは異なった高さを占めており，そのことだけならば時代が異なっているということで説明されもしようが，単にそれだけではなく，しばしば傾斜をなしており，いいかえれば陸地の傾動を示していることが認められるのである．このことは陸地の不均等な運動 differentielle Bewegung を仮定させるものとなる．したがって海進と海退の律動と，相の変化したがってまた層理の変化は，それらが気候的に左右されていないかぎり，他のどんな因子よりも陸地の垂直的運動にはるかに大きな関係をもっているという結論に到達するのである．削剥地域を堆積地域に変えたり，またその逆の作用をしたりするこの垂直的運動は造陸運動 Epirogenese (または Kontinentbildung) とよばれる．造陸運動の特徴的な性格として，シュティレ STILLE とブブノフ BUBNOFF は次のようなものをあげている[2]．

---

1) 海水面運動論からみた総括を，フランツ E. シュースが Geolog. Rundschau 1920 でなしている．簡潔な客観的展望はヘグボム HÖGBOM が SALOMON, Grundzüge der Geologie, Bd. I, Teil I, 1922 でなしている．

* 第四紀．

2) STILLE: Grundlagen der vergleichenden Tektonik, Berlin 1924 (比較構造論の基礎)．以前の研究の成果も著者の見解も加えて総括されたこの著作は，歴史的発展において地球の運動過程を理解するのにはきわめて重要である．この書については今後も時々ふれるであろう．4と5に関しては次のものを参照されたい．v. BUBNOFF: Erdgeschichte und Bewegungsbild der Erde. Zeitschr. f. d. ges. Naturwiss. 1936, H. 5. (地史と地球の運動像)

1. 長い時期にわたって徐々にたえまなく発展が継続すること——《長期的作用形式》. 造陸運動は直接観察することはできない. 我々はそれを汀線の移動と, 下から上への相の垂直的なうつりかわりによって認めるのである.

2. 造陸的運動の《広域性》, すなわち広大な地殻部分がその運動によっておなじように影響されるという事実. そのことはおなじ相が広大な水平面にわたって分布していることによって明瞭にあらわれている.

3. 《構造の保存性》. 垂直運動だけがはたらくということのために, 運動している地塊内部の岩石の位置関係はその運動によっては変化はうけないであろう. ——造陸運動というのは一種の全体的運動であって, けっして部分的運動ではないのである. したがって水平に堆積した地層は水平に近い状態にとどまる.

4. 《可逆性》Umkehrbarkeit. 隆起と沈降とはおなじ地域でたがいに交代する. 輪廻による区分は結局そのことにもとづいている.

5. 《自律性》. 造陸運動は地殻の構造とは無関係である. それはすでに出来上っている基線に従う必要もなく, むしろ斜交したり新しく出来たりしてさしつかえないのである.

造陸運動を証明することによって, 地史学的方法の重要な基礎がえられる. すなわち, これによって, 垂直的な地層断面——断面図——は, 自然地理学的《状態》の記録集から変って地質学的《運動過程》の模写になり, また堆積輪廻は造山運動の輪廻になる.

そのことから, 垂直断面図は我々に運動の相対的速度をも知らせることができ, その速度には二様のばあいがあるという結論にどうしても到達するのである.

1. 急速な相の変化, すなわち沿海成・浅海成・半深海成堆積物の累積は, 比較的急激な造陸運動の証拠である. 速度がもっと増加すると, 岩相対比の法則によって仮定される垂直方向における相の中間帯 Übergänge が, 減少させられるかまたはなくされるということにもなる. 正常な造陸運動の表示とみなされねばならない規則的な輪廻は, はげしい動揺期にはいちじるしく変化させられるのである. したがってある地域でこのような堆積様式があるときは, 造山運動の開始したことを知るのである.

2. 堆積が造陸運動よりも, とくに海底の沈降よりも, 急速にあるいは緩慢におこなわれるばあいがある. 急速なばあいには海の浅化がおこり, 緩慢なばあいには深化が起り, もちろんこれら両者は相の関係に明らかにあらわれる. はげしい沈降のばあいは二つに区別される.

a) 沈降と堆積の速さが平衡を保つばあい. その結果海の深度も変化しないで, ひじょうに厚い地層が堆積する.

b) 沈降と堆積の速さが平衡を保たないばあいは, 相は半深海成ないしは深海成で, 地層の厚さは大きくない.

ある時期における造陸的運動の絶対量は次の二つの因子によって構成される.

1. 相の変化によってある程度まできめることができる, 海の深度の変化.

2. 地層の断面において直接に測定できる堆積岩の厚さ(層厚).

これらの関係はいわゆるオッシログラム(波動曲線図)を用いたグラフ的表現によって最も明確にえがきだされるのである(第4図および第5図参照).

これについて, まず座標からはじめると, その横座標には時間すなわち個々の地層ないしはその細区分されたものを任意の尺度で記入するが, その際もちろん時間の概念というものは相対的なものであるということをわすれてはならない. 次にその縦座

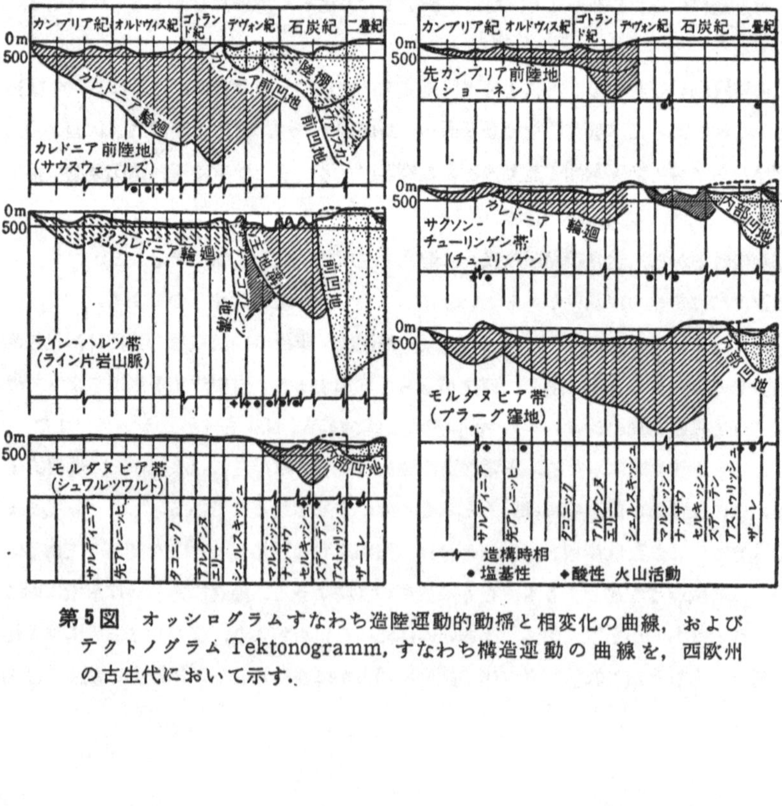

第5図　オッシログラムすなわち造陸運動的動揺と相変化の曲線, およびテクトノグラム Tektonogramm, すなわち構造運動の曲線を, 西欧州の古生代において示す.

標に，ある地域の海水面に対する位置を記入するのだが，そのさい位置を細分して陸地・沿海帯 Strandzone，浅海および深海に区別することができる．

このような曲線は，私が知るかぎりでは，ギューリッヒ GÜRICH がポーランド中部山脈 Mittelgebirge のデヴォン系の状態を表現するために利用したのが最初であるが，海面の動揺と地塊の生成過程の明確な姿を示すものである．けれども，これはさらに補足を必要とするものである．なぜならば，この曲線は地殻上のある一定の地点における垂直的動揺の振幅を示すものではなくて，むしろいろいろな時代についてのこの地点付近の相の関係，すなわち海の深度の関係あるいは上述した第一の因子を示すにすぎないものだからである．このような曲線の不完全さは，たえず沈降するために大量の堆積物が生成される浅海という特殊例において認められる．そのばあい，上に定義した曲線はただ横軸に平行に走るにすぎないのであるが，最初の海底面のある一定の地点は，実際には数千メートルの堆積物の沈積によって，徐々にではあるが永続的に下って地殻深部にまで達するのである．

それゆえ，二つの運動成分に相応した造陸運動のグラフによる表現は，相を示す曲線がそれぞれの時代における堆積物の層厚を示す第二の曲線によって補足されるばあいに，はじめて完全になる．これら両曲線は便宜上一つの図にいっしょにあらわされるが，そのさい浅海生成物はほぼ 150～500 m の深度に，半深海生成物は 500 m 以下の深度に相当するということを，ある条件のもとで仮定してもよい．もちろんこれは概略的な近似値にすぎないが，尺度の正確さはなかなか期しがたいものであって，本質的には大きさの桁のみつもりだけが大切なのである．また堆積物の層厚もかなりはげしく変るものであるから，その平均値をとることにする．

層厚曲線 Mächtigkeitskurve が下降する時は堆積の時期，上昇する時は侵蝕の時期を示すものであることは，ほとんど説明を要しないであろう．この曲線が長く続いて発展の全く新しい輪廻が挿入されるばあいは，両岩石系の堆積の間の中断を規定するために，目的にかなうように曲線を新たに海面からはじめるのである．

このようにして二つの曲線をもってえがかれたオッシログラムは，造陸運動の歴史をありありとえがいたものである．それは図示しようとする場所によってまったく異なるものである．またことに，二つの曲線の間隔によって，沈降が堆積よりも急速であるかあるいはその逆であるかが明らかになる．

もちろんこれらの曲線は，さしあたりグラフ的表現の意味をもつにすぎない．正確な物理学的意味は，個々の地質系統 Formationen が同じ時間間隔を示すものと仮定しないで，その絶対的な時間を横座標に示すときに，はじめて得られるのである．いまのところまだ根拠に乏しいが，オッシログラムをそのように正確に利用するために今日でもある程度の計算ができるのだということが，将来になればわかることであろう．

b） 造構運動* Tektogenese

造陸運動とは，可逆的で緩慢な恒常的過程であると定義された．この過程は，岩石の相互関係を変化させないという意味で構造保存的である．すなわち隆起や沈降が行われても，水平な地層面はあいかわらず水平のままである．このような運動のあとがはっきりとあらわれるのは，相の変化かまたはばあいによっては海進においてだけである．いいかえれば，本質的に古い地層の上に本質的に新しい地層が直接に堆積し，その中間の時代に他の場所に堆積したかもしれないと思われる一群の地層を欠如しているようなばあいである．たとえばモスクワ地方では上部ユラ系の暗色粘板岩 dunkle Tone が直接に石炭紀の明色石灰岩上に累積している．このばあい二畳紀と三畳紀の堆積物を欠いているにもかかわらず，水平に堆積した石灰岩と粘板岩との間にはほとんど完全な平行性がある——整合 Konkordanz——ようにみえる．ここでは緩慢な隆起と沈降以外にはなんらそれ以上の運動はおこらなかったのである．

けれどもこのようなばあいは，原則というよりもむしろ例外とみなすべきものである．地質学者は，はげしく傾斜し，褶曲し，さらに断層によって切れてさえいる一群の地層 Schichtenstößen に遭遇することがきわめて多い．この最後のばあいは，たいていはがんらい単一であった地層の一部が沈下して，いっそう深い位置すなわち古期の他の地層が存在するような水準までもたらされたものである．

この状態の解釈についての基本的な考え方は，次のようなものである．成層の根本法則，すなわちすべての表成岩は水平面上に堆積されたものであるという事実は，無条件に固守しなければならない．なぜならば，この法則は，重力の原理や現在におけ

---

* 初版では造山運動 Orogenese oder Gebirgsbildung となっている．Tektogenese も造山運動と訳されることもあるが，ここでは構造の説明が主であるために，上のように訳した．原著中の改訂もその意味でのことと解せられる．

る直接の観察からみちびかれた必然的な結果であるからである1)．したがってこの法則に相違すること，すなわち空間における地層の変位は，すべて生成後の過程であり，地層堆積《後》の運動の結果である．したがって最初の状態と現在の状態とがわかるので，運動の方向は決定されるのである．

現在の状態は地質学的作図によって確定することができる．岩石の成層形態は直接観察できるものであるから，直交する2直線によってこれらの地層面の空間における状態に一定の表現を与えることができる．この2直線としては，地層面上で最も急な傾斜——《傾斜》Fallen——と，これに直交する水平面の地層面の交線——《走向》Streichen——とが選ばれ，その方位は磁針によって定められる．さてある地方で地層の累重順序とその層厚が知られるならば地表面すなわち地質図上におけるその岩石面の配置は幾何学的に得られる．直接の観察は理想形態との相違を示すことを助けて，この理論的状態を補足修正するのである（第6図）．

第6図　傾斜した地層の状態の2直線による空間的表現．ストゥッツァー STUTZER, Geol. Kartieren, 1924 より引用．

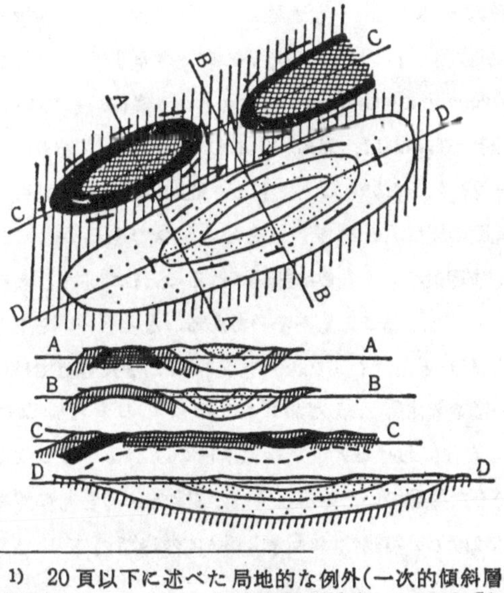

第7図　褶曲した地層の図を地質図（上）およびAA, BB, CC, DD 線上の断面図（下）で示したもの．走向と傾斜は線と交叉線で示す．

1)　20頁以下に述べた局地的な例外（一次的傾斜層理，"非造山的"根源褶曲および滑動褶曲 anorogenetische Quellfaltung und Gleitfaltung）は，つねに例外とみなされる．

地層の姿は平面(地質図)と垂直断面(断面図)とに表現される．また当然縮図がおこなわれ，したがってつねに模式化もおこなわれるのであるから，おこりうる誤りの原因についてはいつもよく知っていなければならない．この誤りの原因は，岩石が土砂・植物などにおおわれているようなところでは，もちろん，最も注意を要する．けれども現在の状態の最も正確な，すなわち最も模式化の少い地質図でさえも，その正しい解釈やしたがってまた運動の復元に関してはつねに仮定の域を出ないのである．地質図の模式化には，地質学的研究の最も危険な誤りの原因がつきまとうといってさしつかえないのである[1]．

断面図における誤りの原因は，地質図におけるよりもさらに大きい．それは，垂直の断面はせいぜい山地において見られるくらいで，しかもそこでもせいぜい数百メートルの深度までしか直接に見ることはできないからである．それ以上はすべて推測と外插法とにより，それらはたしかにしばしばひじょうに高い蓋然性をもっていることもあるが，結局は自然の模写 Naturwiedergabe というよりは概念の模写 Auffassungswiedergabe であるにすぎないのである．

地質構造または成層の関係は構造(テクトニック) Tektonik とよばれており，がんらいの水平層から今日の構造形態をみちびいた過程が《造構運動》(ハールマン HAARMANN)である．ここに私が強調しなければならないのは，今日までそのような過程に対してはまだ造山運動 Orogenese = Gebirgsbildung という名称がもちいられているが，今日の我々の知識程度からみれば，私には，この表現は誤っており，したがって目的にかなっていないと思われるということである．造山運動というのは一つの地形学的な過程であって，地面の起伏 Relief を生じさせるものであるが，これは地質構造の変化とは時代的にも成因的にも無条件に関係づけることはできず，時には確かに広域の運動過程の結果として生ずることもあるのである．なんらのいちじるしい構造変化をもともなわない山脈(たとえばシュワルツワルト)や，また他方では地面の起伏にほとんどあらわれない構造変化(たとえば北ドイツの多くの岩塩株 Salzstock，第三紀すなわち構造変化の時代におけるアルプス)も知られている．このように造山運動という言葉は，いろいろな種類のいろいろな時期の運動をふくむものである．したがって造山期というのははげしい可動性 Beweglichkeit の時期のことであ

---

1) O. STUTZER, Geolog. Kartieren u. Prospektieren, Berlin 1924 は作図法を実際的にみごとにまとめている．

り，オロゲン(造山帯) Orogen というのはあるはげしい可動性の空間のこととして，その運動の性格はなにも問題にしないでよいのである．

造構運動は造陸運動とは反対に，1《地質構造に変化を与える》ものであり，次にそれは地殻の比較的小さい部分に関係するので，2《狭域性》のものである．それが3《插話的》episodisch であり，時代的にかぎられている(長期的でない)，すなわち静止時代の間の比較的短い插話として出現したということは，一般的には蓋然性があるが，個々のばあいについてはなおのちほど議論を要する点がある．また，断層で切れた地層はゆ着することがなく，褶曲した地層は平らになりえないから，造構運動は4《非可逆的》である．さらにまた，それは方向についてはほとんど既存の原構造 Anlage に左右されるから(ハールマンの二次的造構運動 Sekundärtektogenese)，5《非自律的》である．現在みられる地層の終末状態と，成層法則によって確認された最初の状態とから，運動の過程は上述のようなものであることが完全に復元されるのである[1]．

したがって造構運動ないしは造山運動というものは非可逆的・狭域的・插話的な地殻運動であって，がんらい水平な地層の《累重関係》を複雑な《並置関係》に変えるものである．

造構運動の特徴は多様である．あるばあいには，おおむね垂直な転位 Verschiebung が問題になるが，それは第8図のように表面の拡大を起させるか，さもなければ第9図のように表面の縮小を生じさせるかのいずれかであり，これとともに，連続

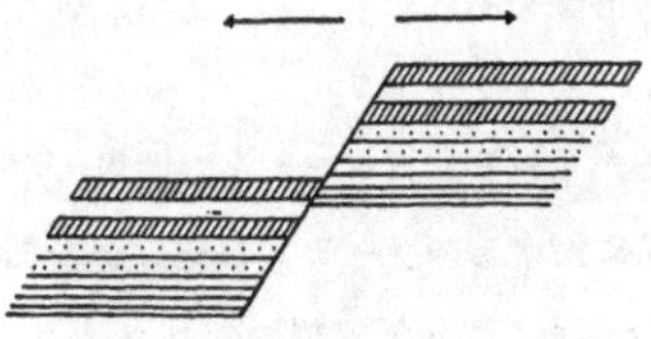

第8図　表面を拡大(伸張)させる，おおむね垂直な運動(正断層 Abschiebung)．矢印は運動の水平分力の方向を示す．

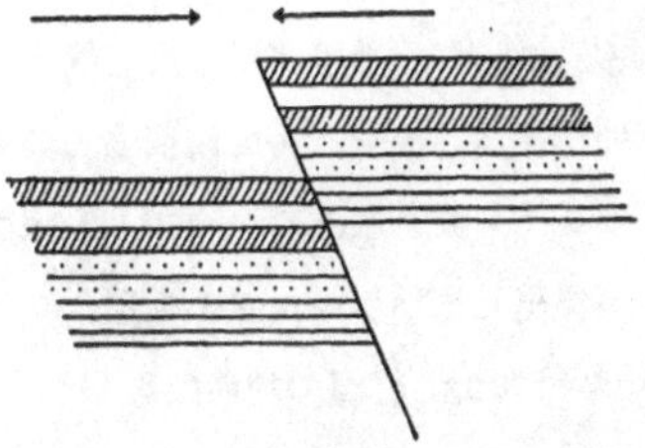

第9図　表面を縮小(圧縮)させる，おおむね垂直な運動(逆断層 Aufschiebung)．矢印は第8図におなじ．

1) その根本法則は先に挙げたシュティレの著作中にみごとに総括されている．詳細にわたってはのちほど説明することにしたい．

的には撓曲 Verbiegung によって，また不連続的には断裂 Bruch によって変形が生ずるのである．また他のばあいにはおおむね水平な運動が問題となり，それによって地層の押し曲げ Stauchung あるいは褶曲が生じ，表面の縮小が行われる(第10図)．

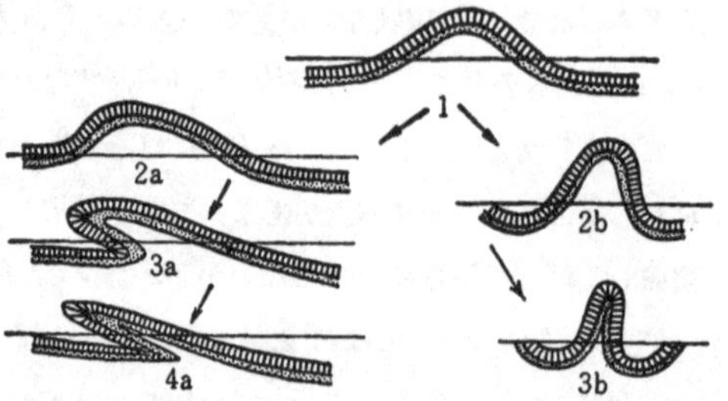

第10図　おおむね水平な運動(褶曲)．2a～4a：非対称的な，反転および横臥褶曲の発展．2b～3b：直立および等斜褶曲の発展．

これらのことを体系づけることが困難なのは，運動がほとんど常に垂直と水平の分力を有し，けっして明白に上述のカテゴリーのどれか一つにあてはめることはできないということに起因している．

おおむね垂直な分力の働く運動，すなわちある地帯に沈降または隆起を生じさせるような運動は，幾何学的にも機構的にも理解されやすい．

この運動はたいていは急傾斜面に生じ，その面にそって関与した岩石が破壊され，“断層”を生ずるのである．これらの断層[1]は地質図上には線で表現されるが，多少とも平行な支断層 Scharen があらわれるのが常で，往々にして隆起もしくは沈降した地帯か，または階段状に一方に折られた帯状の地帯をともなっている．それらのものはそれぞれ，地塁 Horst，地溝 Graben，および階段状断層 Staffelbrüchen とよばれる．これらは造構運動の最も簡単で初歩的な形像をあらわすものである．個々の機構的な複雑さに立入って説明することはやめて，シュワルツワルトとフォゲーセンの間のライン渓谷地溝帯，両側とも突出しているチューリンガーワルトの地塁，片側だけが突出しているハルツの地塁，シレジア平原に対するズデーテンの縁辺断層 Randverwerfung，紅海の地溝断裂 Grabenbruch などをこの地層変形の例であるとして指摘しておく．地表ではときどき，地塁的部分に古期岩石が，地溝的部分に新期の岩石があらわれている．垂直的変移は 2 km またはそれ以上に達することがある．

この場合にもすでに，地質現象の幾何学は，とくに断面図(深部への延長)において

1) または断層作用 Verwerfung ともいうが，そのばあいこの語は本来現象をあらわし，その空間的な成果をあらわさない．

見られるように，理解に困難なものがあるが，表面を縮小させるおおむね水平な運動，すなわちその跡がとくにアルプス型の山脈に見られるような運動のばあいには，事態はいっそう複雑である．

撓曲および断裂をうけた地層の幾何学と機構は，今日でもなお解明しがたい問題をもっている[1]．軽微な撓曲をしめす地層は，凹形の部分がすべて収縮し，凸形の部分がすべて伸張することに(第11図)よって当然地層のつぎ目にそう運動が考えられることにはなるが，その空間的関係はまだかろうじて理解できる．しかしよくあるような平行な翼面をともなった，狭く圧縮された褶曲(第10図3bおよび第12図)，すな

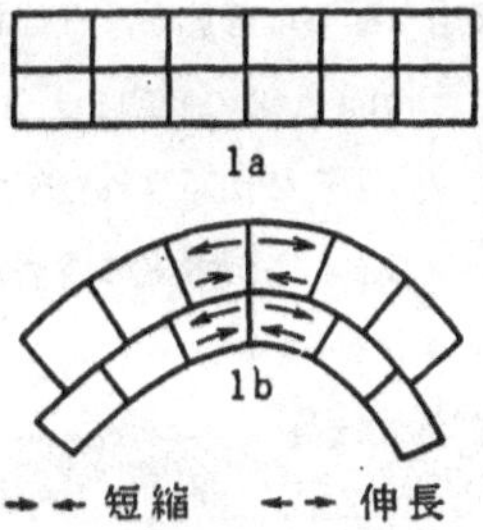

第11図　撓曲の機構．褶曲によって凸形の側面は伸張され(背中合せの矢印)，凹型の側面は短縮される(向きあった矢印)．したがって地層のつぎ目に沿って移動が起る．

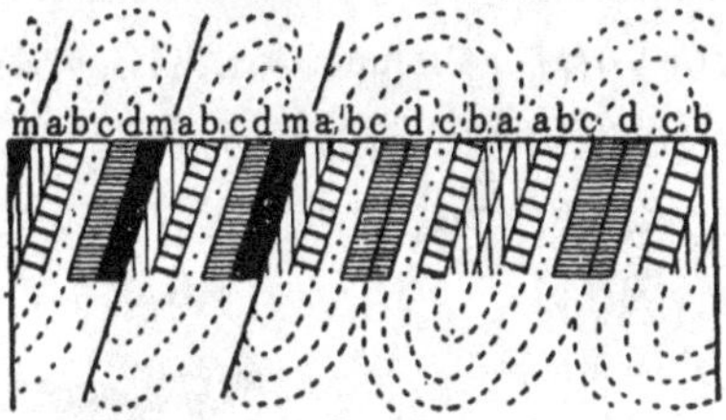

第12図　等斜褶曲，すなわち平行な両翼をもった褶曲．SOKOL, Geol. Praktikum, 1927. による．

わち，いわゆる等斜褶曲 Isoklinalfaltung のばあいは，事態はちがってくる．ちょっと考えただけでも，このばあい地殻深部は運動にまったく関与できなかったはずで，褶曲しなかったかまたは別様に褶曲したということになるのである．したがってここ

---

1)　これらの過程の機構論的解析はとくにオーストリアの地質学者たちによってなされ，とくにアンペラー AMPFERER，ヘリッチ HERITSCH，サンダー SANDER およびシュミット W. SCHMIDT が第一級の功績をあらわしている．彼らの成果は広範な実地の踏査図にもとづいたものである．それをみごとにまとめたものは，HERITSCH: Grundlagen der alpinen Tektonik, Berlin 1923(アルプス構造論の基礎)である．また近代の構造的研究の方法と基礎とを概括したものに L. RÜGER: Die Untersuchungsergebnisse an Gesteinsdeformationen. Geol. Rundschau XXII, 1931 (岩石変形に関する研究結果)がある．

でも断面図の表現には，直接吟味はできないが論理的に要請されるべき仮定が必要なのである．褶曲した地層群は，一つの不連続面によって基底部 Untergrund と分けられなければならない．このような“切断面”Abscherungsfläche はたとえばスイスのユラのような比較的簡単な構造の山地ですでに認められている(第13図)．多くのばあいこの面は，とくにやわらかく曲りやすい地層，たとえば，ある程度まで可塑的な粘板岩ややわらかい岩塩および石膏層中に存している．いいかえれば，空隙の生じた場所へ容易に圧入される地層中に存在するのである(第36図も参照)．

切断面の生成によって，水平な地層は盤層 Stockwerke に分裂し，まったくさまざまな運動形態を示すようになる．たとえば固い石灰岩は断裂の形態を，軟い粘板岩は襞(へい)作用 Fältelung，押し出し作用 Ausquetschung などの形態をとる．

水平的運動が極度に達すると，地層はどこかで切断され，その切断された部分は氷塊のように累重して押しかぶせるということになる．そのばあい，本来の成層状態が

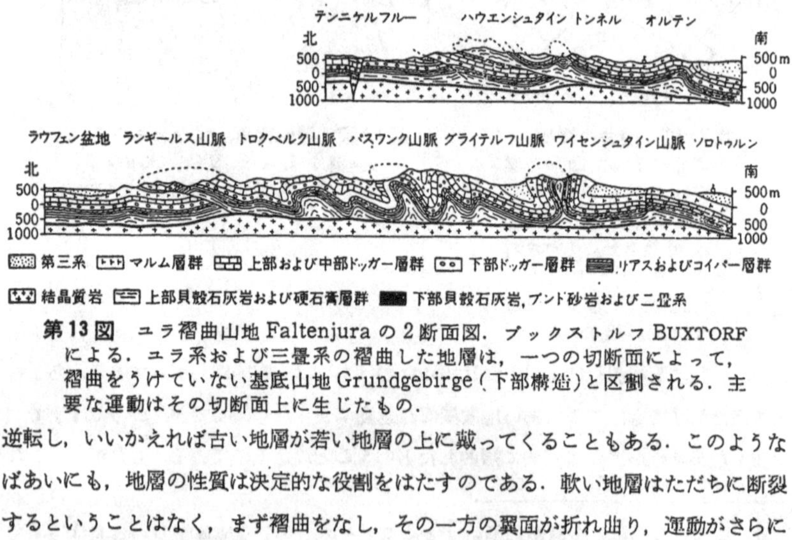

第13図　ユラ褶曲山地 Faltenjura の2断面図．ブックストルフ BUXTORF による．ユラ系および三畳系の褶曲した地層は，一つの切断面によって，褶曲をうけていない基底山地 Grundgebirge (下部構造)と区劃される．主要な運動はその切断面上に生じたもの．

逆転し，いいかえれば古い地層が若い地層の上に戴ってくることもある．このようなばあいにも，地層の性質は決定的な役割をはたすのである．軟い地層はただちに断裂するということはなく，まず褶曲をなし，その一方の翼面が折れ曲り，運動がさらに進行すると他方の翼面の下にもぐりこむようになり(横臥褶曲 liegende Falte，第10図 [3a])，前進しながらおしのばされてしまう．このばあいにもまた，無数の地層面が存在して，移動してゆく翼面においては各地層のつぎ目がいわば運動面になるということが，一つの必要な前提条件なのである．往々にして数十キロメートルも動かされた，大規模な横臥褶曲のこのような機構は，北スイスのアルプスによく見られるが，

これを《ヘルヴェチア型》運動形態といってよいであろう．

もう一つ他の形態はバイエルンやチロルの緻密で無層理の石灰岩に見られる．このばあいは褶曲を形成するわけにはいかず，もろい石灰岩柱がくだかれて，あたかも流水の中の氷塊のように重なりあって押し動かされるのである．ここでは押しかぶせ褶曲 Überfaltung はおこらず，押しかぶせ断層 Überschiebung がおこるのであるが，その結果，すなわち成層状態の逆転は，どちらも同じである．これを《バイエルン型》

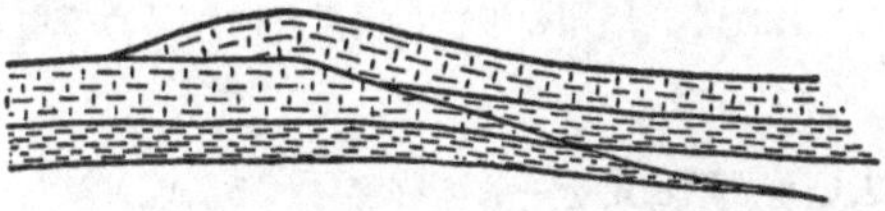

第14図　押しかぶせ断層．固くてもろい地層はまったく褶曲をなさず，地塊は覆瓦状に変位をうける．

または東アルプス型運動形態とよぶことにしたい(第14図)．

両方の型には一つの共通点があり，若い方の地層の岩石だけが構造に関与し，古い基盤は関与しないのである．すなわち，押しかぶせを行なった地層群 Schichtpakete は基盤から切りはなされ，この基盤は褶曲しないか(第15図 I，ヘルヴェチア型)，さもなければ別様に褶曲するかである(第15図 II，東アルプス型)．

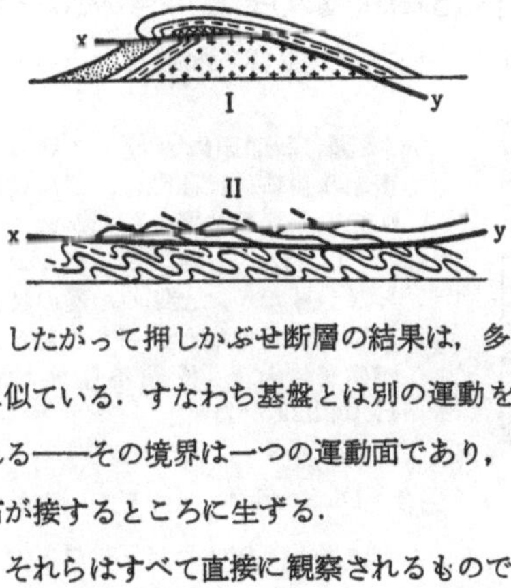

第15図　褶曲の型．I——ヘルヴェチア型：上盤層が押しかぶせ褶曲をなし，下盤層は褶曲していない，その間に切断面 x—y がある．II——東アルプス型：上盤層は押しかぶせ断層を生じ，下盤層はせまい褶曲をうけている．その間にも切断面 x—y がある．

したがって押しかぶせ断層の結果は，多くの点において，簡単であるが強烈な褶曲に似ている．すなわち基盤とは別の運動をする上盤層 oberes Stockwerk が形成される——その境界は一つの運動面であり，これは多くはひじょうに異なった性質の岩石が接するところに生ずる．

それらはすべて直接に観察されるものである．数十キロメートルにも達する押しかぶせ断層も，アルプスを知る人ならば誰も否定することはできないのである．

論理的にそれに関連して生ずる問題——褶曲の基盤では何がおこっているか，この巨大な空間的縮小は深部においてはいかにあらわれるか?——に対しては，直接の観察からは答えられないのである．

この過程の機構的原因は，基礎的な地質学研究をあつかう別の章で，岩石の地殻内部の関係，すなわち高圧・高温下の運動を説明したのちにはじめて議論できることになるだろう．そこではじめて，アルプスの運動形態が我々に投げかける，“下盤層” tiefere Stockwerke の褶曲の幾何学的な謎にも近づきうるのである．

以上のように，造構運動はおおむね垂直な運動(断裂作用)とおおむね水平な運動(褶曲および押しかぶせ断層)とを包括するものである．この運動はある意味においては插話的，すなわち比較的短期間のものであるということは，それが造陸運動のように地層の堆積の《途中》に生じたものではなく，地層の堆積の《後》にはじめて生じたということから明らかである*.

地層はがんらい水平なものであるという成層法則を一般に許容される公理とみなすならば，水平層からのかたよりは後に地層の変位または撓曲によって生じたものであり，しかもこれらの変位や撓曲は，その移動に関与した中で最も若い，最も上位の地層の堆積が終った後に生じたものにちがいないということを仮定しなければならない．このようにして造構運動に対する時代の下限が与えられる．しかしながら，地層群の移動を生じ，河や海の侵蝕作用によってその地層群が平坦化作用 Einebung を受けた後に，新しい海進がおこれば，撓曲され平坦化された地層の上に若い地層がふたたび水平に堆積される(第16図)．これら両層群——撓曲した地層群と水平な地層群——

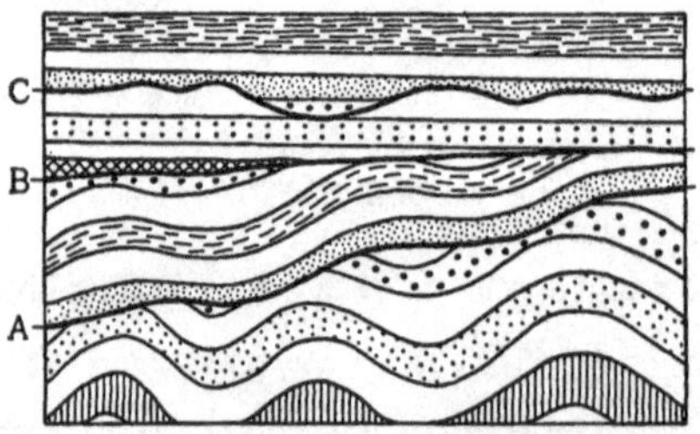

第16図 断面図における不整合の型．A以前には強烈な，B以前には軽微な深部地層の褶曲がおこった．Cでは，運動はまったくおこらなかったが，上位の地層の堆積前に深部の地層が破壊されたことが確認される(侵蝕不整合 Erosionsdiskordanz).

の間には，ほぼ平坦な不連続面，すなわち《不整合》Diskordanz が生じているが，それこそはまさしく造山運動を示すものである．そのばあい，褶曲作用と平坦化作用は，時間的には，褶曲した地層の最上位と褶曲しない地層の最下位との間におこったものである．その中で後者すなわち褶曲しない地層の最下位は改造作用の《上》限を示すものである．この簡単な思考過程をもとにして，地質的時代経過の中に造山運動を配列することができる．その個々の例については，のちほど時代概念のところで詳

* こう考えられない造構運動もある!!

述したい．

すべて成層の根本法則からはずれるもの，すなわち

1. 傾斜した，または直立した地層状態，
2. 明らかに，若い地層が古い地層によって被覆されること，
3. 同じ相に属しない相が並置または累重関係にあること，

が生ずるのは，造構運動，すなわち関連した地層の生成後の変化に負うのである．その時代は，その後につづく，運動をうけない地層群によってかなりの程度まで決定される．

c) ディクティオゲネーゼまたは造域運動 Diktyogenese oder Gerüstbildung

著者の見解によれば，造陸運動と造構運動の概念だけでは，地殻の運動形式のすべてを論じつくしたとはいえない．両者の中間的過程をあらわすものではないが，その特徴や大きさの桁は両者の中間に位している第三の運動形式が，いろいろ記述されており，——それらが研究された範囲にしたがって——種々の名前があたえられている．すなわちアベンダノン ABENDANON と A. ペンクは大褶曲 Großfaltung，アルガンは基底褶曲 Grundfalten，シュティレは特殊波動（うねり）Spezialundation，リューガー RÜGER はアクロオロゲン運動＝大造山運動 akroorogene Bewegungen と言っている．それは私が 1936 年に第二次的運動として，1938 年にディクティオゲネーゼとして総括した基本型と根本的にはおなじものを論じているものといえよう[1]．

この運動の特徴は，中部ドイツの例によくあらわれている（第 17 図）．この地域を南西から北東に通過するとき，隆起地域と沈降地域とのかなり規則的なくりかえしにであうが，それらは北西から南東に走り（走向），地形的にも“中部山地”と浅い沈降帯としてあらわれている．すなわちチューリンガーワルト，チューリンゲン盆地，ハ

---

1) S. v. BUBNOFF: Erdgeschichte und Bewegungsbild der Erde. Zeitschr. Ges. Naturw. 1936, H. 5（地史と地球の運動像）; BUBNOFF: Über Gerüstbildung der Erde. Naturwissenschaften, 26, 1938（造域運動）; A. PENCK: Die Gipfelflur der Alpen, Sitz.-Ber. preuß. Ak. W. 17, 1919（アルプスの切峰面）; W. PENCK: Morphologische Analyse, Geogr. Abh. 2, 1924（地形解析論）; E. ARGAND: La tectonique de l'Asie. C. R. XIII. intern. Geol. Kongr. Brüssel 1924（アジアの構造）; L. RÜGER: Akroorogene Bewegungen, Centr. f. Min. etc., 1927（大造山運動）.

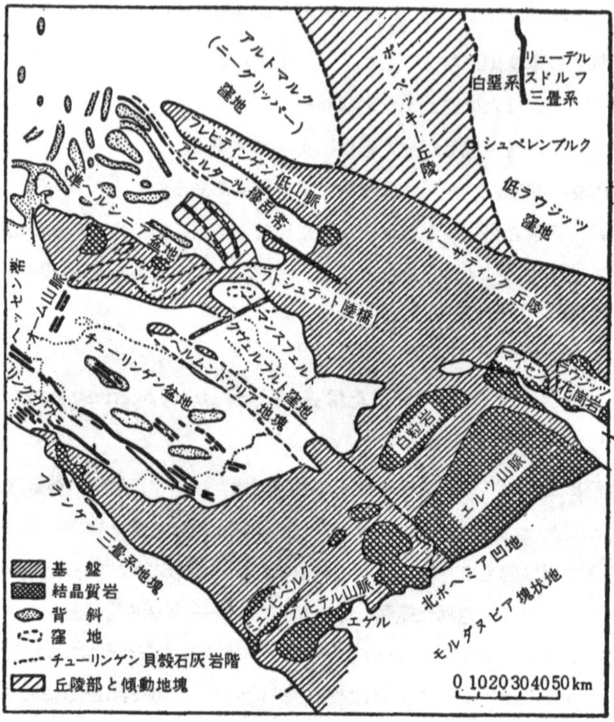

第17図　中部ドイツの地質構造略図．ワイゲルト WEIGELT およびブブノフによる．

ルツ，前ハルツ盆地(準ヘルシニア盆地)，フレヒティンゲン低山脈 Flechtinger Höhenzug，アルトマルク窪地 Altmark-Mulde，ポンペッキィ丘陵（後2者はボーリングによってだけ確認された構造要素である)がそれである．このようにかなり広範囲にわたる“ひだのような構造”を考えるさいには，正常の“造構運動”は問題にならないということが，次の三つの事実にもとづいてわかるのである．

第一に明らかになることは，これらの起伏 Wellung は1回かぎりの插話としてつくられたものではなく，地史の経過の途上でおなじような傾向をもってたびたびあらわれたものである．それはチューリンガーワルトの例においてはひじょうに明瞭であるが，他の地域においても，次のようなことから推論されるばあいがある．すなわちある時期の堆積物は隆起地帯においては不完全で岸近くで生成されたものであるが，沈降地帯においては完全で時にはひじょうに厚層であり，沖合に生成されたものである．隆起地帯と沈降地帯はその隆起性と沈降性を堆積岩に反映し，部分的に連続的変形を受けた丘陵部と盆地をあらわすが，これは造構運動の概念に反するものである．

第二に，上述の要素はいずれも狭い範囲の構造変化すなわち真の造構運動を示しているが，それは往々にして大起伏 Großwellung におおわれている．そのさい，大起伏は，丘陵部では，厚い地層岩石でみたされていて断裂よりも撓曲が優勢である沈降地帯よりは，いっそう硬化した特性をそなえているのである．新しく生じた地層のつぎ目は，丘陵部においては基盤の古い構造線を反映するが，盆地においてはその輪廓すなわち盆地周縁の形に適応しているということもできる．この丘陵部は足場 Gerüst すなわち枠地塊 Rahmen(シュティレ)を形成し，その内部にはげしい変形をうけた枠をもつ構造区 Feld(シュティレ)が存在するのである．

第三に，この大起伏は上述のように地形景観にもかなり明瞭にあらわれてきて，山脈と平地の地形を区分する条件となっている．その点でもこの運動は典型的な造構運動とは区別され，むしろ造山運動の名称に値するものなのである．もっとも，この造山運動なる用語は，他にも使用されていて意味があいまいになるようなことがないとすればの話ではあるが．

上記のような枠構造要素は，がんらいの状態においては平坦で広がった曲隆構造をつくるものであり，これが後に上昇したことは，これを被覆している(粗粒で不完全な)堆積岩と周囲の(細粒で厚層の)堆積岩の種類や層厚からわかる．この最初の段階は保存されることが稀であって，それが認められる例は，東欧のいわゆるヴァール Wall である．それは幅ひろく，きわめて平坦な古い地層の曲隆であり，ロシア卓状地を北から南に貫通するものである．西欧においては，類似の構造形態はその後，明かに造構的挿話と関連して，多少ともはげしい内部変形をうけているのである．それでここでは，扇状に配列された断層階段の網状構造 Bruchstaffel-Netz をともなった彎曲(中央平原のモルヴァン Morvan)，頂部 Scheitel の破壊された曲隆(オーバーライン地方)，一方に傾いた半地塁 Halbhorst (ハルツ)，両側が圧縮された楔状地塁 Keilhorst (チューリンガーワルト) などが見られる．

しかし，本来の運動方向(隆起)が持続されることによって生じたこれらの形態のほかに，時々もっとちがった本来の運動傾向が逆になったものがあらわれる．簡単な例は南東イングランドにおけるいわゆるウィールデン軸 Wealdenachse であって，それはロンドンとハンプシァーの第三系堆積盆地の間に背斜状にそびえ立っている白堊

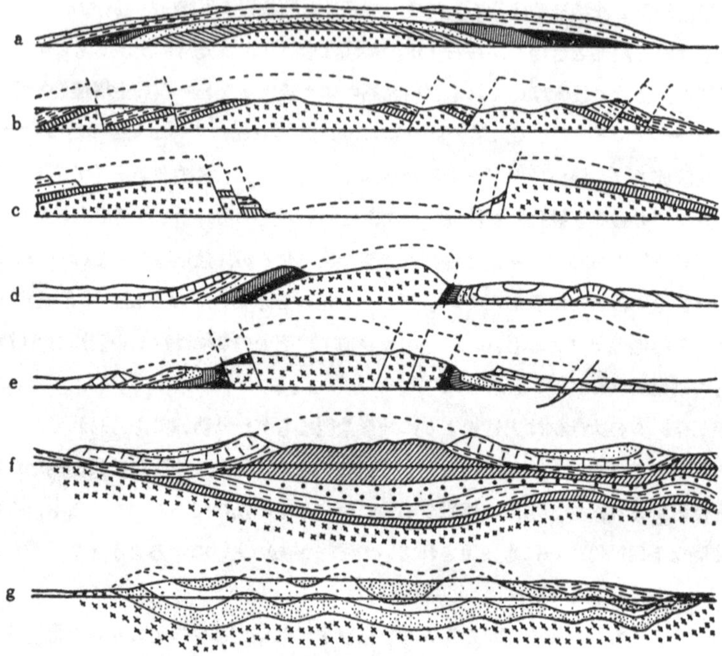

第18図　ディクティオゲネーゼ的な曲隆の諸型．a：簡単な彎曲（東欧のヴァール）．b：対照的な破壊をうけた両翼をもつ彎曲（モルヴァン）．c：冠部 First の破壊された彎曲（オーバーライン地溝）．d：一方に傾いた彎曲（ハルツ）．e：楔状のしぼり出し Auspressung（チューリンガーワルト）．f：沈降帯上の彎曲（ウィールド軸，イングランド）．g：褶曲群 Faltenzug の彎曲（ドネツ山脈）．

紀層である．これら両盆地における白堊紀層は本質的に背斜部よりも薄層である．すなわち，この背斜部はもとは沈降した地溝 Trog であったが，白堊紀以後にはじめてもち上げられたものである．これとおなじようにチュートブルガーワルト*の隆起帯は，晩期ユラ紀には，とくに南方ですでに堆積していたミュンスター地塊 Münstersche Scholle に対してまだ沈降地帯であって，その後の再褶曲作用 Umfaltung がこの隆起帯の方ではげしかったにすぎない．

さらに進むと，たとえばドネツ低山脈に今日見るようないっそう複雑な隆起の型になる．ここでは，まず沈降が続行するにつれて，数キロメートルもの厚さの石炭紀の

---

*　北西ドイツ，ウェストファリアの山脈．

地層が堆積され，これに反して，その北方と南方とでは，この地層は急激に数百mに薄化する．この深い地溝はその後かなり規則正しい褶曲をし，その表面は現在では周囲からそびえ立っている．したがってここでもまた運動傾向の逆行が生じたのであり，ただ構造の改変が少しはげしいというだけである．

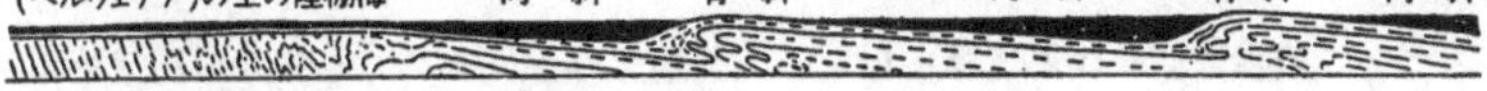

第19図　アルプス褶曲運動以前の隆起（山脈）を有する西アルプス地向斜．アルガンに依る．

このような丘陵と盆地の構成は，東欧，中欧，北アメリカ中部などのような，これまで論じられた多少とも安定した地域だけでなく，極端に動きやすいいわゆる地向斜——すなわち地球上の大きな褶曲山脈がそれから生じたといわれる，はげしく沈降する空間——にもまた見られるのである．後の山脈の走向に配列されたこれらの地溝は，たとえばアルガンとシュタウプが西アルプスで示したように，一連の縦長の隆起体 Längsschwelle と盆地とに区別されるが，それらは中生代においては，きわめて変化の多い相と，薄層ないし厚層の堆積物によって特徴づけられている．これらの“褶曲胚” Faltenembryo はその後，造構運動の激変期 tektogenetischer Paroxysmus の間に，背斜，転倒背斜 überkippte Sätteln およびデッケンの額部 Deckenstirn に変形される．このような強度の改変作用によってだけ，褶曲胚は安定地域の隆起と区別されるのである．

すでに“でき上った”褶曲山脈，すなわち造構運動によって変形された褶曲山脈もまた，とくに高位山脈 Hochgebirge の山地地形や起伏構造に関与するような広範囲の撓曲作用をうけるということは，とくにA. ペンクがアルプスの切峰面 Gipfelflur について証明したとおりである．これらの“大造山運動(アクロオロゲン運動)”(リューガー)はディクティオゲネーゼの1特殊例をいいあらわしているにすぎないものであろう．中央アジアの山脈の例について，アルガンはこの“基底褶曲”の特徴と現象形とを分析し，深処の運動が問題になることを明らかにしたが，この運動は地殻全体に関係し，したがってそれだけでも，上述したような地殻の上盤層の運動形態をあらわす浅い造構的変形作用とは区別されるのである．

このようにディクティオゲネーゼが造構運動とは根本的に異なった運動形態を示す

ものとすれば，それが造陸運動と一致するかどうかということが問題になる．とくに広域性や長期的作用および構造保存の基準が，ある程度このディクティオゲネーゼにあてはまるからである．けれどもそれは，まさにある程度までというにすぎないのである．ディクティオゲネーゼの広域性は単に相対的なものにすぎず，大陸の広さに逆する造陸運動よりは大きさの桁がおとっている．長期間にわたる作用ははげしい運動によって挿話的に中断されるが，それはディクティオゲネーゼの概念に属するものではあっても，造陸運動にはあてはまらない．構造保存ということも，たとえばチューリンガーワルトのようにはげしく変形された二三の丘陵にはあてはまらないのである．

さらにまた，ディクティオゲネーゼの運動はたいていのばあい可逆的ではないということも考慮しなければならない．南イングランドのウィールド軸のばあいや，あるいはドネツ盆地におけるように，運動傾向の逆転がおこなわれた時にも，いずれのばあいにもその逆転は1回かぎりであり，したがって造陸運動がひんぱんに動揺するのとは根本的に異なる．最後に，ディクティオゲネーゼの要素の配列は場所と方向とを制約されているが，それは基底の構造面に関係しているからであって，自律的でないのである．これに反して造陸運動の単位は我々が今なお見るようにその配列を交替し（海進方向の輪廻的偏倚），したがって自律的であり，構造とは無関係である．

このように考えると，造域運動すなわちディクティオゲネーゼは造陸的運動の中に分類させられるものではないことがわかる．すなわち，1. それは造陸運動においては単一な大地塊 Großscholle をいくつかの特殊要素に細別する．2. それは特有な小律動の運動のもとである．3. それは基盤の深部に起因するために運動傾向は一定である．

以上によって，三つの運動群の特徴を次表のように分類することができる．

造構運動	狭い範囲	構造変化する	挿話的に活動する	非可逆的	非自律的	底が浅い
ディクティオゲネーゼ	中くらいの範囲	構造変化する	挿話的および長期的	条件つき可逆的	非自律的	底が深い
造陸運動	広い範囲	構造保存する	長期的	可逆的	自律的	底が深い

この表からわかるように，ディクティオゲネーゼは他の二つの運動と共通な多くの特徴をそなえてはいるが，けっして両者の間の中間的な運動群として理解すべきでなく，さらに強調されねばならぬ点であるが，地表起伏の形成にとくに重要な意義を有する運動型をあらわすものである．

なお，地殻運動の現在主義的研究の可能性に関する問題を簡単に論じなければならない[1]．

地殻運動を現在表現しているのは地震 Erdbeben であり，いずれにせよ少からぬ部分が地震によって構造を動かされている．けれども最もはげしい地震の時ですら，構造変化――陸起・沈降・水平移動――はたいていきわめて微々たるものである．例外はカリフォルニア海岸であって，そこでは 1906 年の地震のさいに，とくに水平方向のいちじるしい移動が確認された．この運動が今日もなお継続しているか，あるいは全く挿話的なものであるかということは，まだ完全に解明されていないように思われる．けれどもきわめて徐々にではあるが連続的な地殻の運動が今日でもなおおこなわれているということが，とくに，精密な水準測量によって証明された．スカンディナヴィアとフィンランドで進行中の隆起の例は最もよく知られたもので，北方のボトニア海湾の周囲では 1 年に 1 cm にも達している．中欧でも，たとえばライン下流の凹地帯 Niederrheinische Bucht，ライン上流の地溝，フランス，上部バイエルン，その他の地域においては，精密な水準測量の比較によって年に数 mm に達する微動が確認された．これらの量がきわめて小さく，人間の感覚には認められないものであっても，地質時代の間に不変に継続されるばあいには，その総計がいちじるしい値に達するものであることをわすれてはならない．この例が造構運動であるか造陸運動であるかは問題にできない．この変化にはおそらく種々な原因が関与しているのであろう．そして最近では，これらの現在主義的な資料を地史学的運動形式に合理的に分類するように，いろいろの研究がなされている．

さらにひじょうに重要で，現在主義的にも理解できる領域は，地表の火山活動であるが，その記録(岩石)については簡単に上述した．これらの火山岩も堆積後には，む

1) 文献――E. KAYSER, Allg. Geologie, 6. Aufl., 1927, S. 297; O. REIS: Der Schollenaufbau des voralpinen Untergrundes und die neuzeitlichen Bewegungen in Oberbayern. Geogr. Jahreshefte, 1924; H. CLOOS: Bau und Bewegung der Gebirge. Fortschr. d. Geologie, Bd. VII, 1928; J. WILSER: Heutige Bewegungen der Erdkruste im Oberrheingebiet, Stuttgart 1929; J. WILSER: Vergleich zweier Feinnivellements am SW-Schwarzwalde. Centr. f. Min. etc. B. 1932; J. WEISSNER: Der Nachweis jüngster tektonischer Bewegungen im Rheinland und Westfalen, Essen 1929; M. SCHMIDT: Erdkrustenbewegungen im oberbayerischen Alpengebiet, Veröff. bayr. Komm. f. d. Intern. Erdmessung, 1919; A. STILLE: Der derzeitige tektonische Erdzustand, Sitz.-Ber. Preuß. Ak. d. W. 1935, XIII.

しろ上述の固い地殻の運動法則にしたがう単純な堆積岩とみなされる．しかしそれ以前の，すなわち熔流状態にあってはやや異なっている．その機構はこれから述べようとする地殻内部の流体状媒質に関する法則に従うのであるが，これは地表面にも投影されているのである．この地表面で直接観察される投影は，もちろんいちじるしく興味のある問題であるが，それはまさに投影としていわゆる“歪み”を示すものであり，したがってここでもまた純粋の現在主義的解決は不可能であって，つねに歴史的考察に立帰ってなおさなければならないのである．したがって今ここで問題になってきている熔融体 Schmelze の機構は，内成岩と関連して取扱うほうがよいであろう．

4. 内 成 岩

a） 根本法則

温度が減少するにつれて，凝固または結晶作用によって熔流から生じた岩石を火成岩 Erstarrungsgesteine, Massengesteine という．

このような岩石の由来は完全に地殻内部的であって，いいかえれば，熔流は地表面の外的要因とは無関係な地球内部すなわち高温地帯から生じたものである．この熔流の運動は，地表面にむかって貫入するという過程に関するかぎりでは，重力流に逆行するものである．したがって表成岩に対して適用される成層の根本法則は，ここでまったく応用できないものであることがわかる．ただ例外として，地表面まで貫入してそこで凝固し，したがって表成岩の系列にふくまれるような熔流がある．火山の溶岩や凝灰岩は，すでに簡単に説明したように，この火成岩の《小》部分の重要な代表者である(41 頁)．しかし火成岩の主要部分は，地殻内部で形成されてしかも地殻内部で凝固するものである．表成岩，とくに堆積岩の生成は，静かな媒質中で重力の影響によって堆積されることに起因しているのに反して，内成岩のばあいは二つの因子が主要な役割を演じている：

1. 熔流内における結晶作用の物理・化学的根本法則．
2. 凝固以前または凝固途中の熔流の運動．

また両者の差異はつぎのように示すことができる．すなわち，表成的堆積岩は堅固な物質を接合したものであるが，火成岩は熔流内にあらかじめ形成され，凝固作用がその生成の第 2 段階をなすものである．

ともかく，生成様式のこのような根本的な差異は，化学と物理学と岩石のゲフューゲ Gesteinsgefüge の顕微鏡的観察法などの進歩によって研究の方向が確立されて，はじめてわかってきたのである．地質学の研究の第1段階にあっては，まさにこの領域に大きな混乱が生じていたのであって，その最も顕著な名残が汎水成論者 Neptunist と汎火成論者 Plutonist との論争においてみられる．汎火成論者のとなえるところについては，現在主義の原理の誤解と，空間的および時間的問題の混同が問題になるのである．内成岩の生成は今日では観察できないという事実から，汎火成論者は地質時代は今とちがった状態であったと推論し，そのような生成の状態は今日でもなお存在するが，ただ容易に観察できないような場所でおこるのだという可能性があることを考えなかった．したがって彼らは表成岩の成層法則の助けをかりて，すべての火成岩は古いにちがいなく，高温状態が地表面をも支配したような時代に生じたものであるということをまず推論したのである．このような誤りは今日でもまったく無意味とはいえないのであって，結晶片岩のことを述べる際にふたたびこの問題にであうであろう．

物理学と化学の正確な方法を火成岩に応用することは，可能であるばかりでなくむしろ必要であるにもかかわらず，火成岩を現在主義的に考察することは今日でもなお条件付で可能であるにすぎない．

1.　火成岩の組成はたいへん複雑である．すなわちそれはひじょうに多くの化学成分からなっていて，その中でいろいろな組合せが可能であり，しかも――条件に応じて――実現されるのである．地表面では，本質的には5元素すなわち珪素(Si)・アルミニウム(Al)・カルシウム(Ca)・マグネシウム(Mg)・鉄(Fe)が酸素または炭酸と化合して，支配的な気候状態のもとで可能な化合物すなわち安定な化合物となって，機械的混合物を形成するのであるが，火成岩のばあいにはそれとはちがうのである．まず第一に，このばあいは他の元素が加わるのであるが，とくにそれはアルカリ(カリウムとナトリウム)である．これは表面では，他の堆積物から海水中に分離し，海水から析出した塩類中に含まれているのである．第二に，結晶作用のさいに熔流から生ずるのは機械的混合物ではなくて，多くの元素の複雑な化合物なのである．この結合の様式は熔流の組成すなわち個々の元素の相対的含有量に関係するだけではなく，凝固作用がおこる温度と圧力の状態にも関係しているのである．表面では安定なある種の組合せは深部では他のものに移行することがあり，またその逆のばあいもある[1]．化学的・物理的法則によれば，ある一定の状態において出現してくる生成物の組合せと系列は，2ないし3成分が問題であるようなばあいには，容易に決定される．けれども成分が7あるいは8ともなると，その理論的可能性はかならずしも容易に把握できるものではない．それゆえノールウェイ人フォークト J. H. VOGT によってこの問題が最初にあつかわれた時は，2成分および3成分の化学系から出発したもので，これは明らかに岩石学の重大な前進ではあったが，結局なにも確信すべき証明をもたらしたのではなくて，一部は誤りですらあるような類推をもたらしたにすぎなかったのである．

したがって，複雑な化合物を実験的にあつかうことが唯一の可能な方法であり，とくにアメリカの研究者たち(デイ A. L. DAY，ボウエン N. L. BOWEN，デイリー R. A. DALY その他)は大規模な手段をもちいることによって，火成岩の模造の方法に偉大な成果をあげたのである．

けれどもこのばあいにも，すでにたびたび強調したように，室内実験はけっして自然の空間－時間条件を正確に模造できるものではないから，いぜんとして未解決のままにのこるものがある．

2. 第二の困難性は，火成岩のばあいは堆積岩のばあいとは反対に，凝固以前の最初の状態が不明であるということに起因している．凝固以前の岩石熔流は岩石の組成によっては知りえないものである．我々は内成岩を融解することによっても復元することはできない．《凝固の過程は不可逆的である》．それは，本来の熔流すなわち《マグマ》には揮発成分 flüchtige Bestandteile とくに弗素・塩素・硫黄などの気体化合物が保有されており，これは凝固のさいに逃げ出してしまうということが原因となっている．凝固過程におよぼす揮発成分の影響は理論的にはたしかに種々考えられるが，実際にはつねにある程度の不確実さをまぬかれないのである．なぜならば，マグマの揮発成分の量と組成はほとんど確定されないからである[2]．

したがって内成岩の研究では，しばしば把握しがたい地表面の要因がつけ加ってくる堆積岩の研究よりも，正確なあつかい*がはるかに容易におこなえるとしても，な

1) この問題のすぐれた紹介は，RINNE: Gesteinskunde, Leipzig 1928, 11. Auflage; T. F. W. BARTH, C. W. CORRENS, P. ESKOLA: Die Entstehung der Gesteine, Berlin 1939.

2) この問題の研究でとくに参照すべきものは P. NIGGLI: Die leichtflüchtigen Bestandteile des Magmas, Leipzig 1920.

おこのとりあつかいにはある程度の制限をうけるのである．その間の橋わたしの可能性は，やはり特殊な地質学的方法論の領域に存在する．

表成岩の成層の根本法則**は，すでに明言したように，内成岩にはあてはまらないものである．内成岩はその名前からしてすでに地殻におおわれていることを示し，したがって地殻はたしかに上位にはあるが，必ずしも無条件に若い要素ではないことを明らかにしている．内成岩に対しては，生成された岩石の水平性の法則も同様にあてはまらないが，これは簡単にいえば，深成岩が下から上に，いわば重力に逆らって上昇し，すでに生成されていた岩石に貫入したものであるからである．水平成層からのかたよりは，表成岩に対しては二次的に生じた例外であることを示すが，内成岩に対しては本来の一次的原則なのである．内成岩の周囲の岩石に対する関係位置は主として不整合的であるが，時々は表成岩の正常な平行接合面 Verband に沿って貫入して，迸入的 durchgreifend となっていることもある（第 20 図参照）．容易に了解できるように，これは，すでに説明した事実，すなわち，このような岩石の生成は流体相と固体相とに分けられ，その運動は凝固の後ではなくて，前あるいは途中におこなわれるものであるということの直接の結果である．

したがって《上部》と《下部》との区別は，このばあいにはかならずしも時間的順序を示すものではなく，上述のことから別の推論がなされる．深成岩はもともとは流体状であり，一部は気体状でさえある熔融体である．だからこそ他の岩石のつぎ目・割目 Spalte・空所に貫入し，そして貫入後にはじめて凝固するということが可能なのである．したがって，a-b-c という岩石を貫入する x という岩石は，a-b-c よりも

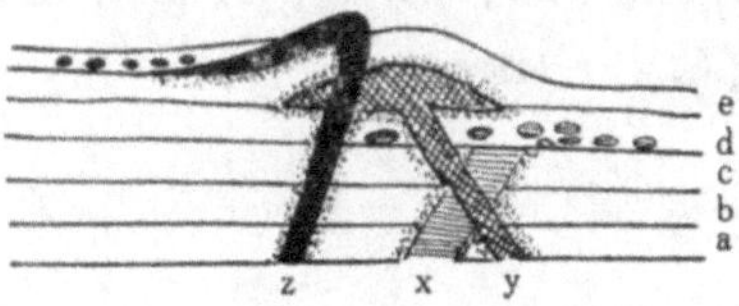

第20図 火成岩と周囲の岩石との時代関係．a—e は表成岩層；x, y, z は内成火成岩，点を打った部分は接触変成作用 Kontaktmetamorphose すなわち接触のさいの熱作用．x の破片が d 地層中にあるので，d は x より若い．z は y と e より若く，y は e と x よりも若い．

若いということができる．貫入した岩石 x がさしあたり持っている高い温度のために a-b-c の岩石を変質させる（接触による変成作用）ということから，さらにすすんだ論拠が得られ，それによって古い方の時代限界は明らかになる．しかし新しい方の

* 物理・化学的処理．

** 累重の法則．

時代限界はもっと確定しがたいものである．貫入した岩石 x が全地域の隆起および侵蝕によって地表面に露出するようになり，その岩片がそれより若い表成岩 d の中に含まれているのが発見された時にはじめて確実にわかるのであって，もちろんそのばあい x は d よりも古い．けれども新しい方の時代限界は，岩石 x が岩石 d におおわれ，d になんらの変質が生じていないばあいにも，ある程度確実性をもってわかる．そのさい我々は d が堆積する以前に x はすでに冷却されていたと結論できるのである．もしも岩石 y が x を貫通しているならば y は x よりも若く，もしも y が上をおおっている岩石 e に変質をもたらしたとすると，y は e よりも若いのである．

したがって，相対的な時代決定は，内成岩のばあいには，成層法則から完全にはずれているにもかかわらず，あくまでも可能なのである．これによって我々は，種々の化学的・鉱物学的組成をもった岩石の生成順序を決定することが可能になり，最も大切でありかつ地質学的考察にとっては最も重要な岩石学の問題の一つに到達することができる．

内成岩では《相の法則》は，上述した二つの点からわかるように，当然多くの点で異なった意味をもっているのであるが，それはまず第一に，周囲の物理的関係とくに深度のほかに，熔融体の本来の組成とその変質すなわち化学相が決定的な意味をもっているからである．生成が2段階におこなわれるということも，その点に明瞭に表わされる．すなわち，我々はこのばあい化学相と物理相とを区別することができて，そのうち化学相は岩石の最終的形成（凝固）以前に生じたものである．それらは堆積岩のばあいのように結局いたるところで完結するきわめて徹底した《熔離》Entmischung の過程ではなく，凝固以前の運動の複雑な作用であり，時には，種々の岩石の，融解によって条件づけられた《混合》Mischung（ミグマ Migma）でさえある．

b）物理相（凝固順序と構造）

表成岩に関する成層法則はたしかに地殻内部で凝固するマグマにはあてはまらないが，地質学者に内成岩への興味を抱かせる事実は，表面に生成された記録のばあいと同じものであることを忘れてはならない．それは，一つは生成の時間的順序，すなわち内成岩のばあいは凝固の順序であり，もう一つは周囲の生成環境，すなわち内成岩のばあいは自然地理学的相ではなくて物理・化学相である．時代順序と相は深成岩においても決定されるが，その特徴が累重関係または並置関係にあるのではなくて，

“いちまつ模様のように雑然とつめこまれている”にすぎない．これこそが今明確にされねばならない，根本的に異なる空間－時間的関係である．

多くの成分からなる熔流の中での結晶の晶出順序を理論的あるいは実験的に予言したり模造することがいかに困難であっても，凝固した熔流は上記のことからも明らかなように，凝固の時代をはっきりと決定するしるしを包含しているものである．

まず第一に，凝固の速度はすくなくとも相対的には決定される．それは岩石の《構造》Struktur と呼ばれるもの，いいかえれば，構成鉱物 Gemengteil の形成された形(結晶学的輪廓と大きさ)にあらわれるのである．きわめて急激に温度が下降するとき，すなわち周囲の温度に対して熔融体の温度がいちじるしく異なるばあいには，熔融体は急速に凝固し，成分の分離がおこなわれる可能性はなく，また明瞭な結晶の生長もおこらない．均質で，緻密またはガラス状の物質が生じるが，それは透過偏光では暗黒に見え，すなわち等方性である．それは透過光線があらゆる方向に同様な振動条件にあうので，偏光も干渉も生じないのである．表面で凝固した熔岩は，すくなくとも凝固後すぐには，そのような《ガラス質》または《緻密な》構造をもつ．

これに対して，緩漫な，状況によっては“長期間にわたる”凝固をした熔流では，一つ一つしだいにできてくる固体成分(鉱物)の分離がおこり，そのおのおのの結晶はみずからにふさわしい結晶学的輪廓をとろうとする．これら個々の鉱物は“自形の”idiomorph 輪廓をとり，岩石は粒状の外観を呈し，透過偏光では不均質である．これは光線が個々の粒子によって種々の方向に屈折し偏光させられるからである．したがって《粒状》構造は緩漫な凝固，すなわちゆるやかな温度降下のしるしである．そのようにして深い処で凝固した《深成岩》と，地表面で凝固した《火山岩》または噴出岩との区別が生じるのである．

以上の両極端の間に移行型のありうることはいうまでもない．細粒状または陰微粒状 verstecktkörnig 構造がそれであり，これらは凝固速度をある程度まで推論させるものである．

凝固速度はもちろん深度の函数である．なぜならば温度降下は，十分あたためられた地殻内部の区域におけるよりも，冷却された地表面におけるばあいのほうが大きいからである．そのかぎりにおいては，構造もまた相の表示である．しかしながら，その函数はかならずしも直線的で簡単なものではないが，それは粒子の大きさが，熔融体の流動性の難易またはその気体包含の程度というような他の因子にも関係しているからである．この物理・化学的複雑性については，ここでは簡単に指摘するにとどめる．

さて，堆積岩の生成のばあいには，周囲の状態は変化しないのであるが，運動することのできる熔流のばあいには，かならずしもそうではない．熔流は凝固の途中で“相領域を変化する”かもしれない．いいかえれば，深部から表面へと貫入するかもしれない．《斑状》構造 porphyrische Struktur という特殊な例は，このような原因によるものであって，このばあい，いわば二つの相域が密接にまじりあっている．凝固は深部において軽微な温度降下とともにはじまり，結晶学的に自律的な，すなわち自形の輪廓をなした大きな粒子が生じ，それは熔流中にただよう．つぎにこの岩石は，たとえば熔融体が表面に上昇するようなことがあれば，他の相区域に移される．そして残りの部分は急激に凝固し，細粒体またはガラスとなるのである．

したがって構造によって，生成状況とその時間的変化すなわち凝固過程を，ある限界において，時間的に決定することが可能となる．とくに強調されねばならないのは，もしも直接の模写を知るのではなく，たんに類似物を得たいと考えるときには，実験もひろく説明に役立てられるということである．生成史の説明に対するそれ以上の補助手段は《凝固順序の観察》である．

化学成分がある一定の量関係にあって，しかも圧力と温度があるあたえられた関係(pt-条件)になっているときには，過剰で最も不熔解性の成分がまず分離する．このような成分は熔流の中にただよっているので，あらゆる方向に同じようによく成長し，したがって自形の，つまり自律的な結晶学的輪廓をとることができるのである．冷却がすすむにつれて多くの成分が分離すればするほど，“結晶粥 Kristallbrei はますます濃厚”になり，自形の成長はますますさまたげられるのである．最後に析出する成分は，結局先に析出したものの間の“楔状の部分” Zwickel をみたしうるにすぎない．

ある粒状花崗質岩石においては，たとえばつぎのような規則正しい晶出順序を多くのばあい認めることができる．

鉱石——磁鉄鉱，チタン鉄鉱など．

暗色雲母(黒雲母)，鉄・マグネシウムおよびカリウムの珪酸化合物．

石灰長石——斜長石，カルシウムおよびナトリウムとアルミニウムの珪酸化合物．

カリ長石——正長石，カリウムとアルミニウムの珪酸化合物．

石英——純粋な硅酸.

以上のなかで，最初の二つはふつうは良好な輪廓を示すが，これに対して長石の結晶形は多くはまったく不良であり，また石英にいたっては楔状部分の最後の充塡物にすぎないのである．粒状岩石のなかで，その構成鉱物の自形性がこのように減少してゆくものを半自形粒状 hypidiomorphkörnig と称する．このような順序は，若い構成鉱物が古い構成鉱物をとりかこむということによっても，しばしば明らかにわかる

化学的には，これらの系統は，重い金属質でたいていは暗色の構成部分の量が減少して，硅酸の量が増加してゆく一つの系列，すなわち塩基性の極(酸化金属)から酸性の極(硅酸)に至る一つの系列にあたるものである．このように理論的にも実験的にも証明された系統は，《静かな熔融体》における正常なばあいと考えてよいものである．個々のものについては，当然，熔融体のがんらいの組成すなわち自由になりうる材料と，深度すなわち相に関係する．ある鉱物とくに緊密な分子構造を有するものは，高温・高圧下においてのみ存立に適するものであって，表面近くでは他の組合せにおきかえられる．たとえば，ダイアモンド，ざくろ石，二三の輝石は深部層の顕著な示相鉱物 Faziesmineral である．それらは表面近くではけっして生成されないばかりか，すでに析出した結晶も，表面近くで存立しうるような組合せに転換するのである．そのばあい，しばしば外形は保存されて残っているので，これによって我々は生成史の解明にもう一つの拠点をうるわけである．

火成岩の特殊な特徴として，生成のさいに凝固の前またはその途中において空間変化が起りうるという事実をすでに知った．生成空間と凝固空間は多くのばあいに一致しないもので，静かな熔融体というものは特殊なばあいである．したがって凝固の過程においては鉱物の組合せが変りうるばかりでなく，正常の凝固順序も独特の変動を示すにいたる．そのことはとくに，圧力および温度の変化によって，すでに生成されていた結晶は全体または一部がふたたび熔融されることもありうるし，したがってその経過はいわば第２段階において新しくはじまるということにもとづいている．斑状岩においては，たとえば，長石・石英の最初に晶出した大粒のものがその後に縁を熔解されて，その後正常な順序で，ただし小さな粒子の晶出が新しくはじまったものをしばしば認める．

けれどもこのような物理的な原因のほかに，化学的な原因もまた変動をおこさせるのである．晶出を起させた熔融体は，それ自体すでに成分に変化を来している．熔融

体がなお運動しているばあいには，その一部が重いものであれば，拡散流・重力的過程その他によって残留することがありうるし，あるいはまたその一部がたとえば気体に富み揮発性であれば，急速に移動し去ることもありうるのである．このような化学的変化によって晶出順序は直接影響されるものであり，したがってたとえば花崗岩においては珪酸に富んだアルカリ長石の後にふたたび珪酸にとぼしい石灰長石が生成されることがある．そのとき結晶は累帯構造 Zonenbau を有し，そのことからただちに成分の変化が認められるのである．

したがって凝固順序の異常は物理的および化学的条件の変化のしるしであり，いいかえれば熔融体の運動の結果としての内成岩相の変化を示すものである．ここで我々はふたたび地質学的考察法の基礎を認識する．すなわち現在見られる状態と，物理・化学的関係にもとづいて(現在主義的に！)復元された中間の段階とから，ある過程の時間的順序が決定されるし，それが遂行しがたいさまざまの実験に代用されるのである．地殻表面の過程の現在主義的考察と内成岩のそれとが異なる点は，内成岩の過程自体は今日直接には観察できないということにある．けれども内成岩の過程は物理・化学的考察によってひじょうに明らかにされるものであるから，その結果は無条件に確実なものである．こうして見ると，地質学は，その方法論的特異性を失うことなしに，物理学や化学の助けをかりずにすますことは，当然他の分野におけるよりはもっと不可能なのである．

c) 化学相(分化)

火成岩の化学的組成および鉱物学的組成にはひじょうな多様性がみられるが，これは次の三つの観点から整理される．

1. 化学成分から見て，珪酸と酸化金属とのどちらかが多いという点で整理すると，結局次の二つを両極端にもつ系列のなかにならべられる．

塩基性，すなわち珪酸にとぼしく，酸化金属とアルカリ土類(Ca, Mg)に富むもの．

酸性，すなわち珪酸に富み，しばしばアルミニウムとアルカリ(Na, K)に富むもの．

第1群は比重の大きい(比重 2.9～3.1)，多くは暗色の岩石を包括している．この群の噴出岩は広義の玄武岩のなかまに属し，深成岩では斑糲岩・輝岩・橄欖岩などがある．いいかえれば，橄欖石・角閃石・普通輝石などの鉱物が優勢で，長石はもしあるならばカルシウムに富むようなものを含む岩石である．

第2群は比重の小さい(2.6～2.8)，明色の岩石を包括する．地表面でこれに相当するものは斑岩・石英粗面岩・粗面岩などである．深成岩としては花崗岩と，石英に乏しいかまたはまったくない他の群への移行型，すなわち閃長岩および閃緑岩がある．石英，アルカリに富む長石や，暗色の構成部分からなる雲母などが優勢である．

このような化学的性質の対立は，エドワルト＝シュースの当時に二つの流行語的な名称，《シマ》Sima (シリシウム[珪素]－マグネシウム) と《シアル》Sial (シリシウム－アルミニウム) によって確立された．これに対しては実際には多くの懸念が出されるが，理論の基礎づけをもちいることなしに純粋に命名的なものとしてであれば，使用してさしつかえないように思われる．

我々はさらに，この系列はしばしば時間的な系列であって，熔流の運行が継続している間に一方の極から他方の極へと移っていってもさしつかえないことを認めるのである．

2.　化学的組成から見て，一方はアルカリ(ナトリウムおよびカリウム)が多いもの，他方はカルシウムが多いものという点でならべると，それに応じてまったく異なった鉱物の組合せが生じるのである．

《アルカリ岩系》Alkalistamm または《大西洋岩族》atlantische Sippe と呼ばれている第1群は，アルミニウムとカルシウムにとぼしいもので，ソーダ輝石またはソーダ角閃石が指示鉱物である．長石のかわりに，その珪酸がもっと少い“代理者”として霞石・白榴石などがあらわれる．

第2群は《アルカリカルク岩系》Alkalikalkstamm または《太平洋岩族》pazifische Sippe であり，アルミニウムの含有量が相対的に多く，またアルカリカルク長石が優勢であることによって特徴づけられている．指示鉱物はこの族の中では厳密な意味では存在しない．特徴はむしろ消極的な面であたえられる．

この両群において酸性と塩基性の区別がなされるが，このさい両極端においては岩群の対立はぼやかされるものであることを強調しておく必要がある．

大西洋とか太平洋とかの名前は，留保条件つきでもちいられるべきものではあるが，このばあいはまったく空間的区分の原理が重要であることを暗示している．今日では，これら両型のものは一定の構造の地殻に分布するか，あるいは一定の形式の構造運動に並存しているらしいことは明らかである．ニグリ NIGGLI によれば，さらにまた第三の岩族——地中海型——があり，カリウムの多い点で区別される．太平洋岩族および地中海岩族の出現はアルプス型の造構運動(褶曲作用)の直前または途中の時代と結びついており，またそういう運動のおこなわれた地域に見られるのである．これに反して大西洋型の岩石は褶曲《後》に，とくに強烈な断裂運動のおこなわれた地域に生じている．オスロの古生代地溝断裂 Grabenbruch では，きわめて完全な大西洋型深成岩類が顕著に見られる．第三紀のライン河谷地溝とその周辺地域にも同様にそれらの岩石があらわれている(カイゼルシュトゥール，カッツェンブッケル)．大西洋型岩石は結局褶曲山脈の内辺における大断裂を特徴づけるものである(アペニン西方の火山その他)．

3. 第三の区分法の特徴は純粋に深部相的であって，圧力によって影響された鉱物の組合せにもとづいている．それはすでに前の章で説明したことであるが，あとからも述べるように，内成的熔流に対するよりもいっそう重大な意義を結晶片岩に対してもっているのである．

個々の地域においては，ときどき本質的に詳細な区画が行われる．たとえばゴルドシュミット V. M. GOLDSCHMIDT はノールウェイの古期褶曲山脈で三つの岩石系を区別しており(ベルゲン-ヨトゥン*岩系 Bergen-Jotunstainm，緑色熔岩系，オプダル岩-トロニエム岩系 Opdalit-Trondhjemitstamm)，それらは時代的には相前後して出現し，塩基性と酸性の岩石を包括するものであって，一定の鉱物の組合せまたは鉱物の含水量によって区別される．ただし三つの群の時代は後に修正されている．

上述した成層の根本原理によって，ある地域における種々な岩石の生成の時代的順序がきわめてよくわかるのである．深成岩は凝固の前か途中か後かに造構運動によって影響されるという事実から，先造構的 vortektonisch，間造構的 syntektonisch，後造構的 nachtektonisch 岩石に区別される可能性が出てくる．ほとんど一般的に，とくに褶曲山脈においては，岩石の生成は塩基性岩石にはじまり，酸性岩におわるという規則性がみられるのである．

火成岩が地質時代を通じて造構運動と明瞭な関係をもつ規則的な輪廻的分布をしていることを，シュティレ (1940) が明らかにしている．彼は時相を区別して，初生的 initial (噴出，塩基性)，間造山的 synorogen (貫入，主として酸性)，後生的 subsequent (噴出，酸性および塩基性)，末期的 final (噴出，塩基性) とした．これにつ

---

* ヨトゥンヘーム Jotunheim 山脈．ノールウェイの西南部．

いては他のことに関連して後に述べる.

こうして我々は地質学的－岩石学的考察の核心，すなわちマグマが化学的にも鉱物学的にも異なった群に分離することの意義と，その分離の時代とに関する問題に到達するのである．このばあい明らかに二つの考え方ができる．すなわち，この分離はひじょうに古い現象であって，地殻の凝固の開始した時に由来するものであるか，さもなければこの分離は，それ自体きわめて均質な深部の熔流の内部でつねに新しくおこなわれるかのいずれかである．このような分離すなわち《分化》Differentiation の問題は，当然広範囲の物理・化学的方法の助けによってのみ解決されうる問題であるが，ここではそれを暗示するにとどめる．しかし，この問題は根本的な地質学的過程に対して重要性をもつので，上にあげた可能性のそれぞれについて簡単に説明しなければならない．

地球が最初に凝固したさいの始源的分離は当然十分考えられるものである．それらはまずなによりも重さによる分離であって，比重の大きい構成成分は下に，軽いものは上に多くなるというようなものである．徹底的ではないにしても，なんらかの分離はおこりそうもないとはいえないのであって，のちに述べるように，地球物理学的にも証明できるのである．けれども，この始源的“重力分化” Gravitationsdifferentiation は，現実の複雑きわまる時間的・空間的変化にはどうしてもあわない．塩基性の極から酸性の極にいたる岩石生成の順序も，大西洋岩族と太平洋岩族との対立も，未証明でしかも証明しがたい補助仮説の助けによらなければ，重力分化によって基礎づけることはできないのである．完全な均質性すなわち至るところで同質の“中間的組成をもったマグマ”というもの[1]を仮定しようとしないで，つぎのことを強調すべきである．すなわち，異なった火成岩族をある一つの地域に《相前後して》出現させる時代的変化と，異なった岩石を，異なった地質学的発展を示す地域に《隣りあわせに》出現させる地域的変化とは，分離や熔離が1度だけではなくて，ある条件のもとでは常にくりかえしておこなわれうるという考えに味方するものである．

これだけでは，分化過程がいつ，そしていかにして行われるかという問題は，明らかにまだまだ解決されない．ここでもまた私は考えうる可能性を示すだけにとどめておかねばならない．火成岩はつねに深部から，すなわち最初のかまど primärer Herd

1)　中間的な岩石はたとえばモンゾニットを形成するが，それはアルカリ岩族とアルカリカルク岩族の中間を占めるもので，また両者に向って分化しうるのである．

から上昇し，地殻の内部または表面で新しい空間を占め，そこで凝固する，というようにして生成されるものである．したがって分化は最初のかまどにおいてか，または上昇の途中か，さもなければ凝固空間を占有したのちかの，いずれかにおいて生じうるのである．

貫入した二つの火成岩の間に明瞭な境界があって時間的差異が証明されるか，または累重する二つの異なった組成の熔岩流が証明されるばあいには，その場所で (in situ) 実際に分離したという最もたしかな可能性を運よく推論できる．けれども，直接の観察にもとづいてこれらの岩石を区別することは，かならずしもつねに可能だとはいえないのである．ともかくも，新しい諸研究 (北アメリカにおけるバーク BALK や，スイスとスカンディナヴィアにおける筆者の研究) は，この問題の解決にいくつかの新しい方法を示している．

さらに困難なのは，分離の原因に対する問題である．ここでもわずかに二三の可能性が示されるだけで，今日のところそれらをもれなく列挙するにはいたっていない．

1. 上昇する熔流によって生じる周囲の岩石の熔融は，所によっては熔融体の組成を変化させるものである．今日ではこのような再熔融の過程すなわち《アナテクシス》Anatexis* は部分的には重大な意義があり，ひろくおこっているといわれている．実際に二三の研究者たちは多数の花崗岩質岩石をもアナテクシス的と考えているが，それについては他の折にふりかえって述べてみたい．この過程自体はもちろん分離でも熔離でもなくて混合であり，その産物はいわゆる“混血児的な”混成岩 hybrides Mischgestein である．このような過程は高温によってのみ，すなわち深部においてのみ可能であるということは明らかであって，そのことはまた，珪酸化合物(珪酸塩)の融点はたいていは凝固点よりも高いものであるということからもわかる．したがって液体状のマグマは，浅いところでは，熔融をひきおこすことなしに固い岩石のそばに存在できる．さらに注意しなければならぬのは，たとえば巨大な花崗岩塊を生じるような均質な熔流は，長期間にわたる静止の状態を前提できる場合にだけ，熔融によるものと説明できるということである．なぜならば，そうでなければ，がんらいの熔流といろいろな混血児的の混合物との間には化学的平衡が成立しにくいからである．

---

* 著しい変成作用の一つ，地下深処で岩石が熱や高温ガスなどのために熔融状態となる作用，これは 1907 年ゼーダーホルムが片麻岩の生成に関して仮定した作用(地学辞典)．

したがって熔融は上昇の開始以前におこったものでなければならない．なぜならば，もしその後におこったのならば，せいぜい，混成岩のせまい境界帯が熔流の壁に接して存在することが考えられるにすぎないからである．たとえば花崗岩塊と粘土質の岩石との境界帯にあらわれるような，ある両雲母花崗岩などは，このようなばあいと解せられる[1]．

したがって多くのばあいに，組成の差異は，後から生じた混合に起因しているものであるかもしれぬ．この可能性はそれ自体ひじょうに重要であるが，がんらい均質な溶流体の《熔離》の逆の過程も生じうるということがたしかに期待できるのである．それは，岩石中にふくまれているいくつかの成分はごくかぎられたものにすぎず，高温においてのみ混合しうるものであるということからも推測することができる．それに珪酸を混合した鉄－ニッケル熔融体から生じた二三の隕石について明瞭に認められる．凝固した隕石では，鉄－ニッケルの合金中に小滴状の濃緑色の橄欖石（マグネシウム・鉄の珪酸塩）がふくまれている．この橄欖石は，水中の油滴のように，冷却のさいに熔流中に分離したものである．あらゆる熔鉱炉の過程――すなわち金属と鉱滓の分別――の基礎になっているこれらの事実から，分離の可能性の第2群に到達するのである．

2.　マグマの分化に対する最も重要な可能性は，すでにさきほど論じた次のような事実にもとづいている．すなわち熔流の個々の成分は温度の降下につれて，同時には晶出せず，相前後して晶出し，しかもある規則的な，いいかえると精密な化学的・物理学的原因による順序にしたがって晶出するのであるが，その順序は物質の濃度，圧力や温度に関係している．ここになにかの関係が生じそうだということは，凝固の順序におけると同様に，岩石の生成順序においても，塩基性産物の方が古く，酸性の産物の方が新しいということからも考えられるのである．凝固の途中で，熔流の組成はつねに変化する．それは，それ自体まったく一つの分離であるが，そのばあい個々に析出した成分がマグマの中でいつまでも懸濁状態にあるならば，完全に凝固した後には，岩石の平均組成はもともとの熔流の組成に相応するようになってしまうのである．しかしそのようなばあいがかならずしも最もおこりうるというわけではない．すでに凝固してしまった部分となお液体状にある部分との分離，すなわち熔流内の運動

1)　深成岩の空間形成の章で，その点に立戻って述べることにしたい．

は，十分に考えうるものである．これについてもふたたび，多くの可能性が区別される．

a) この運動は純粋に重力的なばあいがありうる．すなわち析出した重い部分はマグマの溜り Magmareservoir の底に沈み，したがって“底部体” Bodenkörper と残融物 Restlösung との分離が生ずるのである．マグマの溜り Magmabehälter 中に一種の化学的沈積作用を想定するこの単純な解釈は，とくにアメリカの岩石学者たち(なかでもボウエン)によって，ひろく実験をもちいて完成されたものである．このばあい，岩石の塊状体の内部に一種の層理があらわれ，最初に析出した重い鉱物が下に，最後に析出した軽い鉱物が上に多くなるということが期待されるはずである．実際のところ，このことはしばしばあることだが，かならずしもつねに起るとはいえないのであって，それは，やはりアメリカ人によって研究されたいくつかの錯綜現象があるということ，なかでも，沈下した底部体は周囲のマグマと引続きある程度の反応と化学変化をおこしうるということに起因しているのである．しかし火成岩の形態について認められるすべての特性に対しては，この説明だけでは十分でない．たとえば，酸性岩の上や横にも，もっと前の塩基性岩が存在することがあり，これは重力流説によっては説明できないことであるからである．そこで，さらに次の二つのばあいが考えられる．

b) 熱流．熔流とその周囲の岩石の壁との間に温度差がある結果，熱の原因による平衡流 Ausgleichsströmung すなわち対流がマグマ中に生じてもさしつかえない，というよりもむしろ生じなければならない．このような方向性をもった運動は析出した結晶をとらえるようになり，それを一定の方向にむかわせる．したがって結晶はマグマの溜りの周辺部に増加し，それによって化学成分の分離にみちびくのである．このような可能性は，ブレッガー BROEGGER がオスロ地域の噴出岩について詳細に研究している．

c) 上述のようなばあいは，とくに熔流がその最終的な凝固空間に到達した時に生ずるが，一方凝固空間へむかって上昇がおこる時期は，ちょうど，重力にさからう強烈な運動の時期なのである．この運動の継続中に熔流から固体成分の析出がすでにはじまったばあいには，この運動が化学的分離をひきおこしうることは，ほとんど証明は不要である．なぜならば，大きな内部摩擦を有する粘稠性の結晶粥は，均質な熔流よりはゆっくり“流動する”のは，当然だからである．そのような例はシュワルツワルトにおいて立証されたものと私は信じている．シュワルツワルトではまったく均質な主体花崗岩 Hauptgranit に析出順序の異常が生じており，長石を見ると，まず第一に珪酸に富んだもの，つぎにやや塩基性のもの，次にふたたび酸性のものが析出されている．一方岩体の状態からみれば，最初に塩基性で，つぎにきわめて酸性で，つぎに中性で，それからふたたび酸性の岩石が上昇して来ている．ここでまた析出の時間的順序と上昇の時間的順序とを平行させることによって，つぎのような生成像に到達するのである．

最初の塩基性結晶（鉱石・角閃石・雲母）が析出したのち，結晶を多く含む結晶粥は上方に運ばれる．親マグマ* Stammagma はこの塩基性成分にとぼしくなり，相対的に酸性となり，まもなく珪酸に富んだ結晶の析出が開始される．熔流の運動にしたがってこのような極端な酸性岩は切りはなされ，それ自身で凝固する．このようにしてマグマはふたたび酸性にとぼしくなり，そこで塩基性長石の生成がはじまり，その後の凝固は“正常”に進行する．したがってこのばあい，熔融体の晶出と分離とは上昇の途中に生ずるのである．したがって，やはり方法論的に重要なことであるが，地質学の“歴史的”方法にたちかえって，結晶の生成，岩石の分離と上昇の時間的順序をたがいに関係づけ，それによって熔流の運動とその凝固の段階を一つの時間的順序に総括することができるのである．

重力的，熱的および上昇分離という上述の三つの可能性は《運動分化》として総括できる．おそらくこの三つの過程はすべて作用しており，実際には凝固が上昇の前か，途中か，あるいはあとのいずれの時期にはじまったかによって，それぞれ三つのなかの一つが特に重要になってくるのである．

3.　熔流の分離に対するもう一つの可能性は，熔流中には多少とも気体状物質がとけこんでいる（水蒸気，弗素および硼素の化合物，その他）という事実にもとづいている．このような溶液は高圧の下においてだけ安定である．圧力が減少するにつれて，高圧下にあった気体の成分は液相から分離し，運動しやすいためにある程度までマグマから移動し，岩石のひびや割目をみたすのである．このような気体部分にはふたたび岩石の構成成分の一部が溶解するが，これは圧力や温度が減少するにしたがって直接または間接に，すなわち液相を通過せずにかまたは通過して，晶出するのである．

---

*　parental magma（英）本源マグマ．（久野久，火山及び火山岩．岩波全書）

したがって揮発成分の媒介によって，マグマの一部分は分割され，マグマから切りはなされて析出し，最初のかまど Stammherd とは完全に異なった組合せと構造を示すようになりうるのである．このばあいは，マグマ移動の末期に，地表からたいしてはなれていない処に生ずる過程をあつかっているわけである．ある一定の鉱物の組合せ，たとえば，含硼素電気石，含弗素螢石，ロゼット型の白雲母など，またとくにいくつかの鉱石(錫・タングステン・モリブデンの鉱石)は，《気成作用》Pneumatolyse と呼ばれるこのような揮発性溶液からの析出を特徴づけるものである．また独特の構造型のものとして，いわゆるペグマティットと文象花崗岩 Schriftgranit という，同時に析出しながらそれぞれ独特の生長を示す石英と長石から成る岩脈もあげなければならない．

4.　最後に，分離の第四の可能性は，液状または揮発性の物質が地球表面からマグマの中に入るときに生ずるのである．たとえばゴルドシュミットはノールウェイ山地で，ベルゲン岩系 Bergenstamm に水分が少いのに，トロニエム岩系 Trondhjemit-stamm には水分が多いことを，カレドニア地向斜の盆地から水をえたということで説明しようとこころみた．

このようにけっして万全とはいえない列挙によって，ある単一の熔流からさまざまなふうに分離が行われうるし，またおそらく行われているだろうということがわかったのである．このばあい，現在論的なとりあつかいは不可能であるが，間接的実験とさらに化学的特異性，そして最後に鉱物の組合せと構造は，ひろく裂罅作用の方向と場所とをつねに明らかにしうるのである．そのさいそれに関連して，個々の岩石の成層関係や，過程の相対的な時間的順序がわかるようになる．

5.　地殻内部の運動

a)　空間の形成

今までに述べたような物理学的・化学的根拠による議論は，地殻内部の記録である火成岩の生成を解明するに役立つはずである．表成岩のばあいと対比するならば，凝固は堆積に，分離は相の問題に類似しているということができる．しかしながら，このばあいにも固相と液相に分離しているためにすでに根本的な区別が存在するのだから，内成的運動の過程を考察するときに同じような類似性を考えることは，さらに危っかしいことになる．造構運動と造陸運動の過程はもちろん内成岩にもあらわれ，根本的には類似の経過をたどるのである．けれども内成岩のばあいの過程を解明することはもちろんずっとむずかしいことである．なぜならば，その最初の状態として堆積岩のばあいのような水平な地層があるわけではなく，複雑な形をして，ばあいによっては不規則に境を接した岩体が存在するわけだからである．この岩体の形状は水平な表成岩層群のように先験的にあたえられるものではなく，観察と論理的推論とによって明らかにすべき問題なのである．この形態は岩石の一部分がその生成の場所(侵蝕地域)から成層した場所(堆積地域)へと重力にしたがって移動した結果ではなくして，マグマの上昇ないしは《火成作用》Plutogenese の結果である．したがってこのばあい，最後の生成時相の前または途中すなわち凝固の途中の運動は，表成岩のばあいとは逆に，特別な意義をもっているのである．

我々は，このような運動を解明することの可能性は二つの前提にもとづいているということを確認したい．すなわち 1. 眼前の状態と熔流の貫入 Eindringen 以前に存在していた状態との比較，2. 凝固した熔融体の内部での運動の探求，である．

この第二の点は我々の考察において目新しいものであるのに対して，第一の点は表成岩の項でもすでに述べたものであるが，ただ内成岩では問題は本質的により複雑である．実際，熔流が侵入して凝固した地殻内部の空間には，以前には何が存在したのであろうか？ 表成岩のばあいならば答は簡単で，岩圏(地表の岩石)と水圏(水柱 Wassersäule)または気圏(気柱 Luftsäule)との間の境界領域である．けれども地殻内で形成される岩石のばあいには，その場所には以前に別の岩石かさもなければ空洞が存在したのでなければならない．そのさい，後者の可能性は条件つきでのみありうるということをとくに注意すべきである．せまい割目ならば，かなりの長期間存在して，後に熔流によってみたされるかもしれないが，大きな花崗岩体の迸入のために必要なような数立方キロメートルの容積の空洞は，安定性からしても，地殻内部に存在することは考えられないのである．したがってそのような空洞は，マグマの貫入する間にゆっくりと，しかもたえず流れこむ熔流によって生じたものにちがいない．

こうして，根本的であるがけっして徹底的には説明できない，火成作用のさいの《空間問題》にゆきあたるのである．この問題の主要な困難さは，新しく生じ，熔流によって侵入された空間の精密な図学的境界が，明らかにいろんな解釈の前提として必要であるという点にある．けれども実際には，今日の地表面からはたいていこの空間のたった一つの断面しか知られないという点において，そしてまた最も好都合のばあいでもわずかに1～2 km までの深さしか見ることができないという点においても，それはほとんど不可能なのである．あとでわかるように，何キロメートルという大きな桁をもつ地殻の全層厚に対しては，この程度の知見は当然問題にならぬものでしかなく，そしてある偶然の地表面の横断面から空間像を復元することは，ほとんど見込みのないこころみであるように思われる．

さらに考察を進めるにさいして，二つの特殊例をあげなければならない．

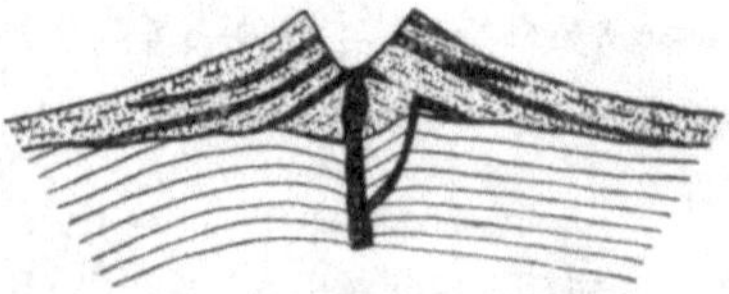

第21図 火山と流出孔．黒——流出孔内および熔岩流内で凝固した熔流．点——火山灰と熔岩の互層．白——古い地層．火山が崩壊すると，凝固した熔融体にみたされた割目だけが残り，時としては充填物が固いためにたかく残される．

1. 表成的火山作用があって後にどんどん破壊が起った地域では，ばあいによっては熔流の比較的深い部分を洞見することができる．そうして，大きなひろがりは表面だけのものにすぎず，火山の下部には一つのせまい流出孔 Förderschlot があり，言いかえれば岩石中に一つまたはそれ以上の割目があって，それに沿って熔流が上昇し，その後に岩圏の上部の境界にひろがることができたのだということがわかる．このばあいは，空間問題は明らかに全然存在しないのである．

2. 深い谷の中で地殻の比較的深部が見られるような多くの山脈地域においては，多少とも整合的に正常の表成岩層が重なっているような，比較的小さい内成岩体が見られる．熔流は明らかに，第一のばあいのように，割目または狭い流出孔を通って下部から貫入して来て，地層の一部を時計皿のように持上げてそこに割込むのである．したがって，この岩体は半レンズ状の横断面をもっている．熔流は最も抵抗のすくない個処として地層のつぎ目に沿って貫入し，いわゆる"屋根" Dach が上昇をせきとめているために，横にひろがるのである．この可能性は，熔流の内部張力すなわち静水圧が，上にのしかかっている岩石柱の抵抗より大きく，しかし爆発と地表面への噴出をなしとげるほどではないようなばあいに生じてくる．

明らかにこのようなばあいすなわち《餅盤》体 lakkolithischer Körper の形成は，地殻の表面に近い部分において，上昇に際して上にのしかぶさっている岩石の重量がマグマの圧力とほぼひとしいようなときにおこる．その特徴を示すものとして，いち

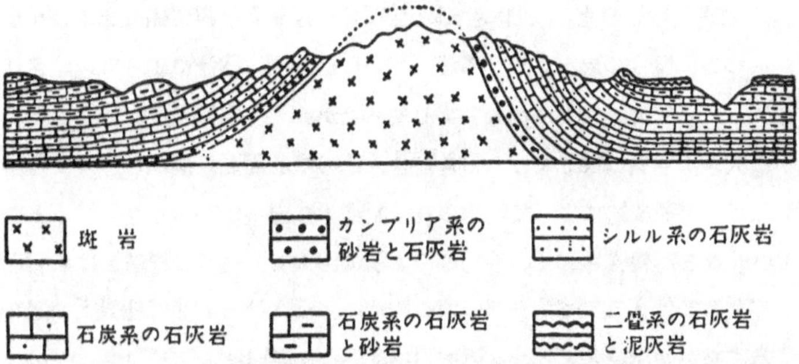

第22図 斑岩の餅盤．周囲の地層をドーム状に持上げている．北アメリカのブラックヒル．ヤッガー JAGGAR による．

ばん抵抗の少い面である地層面に沿って熔けやすい熔融体が拡張しているが，この現象は当然深処でもはじまりうるものであり，気体に富んだ熔融体のばあいには，いわゆる葉状貫入 Injektion Blatt für Blatt すなわち，利用できるあらゆる割目へのマグマの貫入が行われるのである．最も極端なばあいには，直接に堆積岩と凝固した熔流とが互層しているような混成岩を生ずる．

←**第23図** 暗い色の角閃石片麻岩の地層のつぎ目の中へ明るい色の花崗岩が平行貫入したもの(葉状貫入)．フィンランドのヘルシンキの港．

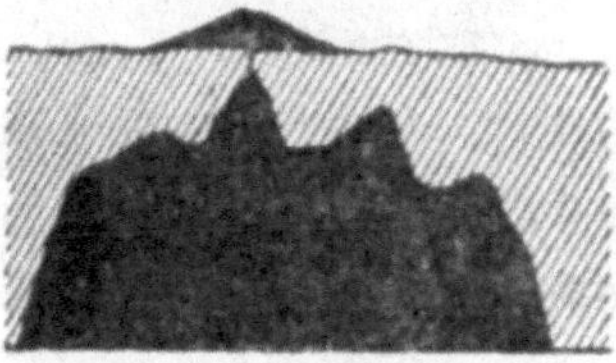

第24図 流出孔と表成火山とをともなった底盤の模式図．クロースによる．1923.

すでに形成された岩石の隙間へのこのような《整合的な》貫入は，とくに小さな岩体や地表近くの場所を問題とするばあいには，空間の観念に，けっして手におえぬほどの困難を生ずるわけではない．けれども一般的には特殊のばあいもあるのであって，大きな花崗岩地域においては，他の岩石の中に不整合的な，いわば完全に自主的な産状を呈し，地層境界その他の以前に生じた岩石のつぎ目とは無関係であるようなものもある．この古いほうの岩石が正常に保っていた組合せは熔流によって破壊されており，まさに一大累層群が偶然に消失してしまったかのような印象をうけるのである．このような大きな岩塊に関しては，ときどき，その境界面が外側にむかって傾斜しており，したがって深成岩によって占められた面は下に向ってひろくなっているにちがいないということが報告されている．このように巨大で，地殻の構造とは無関係に，すなわち不整合的に貫入して，深部においてはいっそうひろい面で地殻下の熔融空間に接合するにちがいないと思われる熔融岩塊は，《底盤》Batholith と呼ばれている．もちろんこのようなものの存在を仮定することは，いわゆる外插法によるのである．なぜならば，直接に観察できるのはわずかに岩石の表面にすぎず，到達できる深度——それも数百メートルを超えることは稀であるが——までのところでは，その表面は下方に向ってひろがっているように思われるというだけだからである[1]．

観察された部分と全体との間にあまりに差異があるので，ここでは許容できないほどの一般化を行なっていることが認められる．それにもかかわらず，あらゆる可能性を吟味するために，内成岩の最も一般的な存在形態として底盤から出発してみたい．先ほどすでに述べたように，ここで問題になるような大きさの空洞が以前に存在したという可能性はなくなってしまい，今日深成岩が占めている空間はもともとは他の岩石によってみたされていたものでなければならないので，明らかにつぎの二つの可能性が生じてくる．

1. 場所の交換 Platzaustausch は隣り合せの岩石の熔解によってひきおこされ，岩石はマグマに熔けこむ．深処においては熔解や混成というものが十分考えられることはすでに強調されたし，地表面近くの水準のばあいについては，とくにフランスの学者が主張していたのである．バロワ BARROIS はブルターニュの例を記載しているが，そこでは褶曲した古生代の堆積岩が花崗岩塊によって貫入されている．そのばあい頁岩は熔解するはずだが，これに反して熔けにくい砂岩では，その過剰の珪酸は酸性の花崗岩マグマにはもはや熔かされないので，縞状岩 Bänder および葉脈岩 Rippe として花崗岩中に残っているのである．ところがこの報告とかなり対立するものに，バックランド BACKLUND のグリーンランドにおける新しい観察がある．そこでは頁

---

1) 設問の概観としては，CLOOS: Das Batholitenproblem (底盤問題), Fortschritte der Geologie und Paläontologie, Heft 1, 1923 を見よ．

岩は保存されているのに，珪岩(つまり砂岩)はマグクが供給されることによって一種の花崗岩質混成岩に変化させられているというのである．バックランドは最近この説を拡張し，いわゆる花崗岩化作用 Granitisierung すなわち堆積岩から花崗岩質岩石への変化に重大な意義を与えている．彼によれば，フィンランドのいわゆるラパキヴィ花崗岩は花崗岩化した先カンブリア紀の砂岩であるというのである．その過程は，今日ではけっして単純な熔解作用としてではなく，むしろいわゆる鉱化ガス Mineral-isatoren の作用のもとに生じたもっと複雑な物質の交換と解される．

深処の熔流はあたかも吹管の焰のように地殻を“貫通して燃えひろがる”ことができるということ，またはテルミエ P. TERMIER のみごとな比喩をもちいて，油のしみのように多孔質の堆積岩にしみこんで表面にまで上昇するということの原理的な可能性を認めても，やはりこれまでのところこの説の基礎になっている事実的基礎はまったく小さいものにすぎないのである．圧倒的大多数のばあいにおいては，凝固した熔融体とそのとなりの岩石との境界はまったくはっきりしているし，深成岩のきわめて均質な化学性が隣接岩石からの成分をどんどんとり入れることによって周辺にむかって変化するということの証明は，ほとんどいつも不成功に終っている．周囲の岩石は火成岩体 Pluton の熱作用によってしばしばひろく再結晶して，外にむかって変成度を減ずる一連の同心円的地殻を形成する(外的接触帯)が，熔融体に対するいわゆる“内的”作用はせいぜいある狭い境界地帯にかぎられるものであって，実際上ほとんど意味がない．とくに地表面近くまで貫入して来たマグマのばあいには，完全熔解 Durchschmelzung の仮説は，一般的説明としてはほとんど信じられないものである．地殻のもっと深い部分ではいくらか異なってくるが，それについては後にもっとくわしく論じよう．

2. 第二の可能性は，とくにアメリカ人(デイリー)によって強調されたものであり，ドイツ人の間では，南アルプスのアダメロ山塊におけるサロモン SALOMON の研究によって，その応用上の価値が証明されたものである．上づみになっている岩石が化学的に熔解されることは多くのばあい不可能であるとしても，機械的につきくずされていくことは考えられるように思われる．熔流はまずその“屋根”の割目とつぎ目に貫入し，それをおしひろげ，このようにして周囲の岩石の塊をはぎとり，その塊は熔流のなかに沈下し，深処へとはこばれ，しだいに消化されてしまう．採鉱家の言葉では，この過程はあたまうち Übersichbrechen(overhead stopping)と呼ばれ，この理論は《マグマ蝕昇理論》Aufstemmungstheorie と呼ばれている．このような過程が事実存在したという信頼できる例は，クロースが南西アフリカのエロンゴ山脈について記載している．そこでは花崗岩が図に見るように平坦に横たわっている砂岩中に貫入し，この砂岩の塊が花崗岩中に包含物として出現するのである*．

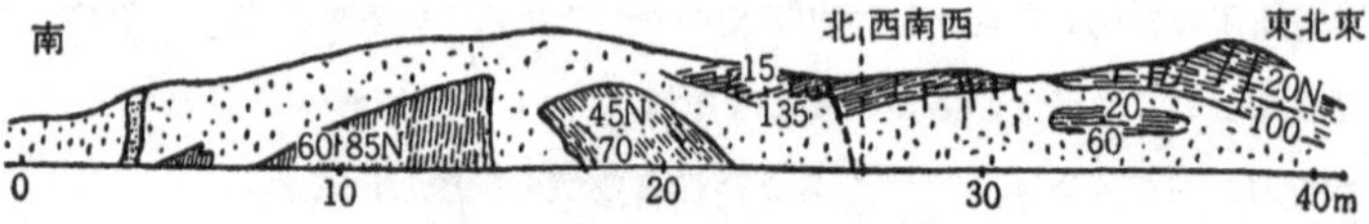

第25図 シュトリーガウ Striegau** 前面の花崗岩．撓曲をうけた頁岩の屋根と破壊された地塊をともなう．クロースによる．1922.

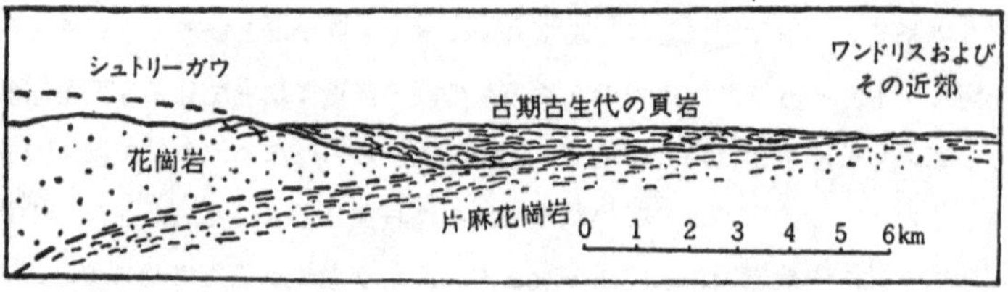

第26図 扁平な花崗岩の舌状体 Granitzunge(底盤ではない！)．古生代の頁岩とそれより古期の片麻花崗岩との境界に貫入したもの．シュレジエンのシュトリーガウ．クロースによる．1923.

深成岩が不整合的に地殻をつきやぶっており，地殻の一部が消失していること，言いかえれば深成岩によって地殻の一部がおきかえられているということが証明されるようなばあいには，場所の交換の第二の様式の方がたしかに有望である．しかしながら規模が大きくなれば困難さは増すばかりで，数十立方キロメートルの空間を占める底盤のばあいには，この仮定ではまったく夢のような話になってしまうのである．

したがって，底盤のような形態のものは完全に証明されないものであり，おそらくまた，極言すれば証明不可能なものだということを指摘したのは，クロースの偉大な功績であった．ここにふたたび，作業仮説がある公理へと止揚され，その公理はふたたび一連のさらに広義の"事実から離れた"仮定へとみちびかれ，結局夢想的推論すなわち袋小路におわっているという，方法的にまれに見る特徴的なばあいがおこったのである．したがって進歩は，根本的概念の新たな吟味によってはじめておこなわれたのである．

* 第25図参照．アフリカで観察された状態をドイツの例で図示している．

** ドイツ，シュレジエン，ブレスラウ市南西方．

中部欧州の多くの例(ブロッケン，ラウジッツ，バイエリッシャーワルト)についてクロースは，底盤すなわち基底面をしだいに拡げつつ無限の深部へと続いてゆく深成岩体という概念は，証明できないばかりでなく，たいていは真実らしくないものであり，ときにはまたたしかに誤っているものでさえあることを示した．

しばしば，深成岩の基盤というものをみることができて，それが古い時代に固化した岩石のあいだのなんらかの形をした割目やつぎ目に，無理におしこめられた，多少とも厚い板状のものであることを立証することができる．これらの割目やつぎ目は，貫入の過程においてひろげられて，凝固空間になるのである．マグマの熔解や蝕昇作用は，このばあい小規模の局地的現象などではないとみなさなければならない．地層のつぎ目の断裂 Aufklaffen は，地表面近くにおいては，餅盤のばあいのように，熔融体の内部張力のために屋根が活潑にもち上げられることによってひきおこされる．けれどもひじょうに深いところでも，つぎ目の拡張は造山的・造構的過程によってひきおこされるものであって，そのばあい当然この空洞は動きやすい熔流によってただちにうずめられるのである．

以上のように深成岩の空間問題の解決には二つの考えの可能性があたえられる．

その一つは《静的》といえるような解釈で，以前から存在していた岩石が熔解または物質の交換によって深成岩に変化することを仮定している．このばあい運動すなわち熔融体の上昇はまったく起らなくともよいのであって，温度上昇および流動性や揮発性のある化合物の供給の影響下で，ある物質の他の物質による置換が行われさえすればよいのである．この最近ひじょうに論議されている花崗岩化作用の理論については，結晶片岩のばあいにさらに考えてみよう．ここでは，次のようなことを忘れさえしなければよい．すなわち，そのようにして生成された岩体は，無条件に熔流状態を通過する必要はなかったのだから，鉱物の規則的な析出順序を欠いてもさしつかえないし，むしろ欠かねばならないということ，さらにまた，この過程では，深成岩と隣接岩との間に明確な境界がなく，漸移的な移行体があることを期待されるということである．このようなアナテクシスは，もともと高温によって特徴づけられている地殻の比較的深い部分でとくに遭遇するものであるということは，明白に認められるのである．

他方の《動的》な解釈は，マグマの蒸気圧の結果であれ，またはマグマ自体に作用している(構造的に条件づけられた)圧縮の結果であれ，固い地殻を通しての熔融体の活潑な上昇を仮定するのである．我々がさしあたり述べることができないような地殻下の炉(それは一次的に生じたものでも熔解によって生じたものでもさしつかえない)から，熔流がいろいろな岩石のはなれ目 Trennungsfugen に沿って上昇貫入する．地殻はけっして均一なものではなく，種々の硬さの岩石が累重または並置してでき上っており，大きな不整合は——くりかえしおこった造山作用の証拠であるが——古い時期のはげしく褶曲した岩石を，上位の水平的な若い堆積岩の面から分離している．これらの不整合，すなわち最小抵抗の面は，熔流に対しては最良の上昇路 Aufstiegbahn である．大きな不整合はまたその後の造山作用のばあいにも既成の運動面となり，この面では，とくに空間をあけたり押しひろげたりすることがおこりうるのであって，したがって熔流はその面においておし進められ，あるいはせきとめられる．したがってまったく一般的にいえば，大きな不整合は深成岩の集まる位置であることがわかる*．空間の拡大はさらにマグマの蝕昇と熔解作用により，また上昇隆起作用 Emporwölbung によって上に高く行われる．もしもマグマの張力が屋根の抵抗よりも大であるならば，地表面における爆発すなわち火山的溢出にいたるのであるが，それは地表面への最短距離の道をとるものであり，したがって周囲の岩石に対しては不整合なのである．

このマグマ上昇の概念は，証明されないまたは証明不可能な仮定から出発してはいないという長所をもっており，いかなる直接の観察事実もこれに矛盾しないのである．その概念はとくに，輪廓のはっきりした，周囲と明確に分離され，正常な鉱物の析出順序をもった深成岩体に対して問題になってくる．そこで地殻の比較的高い階層にとって問題になってくる．これに対して異議があるとすれば，その主なものは，空間形成はここでは直接に説明されるものではなく，むしろ他の領域，すなわち構造論 Tektonik もしくは固い地殻の運動の領域に問題が移っていくということにある．それに対しては，事実によってこのように観察の基礎が転換することは，単に正当であるだけではなく，直接に必要であるということを理由にできる．もしも熔融体の上昇が，クロースの述べたように，“ひじょうに運動しやすい物質に関する構造運動”であるならば，実際にはこれは造構運動の問題の一部であるように思われる．つぎに可能な証明方法について簡単にのべなければならない．

---

* 第26図参照．

b) 構造と運動

表成岩とくに堆積岩のばあいにおいては，運動とか変位は，岩石生成後のものだけが根本的な意義をもっているにすぎないが，これは岩石生成の途中の運動は結局は単に重力の方向にはたらく過程にすぎないからである．これに対して火成岩のばあいには，2相的生成史(熔融体上昇-熔融体凝固)を考えにいれなければならない．そのさい根本的なことは，凝固以前の運動の痕跡は凝固した熔流のなかに保存されてのこっているということの確認である．

流体状媒質の運動は，実際は内部摩擦と側面の摩擦があるために，けっして均質ではないのである．流糸構造 Stromfäden あるいは流理構造 Stromstrich ができあがるが，それは，熔融流体の中心から側面に向って温度が降下するためにこの方向に粘稠性(粘性)が増大することだけによっても生ずるはずである．さて熔融体が均質ではなくて，とりわけある種の包含物をもっているとするならば，それらは運動の様式に応じて相互に配列されるであろう．たとえばガラス質熔流 Glasfluß において，気体成分は一つ一つの泡に集中し，これらは運動の方向にのび，真珠のじゅずのように配列させられる．このような流状組織 Fließgefüge (流動性構造 Fluidaltextur)は地表で凝固した熔岩にきわめてしばしば観察されている．かたい結晶の析出がすでにはじまっている地殻内部の熔流のばあいには，これらの結晶が柱状または板状であるかぎりは，熔融体の運動に関連して平行な配列を保つということによって，続行する運動のあとが残されることになる．この平行配列は凝固したのちでも見られるのである．

岩石の鉱物成分の空間的な配列は《ゲフューゲ》Gefüge または《構造》Textur と呼ばれるが，これは熔融体中の運動を知るためにも，また後述するように運動の時間的決定のためにも，最も重要な補助手段の一つなのである．

運動が行われなかったばあいには，構成鉱物が無方向性の粒状配列をとるのが見られる．

運動が弱いときにも，すでに固体になっている柱状の構成鉱物が平行に位置するようになる傾向をもっている．岩石は《繊維構造》Faserbau または《線状平行構造》を示すが，そのあらわれる程度に強弱があってさしつかえない．これらの構造は，ある特定の方向に割目を生じやすいという岩石の傾向にはっきりとあらわれている．

粘性のある固体析出物に富んだ物質の内部ではげしい運動がおこるばあいには，この“ゲフューゲの規則性”[1] はとくに強くあらわれ，厳密に平行な配列によって，板状の境界を示す結晶も定着させられる．こうして《板状》の平行構造や岩石の板状性が得られるが，これは薄板状雲母が大量に岩石中にふくまれているときにはとくに明瞭にあらわれているのが見られる．粘性のある熔流においては，上にのべた板状体の各つぎ目は運動面であったわけで，いいかえれば，たがいに境界を接する板状体は相異なる運動速度の結果たがいにずれあってきたのである．

方向性をもつ運動にしたがってゲフューゲが並列させられるということは，無造作におこなわれるのではなくて，一定の特殊条件に支配されている．最も一般的な例は，類推的に，流れにたとえてみることができる．平行ゲフューゲは伸張のあらわれであり，それは結局側壁における摩擦と圧力からの回避に関係している．その結果，この平行ゲフューゲは側壁にそってはぴったり密着し，中心では運動方向にほとんど直角である．したがって水平運動のばあいは弧状，垂直運動に対してはドーム状のゲフューゲ要素の配列が熔流のなかに生ずるのである．けれどもまた別の可能性も存在し，糸状の流体のばあいには，柱状や板状の鉱物がつねにその長軸を流れの方向に平行にしているということも注意すべきである．

以上の考察からはつぎの二つの結論が生ずる．

構造の観察によって，《空間的》には運動の方向と岩体の形状[2] を明らかにすることができる．とくに，これらの事項が直接の観察によって解明できないようなばあいにも，それができるのである．

《時間的》には，熔融体の中ではじまる結晶作用の途中かまたはその前かのいずれに，上昇や最終的な場所の占有が行われたかということに対してのてがかりが得られる．明らかに，平行にならんだ構成鉱物は運動の終結する前に形成されている．たとえば，比較的古い方の析出物(たとえば雲母)は比較的良好な規則性と配列とを示し，最後の析出物(たとえば石英)とは異なった配列をあらわしていることがまれでないが，このことから，運動過程の個々の時相さえもが凝固に対する相対的な時間を決定されうるのである．

したがって我々は構造のなかに，熔融体上昇の経過を決定するための，よりひろい

---

1) サンダーの表現．彼によれば，ある運動にさいしては，岩石成分の結晶学的条件による微細構造もまたその方向性において法則性を示している．

2)．岩体の境界面に対するゲフューゲ-配列の規則的な関係による．

てがかりをもっているのである．上述のように，《産状》すなわち深成岩の相互の貫入関係から年代の順序 Altersfolge がわかり，それから熔融体の分離の順序がわかる．《構造》Struktur は析出順序の証明をあたえるし，またすでに述べたように分離と時間的関連をもっている．《構造》Textur は結局上昇の時期と方向とを教え，化学的または結晶学的事項とも関係づけられる．

とくに粘稠性の熔流において摩擦の結果はげしい分化を生ずるような運動のばあいには，すでに形成されている成分は当然破壊される．他方，岩石はあるゲフューゲに固化してしまったのちも変化し，破壊されることがあるが，それはまったく，純粋に造構的な運動すなわち固体の状態における運動によるのである．液体の状態で破壊されたゲフューゲ(原生砕屑 Protoklase，結晶前の変形)であるか，それとも固化した後に生じた破壊作用(圧砕作用 Kataklase，結晶後の変形)によるものであるかの識別は，岩石の薄片においてたやすくできることであり，運動の時代的区分に対してさらにひろい本質的な手がかりが得られる．一つの重要な識別の目じるしは，たとえば，結晶の破片のあいだに，のちに凝固した熔流があるか，それともきれぎれになった結晶の微細な砕屑物があるかという点にみられる．

原生砕屑構造と圧砕構造との区別によって，凝固後の深成岩の運命の問題に入ることになる．すでに固化した岩石はさらにある運動の刺激をうけると，あらゆる他の表成岩体と同様に撓曲または断裂をひきおこすということは一見して明らかである．したがって岩石の断裂作用 Zerspaltung や裂罅作用 Zerklüftung は，運動に対して広くおこる反応である．さてこのような断裂作用の原因は，さらに多様に分けることができる．

1. 断裂作用は岩石の凝固ないしは収縮の結果であることもある．そのばあい，割目は温度降下に関係しており，いいかえれば岩石の境界面に直接の関係をもっている．境界面の以前の位置は，マグマののこり(気状または液状の溶体からの析出)がそこに沈澱することによって記録される．かなり高温で析出されるところの，珪酸に富んだマグマから生じた“脈”Gang (アプリット・ペグマティット)，鉱脈，層状の鉱物などはこれに属する．

2. 断裂作用は，熔融体の上昇をまねいた運動がさらに継続することによってもひきおこされうるが，その運動は，凝固した岩石には，当然もはや部分的な運動としてでなく，“もろく固化した”物質の破壊作用としてあらわれるのである．第一のばあいとおなじように，ここでも割目が早期に形成されたことは，それが後の凝固生産物にみたされていることによって証明される．しかしながらこのばあいは，断裂系の方向すなわち固相における運動は，構造すなわち，液相における運動のあとに対して規則正しい関係になければならない．

3. 断裂作用が本質的に後期の過程であって，火成岩の岩体形成とはなにも関係のない造構運動の過程にもとづいていることもありうる．このばあいは断裂系は，マグマの生産物によって充塡されるということはまったくなく，その方向は火成岩体の構造と輪廓には無関係であって，すなわち，深成岩とその周囲の岩石を不整合的に切り，状況によっては若い表成岩のなかにもみられるのである．

比較的わかりやすい第一と第三の可能性だけが以前には問題にされたにすぎないということは，それほどふしぎなことではない．多くのばあいというよりはたいていのばあいにおいて第二の関係が存在しているということは，クロースの花崗岩構造論的研究によってはじめて証明されたのである．ここではこの方法の詳細についてふれることはできないが，ただその最も重要な結果だけを簡単にあげておかねばならない[1]．

1. 断裂系は岩石の構造の生ずる経過に関係があり，それによって方向をかえる．岩石の構造に直角で，したがって構造がアーチ型に配列されているばあいには扇状構造 Fächerbau を示す割目がしばしばある(横断節理 Querklüfte)．これらの割目は，火成岩体の伸張のあらわれである．

2. 割目のうちのあるものは明らかに辷り面であって，その運動方向が線状平行ゲフューゲの方向と一致しているが，その面上では岩石の広範囲の破砕がおこなわれている．このような“延張面”もまた伸張，すなわち凝固後のおなじ運動の継続を示すものである．

3. 他の一群の割目は線状または面状の平行ゲフューゲの方向に存在しているが，これはこの方向に岩石がわれやすいということによって説明される．これはもちろん固い岩石のどの運動にさいしてもひきおこされるべきものである．

4. 片理 Schieferung に斜交して生じた2系統の割目は，《一つの》方向における

[1] H. Cloos: Der Mechanismus tiefvulkanischer Vorgänge, Braunschweig 1921 (深部火山作用の機構); Einführung in die tektonische Behandlung magmatischer Erscheinungen, Berlin 1925 (マグマ現象の構造論的研究); Die Plutone des Passauer Waldes, Berlin 1927 (パッサウエルワルトの火成岩体); Einführung in die Geologie, Berlin 1936 (地質学入門).

岩石の圧縮によるか，またはこれに直交する方向の伸張による剪断運動 Scherende Bewegung をあらわしている．

5. したがって断裂系はたがいに等値ではなく，それによって岩石からつくりだされた立方体は異方性 anisotrop であって，相異なる1対の面に引張りや加圧をあたえ

第27図 花崗岩の立方体．線状平行構造（短線で表わされる．横断面は点で示される）をもち，それに平行な断裂性（1重線）およびそれに直交する節理（横と縦の2重線）がある．クロースによる．

ると種々ちがった反応を示すのである（良好なあるいは不良な断裂性，ざらざらしたまたはなめらかな断裂壁など）．これは構造面に直角または平行な方位性 Orientierung の当然の結果である．

他の二つの以前に述べた断裂作用の可能性も当然これによって除外してはならないものである．しかし個々の場合において割目の生成をただしく解明するための基準は，ここに確認したことによってあたえられる．ともかくも観察によって，マグマの上昇をひきおこした運動は凝固後にも継続しているという重要な推論がなされるのである．この運動の跡は，新しい集合状態に応じて変化はするが，しばしば調和的に規則ただしく，液相の運動の跡と結びついている．

さらに多くのばあいには，流体状で凝固しつつある熔融体における運動の跡は，周囲の岩石中の造山的運動に完全に調和し，整合的な関係にあるということの証明に成功している．それによって，火成作用すなわち熔融体の上昇および空間形成と，造溝運動すなわち固い岩石の空間的な変位とは，まったく，同一の過程の部分的現象であるか，または同じ歪力状態の解放がその時々の物質の集合状態にだけ関連してさまざまなあらわれかたをしたのにすぎないのだという，すすんだ結果がえられるのである．火成作用というものは動きやすい，すなわちひじょうに可塑的な物質の造構運動にすぎないというこの結論は，おそらく，論理的に完成した思考系という意味では，かならずしも絶対的な適合性を主張できるものとはいえないだろう．けれども空間形成について本章と前章を注意してよんだ人は，この“作業仮説”が他の思考結合にくらべて大きな蓋然性をもっていることはただちに認めるにちがいない．なぜならば，他のものはすくなくとも，証明されてもいず，直接的な事実の観察によって確証するこ

とはできない仮定を設けているからである.

内成岩の解明は，直接近づきうる表成岩の生成のばあいのような意味では，けっして現在論的ではありえない．それはつねに，地表面の状態とは相異し，化学的・物理学的実験によって間接的かつ類似的にだけ模写することのできる状態の解明にたよっているからである．しかしながら観察によって明らかなことは，このような論理的・方法論的な考察にもとづいた誤りの原因はとりのぞくことができるし，内成的記録すなわち岩石の生成およびそのさい共演する過程の時間的順序に対して説明をあたえることも可能なように思われる．そうしてこの説明は，一部は論理的に完全に確実なものであり，一部は，いかなる既知の事実にも矛盾しない最も真実らしい作業仮説として表現することができるのである.

6. 結晶片岩[1)]

a) 現在主義*か例外主義か

表成岩と内成岩の区別は我々の思考型式にある種の混乱をもちこみはしたけれども，時代順序，したがって生成の由来などを解明するためには，両方の岩石群に通用する一義的な判定基準をもっていることがわかってきた．しかしながら，このような模式にはただちに組み入れることのできないような岩石の一大群が存在している——すなわち結晶片岩がそれである．結晶片岩は噴出岩とは，鉱物成分，および結晶性すなわち流積 Zusammenschwemmung によるのではなく結晶成長による生成形をもっているという点で，共通である．また堆積岩とは，しばしば層理にきわめてよく似てい

1) サロモンの Grundzüge der Geologie, Bd. I, Teil 1, 1922 の中でミルヒ MILCH がみごとに概括している．古典的著書の中から次のものをあげる．ROSENBUSCH: Elemente der Gesteinskunde, 1910; BECKE: Über Mineralbestand und Struktur der krist. Schiefer. Denkschr. Akad. d. Wiss. Wien 1903; SAUER: Das alte Grundgebirge Deutschlands. Internat. Geol. Kongreß, Wien 1904; SEDERHOLM: Über die Entstehung migmatischer Gesteine, Geol. Rundschau 1911; B. SANDER, Gefügekunde der Gesteine, Wien 1930; G. E. WEGMANN, Zur Deutung der Migmatite, Geol. Rundschau 26, 1935; T. F. W. BARTH, C. W. CORRENS, P. ESKOLA, Die Entstehung der Gesteine, Berlin 1939.

* aktuell (=actual) は“現在”より“現実”の意味が強いが，内容から言えば現在の現象を基準にしているから，現在主義と訳した.

る，多少とも明瞭な縞状構造 Lagenbau をもっているという点で相関連している．正常な堆積岩すなわちほとんど変質をうけていない表成的堆積岩が，結晶片岩に漸移してゆくのを直接追跡できるような場処が実際に存在する．これらの岩石はほとんど常に造構運動の過程によって極端なまでに変形をうけている——すなわち褶曲をうけ，突き動かされている．さらにたいていのばあい確実な内成岩によって広範囲に貫入されているので，もともとの状態の時代的・空間的関係の解明は，ほとんど絶望的のように思われる．そのばあいとくに，変化または変成作用の極端な形，すなわちすでに述べたアナテクシスまたは熔解作用が考えられる．このとき生成したいわゆる再生岩 palingenetische Gesteine は，多くの時相にわたる生成の結果として，周囲の岩石に対して示す時代関係は不明瞭で変化に富んでいる．その例としてフィンランドの二三の輝緑岩脈が知られているが，それは花崗岩に貫入しているので，花崗岩よりは若いが，岩脈の方は再熔融した花崗岩によって割目にそって破砕されているので，アナテクシスよりは以前のものである．

このような——逆説的ともいいうるような——結晶片岩の性質は，我々の討議してきた思考型式ではうけいれられないものがあって，そのことが科学としての地質学の誕生以来，このような岩石の生成を説明しようとした無数の理論に最もよく反映している．考察にあたっては，明らかに二つの考え方の可能性が生ずる．これらの岩石が表成的に生じたものとするばあいには，地球表面における岩石生成の諸条件が今日とは異なっていたある時代にだけしか生成できないことになる．したがってそれらの岩石はいわば地球の最も古い過去の証拠であり，最初の凝固地殻の遺物であり，表面の温度が今日とは異なっていて，しかも今日よりははるかに高かった時代に生成されたものであるということになろう．そうでなくて，内成的に生成されたものとすると，そのばあいには，結晶片岩は我々には直接近づきえない地球の深部において，今日でもなお生成されているものとなるのである．そしてその深部では，生成条件は地表面におけるものとはちがっていて，そのために我々の現在主義的方法は適用できないのである．

結晶片岩の解釈がつねに，これらの思考の可能性——例外主義的なもの（特殊な可能性を仮定したもの）と現在主義的なもの（深部にのみ限られているが今日もなお活動している作用から出発したもの）と——の間をくりかえし動揺しているということは，ひじょうな特徴である．

第一の可能性に応ずるものとしては，種々の事実があげられると思われる．第一にスカンディナヴィアとフィンランドでは結晶片岩が最も広大な分布を呈しており，それが最も古い動物群――カンブリア紀のもの――をともなう岩石によって不整合におおわれていることが確実に証明されているということがある．したがって，そこでは，この結晶片岩は地球上で知られているいかなる生物よりも古いものであり，生物の遺骸はまったくないので，原始の，無生 azoisch 紀あるいは太古 archäisch 代と考えられている．このような観察は地球上のひじょうに多くの場所でくりかえされ，所によっては変質度の高い結晶片岩が上位に累重する正常な堆積物へ直接移行していくのが認められると思われるので，結晶片岩は地球の最初の凝固地殻の残片であって，いかなる所においても地層の最古の区分として正常な表成岩の下位によこたわるものとする解釈は，まったく明白なように思われたのである．たとえばボヘミアの西部では，高度の結晶質の片麻岩が上に向って雲母片岩へ，さらに千枚岩(細かい層理をもち，雲母をともなった葉状の板岩質岩石)へ，そして最後には正常の堆積物へと移行し，その上位には最古の動物群が含まれていることを示しうると信じられた．そこに，地球が徐々に冷却する証拠を見ることができ，また結晶度を時代標識とみなしうるということは明白であると思えた．

この理論が前世紀の終りにうけた動揺は，根本的に新しい観察によって生じたものであった．ノールウェイにおいて，結晶片岩が不変質の表成岩の上にひろく存在することが認められたのである．したがって結晶片岩の方が古いということを主張するためには，最も基本的な成層法則に矛盾しないために，その後の変位に関する補助仮説を設けなければならないであろう．もっと重大なのはフィンランドで発見された証拠であって，結晶片岩の間に，結晶質ではあるがなお明瞭な礫岩として認められる岩石が見いだされた．すなわちそれは，運動する水の共同作用によって，したがって今日の海岸における条件とほとんど大差のない条件下に生じた含礫堆積物として認められたのである．破壊された断片の集まり，したがってより古い時代の岩石であることを示す礫岩の助けと，結晶片岩の中にある明瞭な不整合の助けによって，セーダーホルム SEDERHOLM はフィンランドの岩石を時代的に区分することに成功した．すなわち，ここでは《単一の》地層ではなく，造山運動の時期，海水のはんらん，火山噴出などによって互いに区分された一連の地層群が存在することを示すのに成功した．この最初の区分が後ほど改変されねばならなかったとしても，原則としてその区分から引き出される結論を変えることはけっしてなかったのである．この岩石がふつうは巨大な厚さを有していることから，地史の古い無生紀すなわち生物を欠いているかまたは生物に乏しい時代は，豊富な生物に特徴づけられるその後の地史時代よりも長いようにたしかに思われるけれども，その時代には，岩石の生成様式は今日のものとは少しもちがわなかったのである．

このことによってすでに例外主義的観察方法が重大な衝撃を受けたとすれば，アルプスにおいてつぎのようなことの証明が行なわれたときには，完全にうたがわしいものとなってしまったのである．それは，真の結晶片岩が，中に含まれた化石から見ればうたがいもなく若いもの，すなわちこのばあいにはユラ紀に属するものと決定されうるような岩石に移行していくということである．その後，このような証明が世界のさまざまの場所でさまざまな地層に対して行われたので，結晶質という特性は，ひじょうに古い時代性の証拠とはならないということが，今日ではまったく一般的に言いうるのである．

これによって，論争はある程度までは現在論的解釈に有利な決定を見た．すなわち，結晶片岩は地球の最初の凝固時代にだけ生成されたのではないことが確認され，すくなくともその一部は，がんらいは今日地表面において生成される正常な岩石と同じものであった岩石が変化したもの，すなわち変成岩から成るということが証明されている．しかしながら，これで謎はすこしも解決されたわけではなかった．なぜならば，そのような解釈は結晶片岩のわずか一部分に適用されるにすぎないからである．シュワルツワルトにおけるローゼンブッシュ ROSENBUSCH やサウアー SAUER の研究によれば，うたがいもなく古い堆積岩から生じた結晶片岩——準片麻岩 Paragneis——のほかに，化学的性質，鉱物の状態および全体の様子からすれば，本来たしかに内成的な火成岩——正片麻岩 Orthogneis——であるような別のものが存在することが明らかになった．正片麻岩は正常の花崗岩とは，とくに成分鉱物が層状に配列していること，およびけっして明瞭な結晶境界をもっていないことによって区別されるものであって，花崗岩では成分鉱物には方向性がなく，少くもその一部には明らかな結晶面が認められるのである．

この結晶境界を欠如しているということは，結晶片岩においては，上述した深成岩に顕著であったような，はっきりとした鉱物の晶出順序がないという事実の結果である．すべての構成部分は多少とも同時的に生成されるし，おのおのは互いに他のものによって取りかこまれている．我々はグルーベンマン GRUBENMANN の例にならって，結晶片岩にいちじるしいこの構造を《全変晶質》kristalloblastisch と呼んでいる．

今まで述べたように，結晶片岩は一般に単一のものではなく，表成岩すなわち地表面で生成された岩石および内成岩すなわち深部で凝固した岩石をかこんでいる．しばしば両者は層状に整合して交替しており，そのことによって，たいていは不整合的に表成岩を貫通し，その高熱作用によって表成岩をせいぜい接触地域 Berührungsstelle に沿ってだけ変質させているような通常の内成的熔融塊，すなわち花崗岩塊などに対する区別が明らかになっている．地表面の岩石のばあいには，熔流によってひきおこされた変成作用（変質作用・再結晶作用）は局地的で，接触地域つまり接触帯にかぎられるが，結晶片岩のばあいには，変成作用は広域的であって，往々にして，貫入した熔流とはなにも関連性を示さないのである．

現在主義的解釈は，結晶片岩ががんらい，今日生成されているのと同じような岩石であるばあいにだけ，そして変質の過程が地史の経過中にくりかえして可能であるようなばあいにだけ適用されるのである．けれども地球表面においては，このような過程は観察されないものであり，したがって時代決定の正常な判定基準を適用することはさしあたり許されないのである．とくにフィンランドにおける例がそれであり，このばあいアナテクシスにいたるまで進行した変成作用は，95 頁ですでに説明したように輝緑岩脈が周囲の花崗岩に対して示す“2重の”時代関係を生じている．著者は後に，このような矛盾についてふたたび述べることにする．

このようにして我々は，これらの事実の基礎の上に立って，次の二つの段階を厳密に区別しなければならない．1. 岩石の《形成》は表成的あるいは内成的に行われ，それぞれのばあい異なった法則に従う．2. この岩石の結晶片岩への《変成》は地表においては生じえないものであり，したがって内成的に生じなければならない．この2相性は当然，深成岩の2相性とは一致しない（上記参照）が，注目に価する平行性を示している．変質作用は，ある，かなり均質な条件下でおこったのでなければならぬ．なぜならば，その作用は，多様な出発点をもつ岩石をば同様な型に押しつけるからである．とくに，結晶片岩中に観察されるところの縞状構造（平行構造）は，けっして層理と簡単に同一視してはならないものであることを強調しなければならない．はげしい圧力をうけた正常の堆積物においてもすでに，しばしば《片理》が見られるのであって，この片理は本来の層理を鋭角的に切っているが，往々にしてひじょうに強くて本来の層状構造をおおってしまうものである．規則正しく小柱状に崩壊した石筆石(石板石)片岩 Griffelschiefer は，沈澱によって生じた層理と圧力によって生じた片理とがほとんど同じような強さに形成されたものの一例である．ところが，鉱物の平行配列は，すでに述べたように，熔流から生じた岩石において，運動すなわち完全には凝固していないマグマの流れによってもできあがるものである．したがって，結晶片岩のばあいには，堆積岩に関する正常な時代の判定基準もうけいれられないことが知られるのである．なぜならば，その縞状構造は上下の“地層”の時代とはまったく無関係でよいからである．

b) 物理学的考察法

この点までは，我々の思考過程は純粋に地質学的である．なぜならば，その思考過程は見ることのできる関係の観察からと，それを既知の事実に比較することから出発したからである．しかしながら，この方法によると，結晶片岩の生成は直接に観察できない内成岩の領域にあるものと考えざるをえなくなってくるからには，この方法だけによっては，それ以上の進歩のないことは明らかである．まったく一般的にいって，深度とともに二つの因子すなわち圧力(p)と温度(t)が根本的に変化するかぎり，内成的領域では地表面におけるばあいとは事情がちがうのである．この関係は一般に pt-条件といわれている．ここで我々は，物理学的・化学的経験，すなわち結局は高温・高圧の下におけるある物質の状態に関する実験を参考にしなければならぬことはいうまでもない．すでに述べたように，このように他の方法で代用するということは，つぎのような点で完全な価値をもつものではない．すなわち自然の尺度(数千度の温度や1万気圧の圧力)にはなかなか到達できるものではないし，また実験的に得られた成果を異なる尺度のものに簡単に外插することには往々にして疑問があり，事実，誤りであることが直接証明されたこともあるのである．したがって結局我々はここでは，直接の観察に合理的にむすびつけられるべき拠りどころを得るにすぎないのである．

結晶片岩が他の二つの岩石群から区別される点といえば，1. 結晶性(堆積物に対して)，2. ゲフューゲの規則性すなわち構成鉱物粒子の多少とも明瞭な平行性，3. 全変晶質の構造(深成岩に対して)，である．したがってここでは，他の二つの岩石群に対しては，類似性もあれば対立性もあることがわかるのである．

温度と圧力の増加は，普通の岩石を結晶片岩にかえる変成作用をひき起すところの二つの因子なのである．温度の法則は，特有の地質学的関係に適合するような形でいれば，つぎのような内容である：熱が増加すれば，生成にさいして温度の吸収がおこるような化合物(鉱物)が生ずる(この逆も成立する)．圧力の増加に対しては，容積の法則，すなわち高圧力は最小の分子容積をもった(したがってとくに最大比重をもった)鉱物の生成をたすけるという事実が規準となる．

したがって，結晶片岩中の鉱物組成によってその岩石生成当時の温度と圧力の関係を推定できることが明らかである．このような純物理学的考察によって，ベッケBECKEとグルーベンマンは結晶片岩をその生成深度から3区分したのであるが，その各ゝに対してある一定の鉱物組成が規準となっている．さらにここでは，我々が圧力という概念を問題にするばあいに，厚層の岩石塊の累重によって生じる全方向性の圧力(静水圧)と，とくに造山運動の過程で生じるような一方向性の圧力との間に区別をしなければならぬことも注意すべきである．

最下位の《カタツォーネ》Kata-Zoneは容積法則よりも熱法則が優勢なのが特徴であって，変質過程は負の“熱調”negative Wärmetönung(熱吸収)の下に経過するのである．全方向性の圧力は強力で，一方向性の圧力はおそらくそんなに重要ではない．なぜならば，すでにいちじるしく可塑的になっている物質においては，一方向性の圧力も全方向性の圧力に転換するはずだからである．典型的な鉱物は石灰アルカリ長石・カリ長石・輝石・二三の柘榴石・珪線石・橄欖石・菫青石などである．このツォーネの典型的な岩石は，しばしば上述の組成鉱物によって特徴づけられている片麻岩であり，さらに大理石，榴閃岩 Eklogit(輝石－柘榴石岩)などがある．

そのつぎの高さにある《メソツォーネ》Mesozoneはやや減少した温度と静水圧とが特徴であるが，一方向性の圧力も実際にはかなり強くあらわれ，その結果容積法則はここではいちじるしい作用となるに至る．その他の点においてはこのツォーネは漸移性を示しており，多くのけっして特殊ではない特徴によって区別される．それでも特徴的鉱物は存在する．カタツォーネにおける石灰アルカリ長石のかわりには曹長石－緑簾石の組合せ，輝石のかわりには普通角閃石，珪線石のかわりには二硬石 Disthenが生ずるのである．すでに深部階で存在していたマグネシア雲母のほかに，カリ雲母が重要な役割をはたしている．上述の鉱物組成によって特徴づけられる二三の片麻岩のほかに，雲母片岩がこのツォーネを特徴づけている．

上部の《エピツォーネ》Epizoneは適当な温度を保ち，静水圧は減少するが，一方向性の圧力はまだ強力であることが特徴である．容積法則はここでもひじょうに重要な価値をもっていて，とくに含水珪酸塩(緑泥石・絹雲母・蛇紋石など)の生成が特徴的である．千枚岩，緑泥片岩などは，ここでは最もひろく分布している．ここでは，岩石の機械的変化すなわち圧砕 Zertrümmerung・流動劈開 Druckschieferung・圧延 Auswalzung は化学的変化よりも重要である．ときどきカタツォーネの岩石がエピツォーネにあらわれ，そこで完全に改造されてしまうことは，ベッケとつぎには，シュースによってとくに強調されたところである．このばあいを我々は，退行的変成作用または再変成作用(ディアフトレーゼ)Diaphtorese ということができる．

ベッケ－グルーベンマンの深度段階による区分は，エスコラ ESKOLA が鉱物相 Mineralfazies という概念を導入したことによってさらに発展させられている．エスコラは，全体の組成 Pauschalzusammensetzung が一致するときに鉱物の組合せも一致し，全体の組成が変れば鉱物の組合せがある一定の規則にしたがって変化するような諸岩石を総括して，一つの相としている．このような化学平衡論に立脚した区分は，とくに深度と pt－条件との関係において必ずしもあらゆる可能性にあてはまらないような深度段階区分 Tiefenstufen-Gliederung よりは，証明されない仮定にわずらわされることがすくない．エスコラは種々の鉱物相をつぎのように整理している：

温度下降⟶

圧力上昇↑				
	玻璃長石岩相 輝緑岩相	(変成) (マグマ)	沸石の生成	緑色片岩相
	輝石ホルンフェルス相 斑糲岩相	角閃石相 普通角閃石斑糲岩相	緑簾角閃石相	——
	白粒岩相	——	——	——
	榴閃岩相	藍閃石片岩相	——	——

各相にはそれぞれ特定の臨界的な鉱物および鉱物の組合せが特徴的であり，それらは pt－条件が変るにつれて他のものに移行するが，そのさい化学組成はかわらない．深度段階の簡単な函数としてはあらわされない pt－条件が，ここでは深度段階と関係づけられてないという点では，この分類は無仮定であり明白である．

ここに述べた岩石の結晶性は，この物理学的基礎の上にえられた分類によってある程度までは説明されるのである．結晶性はけっして時代的現象でも地球上の最初の凝固地殻の遺物でもなくて，状態変化の証拠であるにすぎない．今日地表面に見られるカタツォーネの岩石は，現在の地表面とは異なった圧力と温度の関係のもとに生成したものにちがいない．すなわち改鋳 Umprägung は内成的に行われたのである．このような岩石が地表に出現することは，もちろん最もひろい意味で地殻の一部分の垂直運動を物語っているものである．けれどもなお，このようなことの確認から出てくる地質学的推論に対しては異常に慎重でなければならぬことを，我々は知るであろう．

この岩石の平行構造は，それ自身一つの問題である，ここでは，その生成に関する無数の学説をくわしくのべる余裕はないが，ベッケがこの構造は圧力の結果であり，それは鉱物成分が圧力方向には熔解現象を示し，これに反してそれに鉛直な方向には（すなわち待避方向においては）結晶作用の方が速く進行する（リィケ RIECKE の原理）というふうにしておこるものであると考えたということを，簡単に述べておかねばならない．したがってこのさい，平行方位をもった茎状あるいは板状の鉱物が生じなければならない．その後サンダーは，多くの結晶片岩の顕微鏡的形像はこれとかならずしも一致せず，むしろある面に沿って茎状または板状の鉱物が配列しているようなときには，その面はある意味においては層理・片理その他によってあらかじめ形成されていたように思われるということを示した（S-面上の模写結晶作用 Abbildungskristallisation）．サンダーは，運動による変形が結晶作用の前，途中または後のいずれにおこったかを区別するためのひじょうに重要な判定基準が，構成鉱物の空間的な配列と形成状態に存することを示した．そのことはすでに深成岩について論じたさいに簡単に述べた．一例をあげてみよう．褶曲した片麻岩においては，褶曲による撓曲は雲母片によって示される．もしも個々の雲母の結晶が曲げられているならば，それらは明らかにその岩石が褶曲をうける前に結晶しおわったものである．これに対して，もしも雲母が褶曲の撓曲作用の結果として，個々の変形しない結晶の半コロナ Halbkranz* を形成しているならば，褶曲は明らかに晶出作用以前におこったものである．あらかじめ形成された面があって，これに沿って結晶作用がおこる時は，その面は運動面であり，変成作用の前または途中でその面に沿って岩石片の分化転位 Differentialverschiebung がおこったのである．

サンダーの研究によって明らかにされたことは次のとおりである．すなわち，結晶片岩の生成についての純粋に静的な解釈はけっして満足なものではなく，これらは結

---

* Kranz 一種の反応縁．

晶作用と岩石片の一定方向の相互運動すなわち"ゲフューゲ内の部分運動"Teilbewegung in Gefüge との組合せによって説明されねばならない．そのばあい，この運動は結晶作用より永続するか，さもなければ最後の"凝固"以前に静止状態にいたるかであり；それによってまったくちがったゲフューゲの形成 Gefügebild を生むのである．この区別に応じて，その運動は多少とも粘稠性のある結晶粥内部の流れになるか，あるいは固体の小部分間の相互運動になるかである．どちらのばあいにも，一つの規則性，すなわちゲフューゲ要素 Gefügeelement の平行配列，ここでは鉱物粒子の平行配列が可能であって，その規則性は粒子の形態に関するばあいも，粒子の構造に関するばあいもあろう．後者のばあいは，鉱物はある特定の面に沿って破壊(滑動)しやすく，したがって鉱物は運動によってこの面が運動方向に一致するような姿勢になるまで回されるということに起因している．こうして丸い粒子，たとえば石英のようなものもまた"規則に従わせられる"eingeregelt のであって，我々はそのことを，結晶格子 Kristallgitter に対応する光学的要素の方位において認めるのである．

したがって結晶作用と組み換え運動 Durchbewegung* とは変成作用の《両》要素である．しかしながら両者相互の関係は種々の形態をとるものであって，その結果，結晶片岩はけっして単一のものではなくて，他の岩石に対する時間的および空間的位置にしたがってまさしくいろいろに解釈されねばならぬことになるのである．すでに述べたことから，つぎのようなことも明らかになる．すなわち，このばあい，過程の相対的な年代，したがってまた時代的要素も大きな役割をはたし，それによって物理学的考察法は歴史学的－地質学的な考察法の補充をうけるのである．したがって，結晶片岩は最も困難でしかも一部は最も不明瞭な地質学の問題を含んではいるが，その説明のあいまいさがとりのぞかれて正確で簡潔な概念形成ができるならば，地殻運動や地殻形成に関する二三の根本問題に解決の鍵をあたえるのである．

c) 超変成作用 Ultrametamorphose[1)]

我々はこれまでに，ある一定の岩石すなわち分析的に定義しうる鉱物の集合が，圧

---

* 岩塊が圧縮されて，そのごく小部分ごとに相対的に変位することを指す．裂目を伴わない永久変形を生ずる．(小島丈児：変成岩，地学叢書 1951. 16 頁参照)

1) 何よりもまず次のものを参照されたい; E. WEGMANN: Beitrag zur Kenntnis der Migmatite. Geol. Rundschau 26, 1935. (ミグマティットについての知見)

力および温度の条件の変化により，また鉱物の組合せの再編成により，まったく新しい外観すなわち“相”を保持できるものであることを知った．粘板岩はエピツォーネでは千枚岩，メソツォーネでは雲母片岩，カタツォーネでは片麻岩となる．そのばあい，化学性はなんら変化しない．いいかえればその変化は純粋に物理学的のものである．

しかしながら，実際にはこのような変質はまれである．そこで我々は，重要ではあるがけっして完全には説明されていないような種類の岩石変質の問題に入るのであるが，それは分化作用と深成岩の空間問題を論じたところで簡単にのべておいたものである．第一にほとんどいたるところにある程度の水が存在するが，それらは深処においては過熱状態にあり，したがってとくに活潑に——溶解したり，分解したりする——作用ができる．このばあいでもすでに，ある程度の物質的変化は可能である．けれどもさらに重要なのは，カタツォーネに到達した岩石はますます多く岩石熔流の作用領域に入って来て，そこで岩石熔流自体またはそれから発生した気体によって滲透されるということである．

このようにして化学的構成部分の移動，いわば物質の供給と搬出，すなわち《物質交換》(交代作用 Metasomatose)がはじまる．それによって原岩の物理学的－相的性質だけでなく，化学的－物質的性質も変えられるのである．——こうして混成岩すなわち《ミグマティット》Migmatit が生ずる．そのばあい，原岩の完全な熔解作用が必要であるかどうかは，今日もなお議論の余地がある．変質をうけた岩石中になおしばしば縞状組織や褶曲などのような原岩の構造形態がちょうど霧のかかったようにかすかに見られるという事実は，実際の流動はけっして起る必要はなくて，岩石の要素がその位置関係を保持することができたということを物語っている．そのばあい物質交換はいわば極微のものにおいて——分子対分子で——おこなわれたのであろう．それはウェグマン WEGMANN によれば，個々の鉱物粒子の接触面から出発するのであって，高温ではこの面において最も不安定な関係が支配している(界面反応)．そのような界面の網——いわゆる“粒子間膜” Intergranularfilm——が，実際に岩石を混入させて，接触している鉱物を物質交換によってゆっくり消費して行くための，不安定なとぐちをつくるのである．したがってこの変化は分子の運動性が高まった結果であり，その運動性の高まりはまったく主として温度上昇にもとづくものである．この温度上昇によって物質交換の境界地域——ミグマティット前線 Migmatitfront

——は上方へと移動して，がんらいあった岩石境界をつないでゆくので，それによって岩石境界は不明瞭となり，ついにはまったく消滅することがある．こうしてミグマティットの生成は岩石基質の均質化を生ずるにいたり，ウェグマンのいうように，ある一定の深度以下では，噴出岩と非噴出岩との区別が意味を失うことがわかるのである．すなわち“地殻の下方”Unterkrusteで変成岩ないしは熔融岩は《ミグマ》になり，さらにそれは地殻の上方へのしぼり出し作用によって《マグマ》を生ずるが，このマグマの中では，すでに述べた流れの規則性や分化作用などの過程を観察することができるのである．

深くなるにつれて物質が均質化することは，今までに解明された地殻の最深部において，たとえばスカンディナヴィアにおいてよく観察できる一つの過程である．ここではミグマの変成作用の個々の段階も次のように明らかにされている．

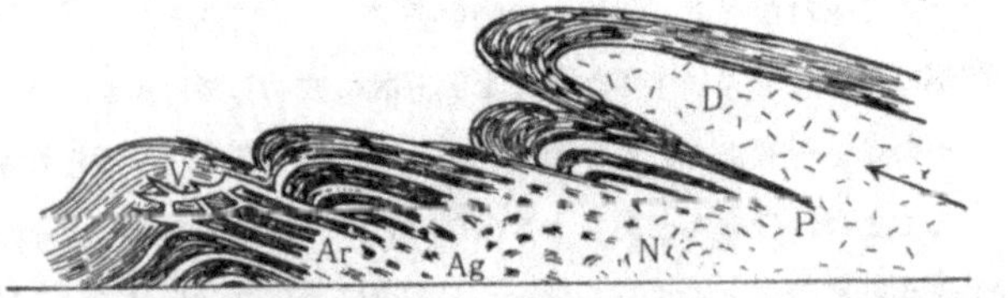

第28図 混成岩の生成をともなう貫入と熔解作用の模式図．
白色部は熔融体，暗色部は被覆層．
V—ヴェニット，Ar—アルテリット，Ag—アグマティット，N—ネブリット，p—再生岩，D—ディアピリット．

ヴェニット*Venit. “局部的アナテクシス”，すなわち割れ目や地層のつぎ目に沿って，花崗岩質残留マグマにかわる部分的再熔解作用をともなう．

アルテリット**Arterit. 堆積物の地層のつぎ目に沿って熔流の圧入(葉状貫入)をともなう．

アグマティットAgmatit——凝固した熔解体中にただよっている，一部熔解させられた岩石の破片からなる岩石．

ネブリット(霧状岩)Nebulit——いちじるしく均質化された岩石で，一次的構造が

* ヴェニットは細脈で貫かれている変成岩の総称(地学辞典)．アルテリットよりも広義．

** アルテリットは迸入片麻岩の1型．花崗岩質～半花崗岩質細脈が母岩を貫いたもの(地学辞典)．

おぼろげに透して見えるもの.

再生岩 Palingenit——完全に再熔解されて方向の不定な粒状をなすが，生成された場所にある岩石.

ディアピリット Diapirit——造構作用の影響によって，まだ動きやすい状態で上方にむかってしぼり出され，そこで凝固したミグマティット.

我々が地殻の比較的高位の部分で遭遇する内成岩はその大部分がディアピリットであるといってもさしつかえない．これに対してミグマは何よりもまず地殻の下方の構成部分であって，ミグマティット前線の上昇と造構的圧力の増加とのある一定の関係によって，地殻の下方から上方へと上昇しうるのである．ミグマティットの生成に特有な岩石基質の均質化作用はたいていは物質的にも鉱物学的にも花崗岩への接近であり，いわゆる花崗岩化作用であるが，けれどもそのばあい，花崗岩がすべてミグマから生成したとすることはなおあくまでも論議を要することである.

これらの関係について，今日すくなくとも部分的に成功している説明は，いずれにせよ我々に一つのことを教えている．すなわち，地球の始源的な凝固地殻がどこかに保存されていることは，ほとんどありそうにないということである．それらの地殻はアナテクシスと再結晶作用とによってほとんど完全に変化させられているであろう．この，たとえばスエーデンやフィンランドで身近に観察できる，大陸地塊の最深部においては，造山運動，基盤の熔解作用，灼熱流 Glutfluß による火成的混入作用，混成岩の生成などが重複して起ったのである．したがってここでは，すでに述べたように，部分的にはまったく矛盾した状態が支配的になる．たしかに枠地塊*よりは若い岩石が，まさにこの再熔解された枠地塊によって混入され，またある花崗岩中の噴出岩脈はこのような——再生的に可動化した——花崗岩によって破砕されている．したがって正常な時代順序の法則は役に立たぬように見える.

d) 晶出前および晶出後の運動

こうして，結晶片岩はけっして地球の原始凝固地殻ではない．しかしそれにもかかわらず，経験は，結晶片岩が多く地殻の最深部に発達したものであって，この部分がその後の隆起と高位のツォーネの侵蝕によってふたたび地表面に出て来たようなとこ

* Rahmen. 固い古期地塊．シュティレの命名(BERINGER: Geol. Wörterb.).

ろにおいてだけ，じかにふれることができるということを教えてくれる．あとから述べようとする例外などは，特殊な関係によって制限されているのである．最も一般的にいえば，結晶片岩は，フィンランドやスカンディナヴィアの古典的な例(バルト楯状地 Baltischer Schild)が教えるように，最古のすなわち先カンブリア紀の岩石中に優勢である．

しかしながらここになお，きわめて重要な現象が見られるのである．スカンディナヴィアとフィンランドの最古の，変成作用によってはげしく変化させられた部分は，後にはたしかに隆起はしているが，もはや褶曲はしていない．変成作用の受けかたは少いが，後の時代に褶曲をうけた岩石が，帯 Bänder のようにこの種の古い“ブロック” Block の間に横たわっている．けれどもこの岩石もまた後から貫入した熔流によって固く接合させられて，それ以上の運動はもはやほとんど不可能となり，カンブリア紀以後の岩石は，このような最古の固い基盤が侵蝕によって平坦化された基底面の上に，完全に平坦になんら乱されることなく横たわっているのである．これによって，この地域はカタツォーネから地表面へと隆起した後はほとんどいつも一つの安定した陸地になっていたということがわかる．ここに欧州大陸の原核が存在するのであるが，それは中部および南部欧州にまだ大洋がはんらんしている時にもすでに原核として存在していた．今日では，地球上のどこでも同じことが言えるのであるが，褶曲作用が長く続いた，はげしい変成作用をともなったカタツォーネの岩石が地表面に出てくるような場所には，いちじるしい上昇傾向とひじょうな堅固さ，すなわちその後の褶曲作用に対して大きな抵抗をもった源始 uralte の安定地域が存在するのである．したがって超変成岩 ultrametamorphe Gesteine とカタツォーネの結晶片岩とはけっして原初の凝固地殻ではないが，おそらく大陸の原初的基盤であって，これらの岩石が形成されることによって，はじめて大陸の性質が保持されるようになったのであろう．したがって《大陸はその基盤の変成作用と同程度に古い》と言えるのである．したがって，欧州の核であるバルト楯状地は先カンブリア紀の時代にすでに安定した陸地であり，その時期以後もほとんどいつもそうであった．

このような安定した平静な状態，すなわち造山的過程による褶曲作用や破砕作用に対して抵抗性を有していることは，これらの岩石の結晶作用以前の歴史に対していちじるしい対照をなしているのである．これらの岩石は結晶作用以前には，はげしい運動すなわち組み換え運動の行われたことが微小構造中にさえも示されている．強烈な褶襞作用，熔流によるはげしい無数の貫入作用は，これらの岩石がその再結晶作用以前にほとんど可塑的な状態を経過したにちがいないことを暗示している．したがってこの安定した状態は新しく獲得したもの——結晶作用の結果——である．そのことは，スカンディナヴィアの関係状態と地球の他の部分の関係とを比較すると，なおいっそう明瞭になるのである．

アルプス型の大きな褶曲山脈は，すでに述べた安定地塊の状態とは対立している．若い褶曲作用の方がきわめてはげしくて，後述するように十数キロメートルにわたる岩石の水平運搬が行われうるということを別にしても，この変形 Umlagerung は比較的浅い上部構造ばかりでなく，本質的にもっと厚い全地殻部分にも関係しているということが，結晶質岩石がさまざまなぐあいにこの構造に関与していることからすぐわかる．注目すべきことは，往々にして内成岩や火山岩が山脈の構成に大きな関連をもっていることである．

そこで我々は，結晶片岩の問題と最も密接な関係にあるアルプス山脈の根本的な問題に到達する．シルル紀からデヴォン紀への移りかわりの時代に生成したノールウェイとスコットランドのカレドニア山脈，中部欧州の石炭紀山脈，および若い第三紀のアルプスにおいて，この問題はまったく類似の型式でくりかえされるのである．問題のあり方がまったく類似しているにもかかわらず，今日の解答は三つの地域でまったく異なっているのは興味深いことである．

まずノールウェイのカレドニア山脈からはじめるとすれば，つぎのようなものが根本問題として明確に表現される．ここでは片麻岩の性質をもった結晶質岩石が無変化の化石に富んだシルル紀堆積物の上に広範囲に存在している．以前に説明した深度段階による岩石区分の考え方では，つぎのような解決になるであろう．この結晶質岩石はスカンディナヴィアの深部構造の一部，すなわちひじょうに深い部分の原始的な岩石であって強力な造山運動の過程によって上昇させられ，高位の地層の上に衝上されているのである．もとの解釈もこのとおりであって，それによると 50〜60 km の水平変位がおこったことになる．しかし今日ではいくぶん異なった解釈に到達している．熔流塊との接合によって異なった相を保持するようになって変質してはいるが，下位の結晶しない堆積物に相当するものが，結晶質岩石のなかにくりかえしあらわれているのが認められた．さらにまたこの熔流塊との接合は，堆積物の広範囲な組み換え運動(褶曲・変位)によっておこったということもたしかめられているのである．これによって前に論ぜられた区分法の価値が条件つきのものであることも証明された．すなわち，結晶片岩の生成に対する化学的・物理学的諸条件はけっして簡単な深度の函数ではなく，変型する地層群の運動状態にも関係するものである．熔流の接合と造山的過程によって，温度と圧力は，正常の平静な条件のもとでは軽微な変化しかおこらないような地表面の近くにおいてさえ，結晶質岩石を生じさせるほど十分に上昇させられることができる．熱と運動との組合せは，事情によっては熱と静水圧の組合せと同じく重要であって，ある種の片麻岩はかならずしもただちに始原的岩石とはいえず，むしろ造山時相において熔流の存在する時は，かなり高い水準においてさえ形成されうるものである．101頁に説明したエスコラによる相区分もまた，このような知識を考慮にいれているのである．

このような根本的知識は当然，山脈の構成についての観念をひろく変化させた．とくに，ありそうにもない大きな水平変位が，ひかえめの量にもどされた．スコットランド山脈の構成における多くの不明瞭性もまた，同じ原理によって除去できそうに思われる．

ここでは，中部欧州の石炭紀山脈とアルプスにおける状態は，往々にして，まったく同じような問題につきあたるということにかるくふれることしかできない．ここでもまた往々にして，ほとんど変質をうけていない表成岩に直接となりあいまたは上に重なっている多くの片麻岩は，簡単に熔融体の供給のもとにおこった褶曲作用の結果，すなわち“間造構的”であると解釈することはできないのだろうかという疑問が生じてくる．たとえばメーレンのボヘミア地塊の東縁では，石炭紀の初期に褶曲をうけたデヴォン紀の岩石中に片麻岩がつきささっているが，ある人はこれを褶曲作用の間に貫入した熔流であるとし，他の人は受動的につき上げられた結晶質基底部であると解釈している．

ペニン(ワリス*)アルプスにおける問題も同様であるが，それについては後にもまた述べることになろう．そこでは結晶質岩石と若い岩石とははげしくたたみ込まれ，しかもアルプス褶曲作用の間に再結晶した．その変成作用と結晶作用は一部分は褶曲作用よりも若い．構造は横臥褶曲すなわち反転褶曲さえも示している．いずれにせよ褶曲作用は高圧・高温の状態でおこったものであり，したがってまったくいちじるし

* スイスの一つの州

い深度で起ったものにちがいない．ここに褶曲作用の深部階層が見られるのである．ここでは，褶曲の内部に出現して来た片麻花崗岩は古い，たんに受動的に褶曲にまきこまれた岩石であるか，それとも褶曲作用の間に地層中に貫入したマグマに由来するものであるかは，これ以上追求しないことにする．今日アルプスにおいては第一のばあいが認められ，ノールウェイ高位山脈や中部欧州の石炭紀山脈においては同様な例で第二のばあいに対する証拠が発見されている．ここでは結晶質岩石とその周囲の若い地層は褶曲作用の間にきわめて動きやすい状態にあったと推定される，すなわちサンダーの表現によれば，いわゆる“ゲフューゲの可動化” Mobilisierung des Gefüges を経験したということは，何よりも重要である．岩石は顕微鏡的微細要素のなかまで組み換え運動をうけ，各片理面はそれぞれ運動面となっている．サンダーは，このような微小な部分運動の総和が目に見える大きな水平運動になることを示した．この組み換え運動は結晶作用とともに終了し，その再生産物はそこに生じた運動面に適応する(模写結晶作用)のである．このような研究は我々に，深処における造山作用の機構を教えるとともに，結晶片岩の生成に関して新しい光をなげかけるものである．これはゲフューゲの中の顕微鏡的な部分運動をともなった運動層準として出現するが，そのような部分運動を総和したものは，比較的に大きな単位となる(テクトニット Tektonit)のである．これで上に論議した状態との関連がつけられたが，その説明にはいまや本質的な補足が加えられたのである．

結晶片岩の生成は，高圧・高温のもとでさまざまな原料から生じうる一つの現象である．たとえ個々のばあいにはその深さの程度に変化はあるにしても，結晶片岩の生成は地球の深部階層にむすびついている．部分的には深成作用の過程とむすびついているところの結晶作用以前における岩石の強力な組み換え運動は，一つの予備条件となっているように思われる．したがって結晶片岩の生成は，地表面附近の褶曲作用に対する深部の類似物であり，いわば深部階層の“運動型”であるという考えが明白に出てくるのである．ところで，いずれにせよ，深部の岩石の結晶作用や貫入・凝固作用は，地殻にひろく固化する作用をおよぼす．結晶質基盤はその後の造構運動に対して一種の防塁 Basalschutz を形成している．この事実については後にまだ説明しなければならないが，アルプス褶曲作用の中に引きこまれた多くの片麻岩は古いものであると考えられていることからも明らかなように，まだ認められない場合がしばしばある．

もしも答がしばしば根本的にちがうような結果になるならば，責任は往々にしてゆるしがたい模式化に帰せられる．かならずしもあらゆる片麻岩が古いとはいえないが，さりとてすべてが新しいともいえない．複雑に組立てられた褶曲山地においてはその区別は時としてはひじょうに骨の折れる細かい研究によってのみ可能なのである．

e） 結晶片岩の空間的・時間的位置

今までに述べた関係によって，結晶片岩のばあいには以前に説明した地質学的思考の根本原理は役には立たぬこと，そしてこの原理をあまりに模式的に応用すると誤りを生ずるようになり，物理学的方法へまわり道をすることによってだけそれを克服できるということが明らかになるのである．認識論的にこの発展ははなはだしく特徴的である．なぜならば，混乱の原因になったのはここでもまた，地質学的考察にとって特殊な，時間と空間の二重の多様性だからである．他の二つの岩石群とは異なり，結晶片岩のばあいには，岩石の形成とその変成とは区別されなければならぬ．両者は時間的にも空間的にも異なるのである．岩石の形成に対しては，一部は表成的(準片麻岩)，一部は内成的(正片麻岩)岩石の原理が決定的であり，変成に対しては内成的岩石の原理だけが決定的であるが，あるばあいには改鋳作用や組み換え運動によって小規模に修正される．したがって上と下との識別によっても，火成岩の貫入を観察することによっても，その時代を誤りなく決定することはできない．化石を欠如しているので，実際にはただ《一つの》完全に確実な判定基準があるだけである．すなわち若い方の岩石中の包含物として古い方の岩石が出現することである(若い方の熔流中の礫岩または岩塊)．このようなばあいは当然まれであり，したがって状態はしばしばいろいろに解釈されるのである．しかしながら今日，顕微鏡的形状によって運動(褶曲作用)と結晶作用の時代関係を知り，鉱物の集合状態によって変質の物理的条件(pt－条件)を知りうるということに，大きな進歩があるのである．しかしながら最後の点すなわちpt－条件を簡単に生成深度と同一視してはいけないということを著者は強調しておきたい．絶対的な深度，たとえばカタツォーネをキロメートル単位で表わすというようなことに対しては，我々はまだ何ら確実な判定基準をもっていないのであって，カタツォーネは地球をとりまく同心円状の殻をあらわすものではなく，地殻の基盤におけるミグマティット前線の位置如何によって，高いところから始まったりまたは深いところに始まったりするものであるということは，十分考えられることである.

結晶片岩の一見背理的な点は，今日解明されはじめている．結晶片岩は地質学の空間・時間の考え方の根本にはそむかないものであり，直接の観察はできなくて，むしろ物理学的基礎に立って地質学的に解釈された実験でちかづきうるような状態を入念に吟味することによって，その考え方の根本を拡張していくものである.

III　地質学における時間の概念

1. 前　　提

前述したところにおいて，今日の地球形態を成因的に説明するにあたって，地史学的記録の解読方法がいかに価値あるものであるかがわかってきた．我々は，このような記録それ自体は過去における個々の状態の知識を我々につたえるにすぎず，時代の順序にしたがって正しく配列することによってはじめてこれら個々の形像を地史的継起という連続的フィルムに結合させることができるということを，如実に思いうかべるべきである．この配列は，堆積岩のばあいには成層法則にもとづいて行われるし，また火成岩と結晶片岩のばあいには前述の変化にもとづいて行われるのである．けれども，そのようにして確立された時代の順序は，さしあたり局地的な適合性があるだけで，けっして地球の大部分に対してそのまま一般化することはできない．時代の順序は実際には自然地理学的および物理化学的過程に起因するものであって，それらの過程は，その結果的現象をともなってしばしばくりかえすことがありうるし，また実際にくりかえしているのであるが，しかしながら他方では多少制限された作用半径をもっているのである．また時には異なった自然地理学的前提が同じような結果を生ずることも可能であるということも，考慮されなければならない．たとえば外観の類似したいくつかの粗粒堆積物は，陸上沈積物としても，流水の堆積物としても，あるいは沿海生成物としても生成できるのである．このように発展の結果が同一になるということもまた，考慮に入れなければならない．

こうして岩石上の相等性はけっして同時性の証拠にはならない．また，たとえばウェルナーが以前に地質学的認識にこころみたような純岩石学的な時代区分は，必然的に袋小路に追いこむものであって，それは現在主義に反対してこのような区分を復活しようとした新しい試み(ボイルレン BEURLEN)が示した通りである．岩石学的に基礎づけられた局地的な時代順序を地球の全領域に拡張することは，標準化石 Leitfossil の原理によって，すなわち生物学的発展過程によって，それをふくむ岩石に対して同時性あるいは年代の相異を証明できるような記録が発見された後に，はじめて可能になったのである．

しかしながら，このような生物界の種と属との継起にもとづいた地史の区分というものも，相対的な意義しか持っていないということを忘れてはならない．それはただ，なにが前でなにが後かということの確認であり，すなわちまさに時代《順序》の確認にすぎないのであって，けっして実際の時代《算定》ではないのである．なぜならば，岩石の生成も，種の生存期間も，はっきりと定義された一定の時間に相当するものではないのであって，すなわち時間の単位としてはもちいられないものだからである．

その例として河の侵蝕をあげれば，その強度は，河の勾配，水量，および河床の硬さにも関係している．たとえばもしもナイアガラにおいて，今日あてはまっている関係すなわち滝のきり立った壁が1年にどれだけ後退するかということから，その河がこれだけの長さの深い峡谷をきざむのにどれだけの年数を要したかを算出しようとするならば，そのばあい我々は水量がつねに変化しなかったということを暗々裡に仮定しているのである．しかしそのことは，簡単に確かといえるものではない．中部ドイツには深い谷があるが，そこには今日ほとんど1本の小川もない．したがって今日の水量では，谷を深くするどころかつくり出すにも明らかに不十分である．したがって谷の生成当時の水量はたしかに今よりも大であったと考えられる[1]．それゆえ河の侵蝕の速度はけっして一定のものではなく，多くの因子に関係して時々刻々に変ってゆくものである．正確な時代決定は我々がこのようなすべての因子を正確に決定できた時にはじめて可能であろう．しかしそのようなことはもちろんほとんど不可能である．

同様なことが堆積のばあいにもおこる．理論的には，ある時間の単位の間に一つの盆地の岩石をつくる材料がどれだけ供給されたかを計算することは，とくに閉じられた滞水盆地のばあいには当然可能である．しかしながらそのような計算をしても，目的は達せられない．なぜならば，供給は相，深度，陸地からの距離，気候および季節によって動揺するし，またかならず動揺するにちがいないからである．

そのほかに，しばしば有機的な，すなわち動物の協力によって生じた岩石が問題になる．このような岩石塊の成長の速度とその法則については，ほとんど確実なことはいわれない．海成堆積物のばあいにはさらに，地層のつぎ目はしばしば間隙を表わす，すなわちまったく堆積物の生じなかった時間に相当するということが加わってくる．

---

1) SALOMON: Tote Landschaften und der Gang der Erdgeschichte. Sitzungs-Ber. Heidelberger Ak. d. W. 1918 参照．

そのような中断の期間の長さは一般にほとんど算出できないのである.

堆積作用がひじょうに多様な速度をもっていることは，たとえばつぎの例で認められる．すなわち，オーベルシュレジエン西部の早期石炭系(クルム相)は4000〜5000 mの厚さをもっているが，東部オーベルシュレジエンの同じ早期石炭系はわずかに数百メートルの石灰岩(石炭系石灰岩相 Kohlenkalkfazies)によって代表されているにすぎず，しかもこのばあい後者の地層の方が西部における本来厚層な砂岩や頁岩よりもいっそう完全なものである．したがって無機的記録からは，さしあたり条件つきの形の間接的推論をひき出させるにすぎないのである．たとえばロトプレッツ ROTHPLETZ はフランケンの最上部ユラ系，すなわちいわゆる石版石石灰岩 lithographischer Kalk は，きわめてやわらかい生物(くらげ)さえもが化石として保存されたのであるから，ひじょうに急速に沈積したものとみなした．したがってすくなくとも1年に5 cm のわりの急速な堆積がおこなわれたのでなければならない．そのことは25 m の厚さの石版石頁岩は約500年で沈積されたということになる．しかしすでに述べたように，一般的な結論は，このような局地的な例からは，ひき出されないのである．

同様に，海の塩分にもとづく時代算定も不確実なものである．海の総塩分が陸地の岩石の滲出作用 Auslaugung に由来し，河川によって海に運搬されたものと仮定して，大洋の年齢は1億年と計算されている[1]．このばあい第一に，我々は最古の時代にすら鹹水性の動物を知っているから仮定が誤っているし，第二に海からのいちじるしい塩分の析出が計算に入れられていない．

岩石の崩壊と生成から算定される年代の報告がいかに不正確なものかは，つぎの例においても明らかである．ペンク[2]によれば，地球表面をほとんど海水準にまで平坦化するためには7680万 km^3 の岩石が陸から海に運搬されねばならない．毎年陸から大洋に運ばれる岩石の量はペンクによれば 11.7 km^3 になる．したがって地球表面上の平坦でないものをすべて除去するためには約1300万年が必要である．しかしながら逆に我々が今日地球の表面の起伏をみると，それはおそらく以前の地質時代よりもはるかにけわしいものであり，削剝作用だけにもとづいた地球の年代算定は地殻の隆

1) ジョリー JOLY (1899) とクラーク CLARKE (1924) による．クノップ KNOPF (1931)はこれを最小値とした．他の計算では3億6千万年となっているが，これは誤差の限界の大きさの桁を示す．

2) Theorie der Bewegung der Strandlinie(汀線運動論)．Sitz.-Ber. Pr. Ak. d. W. XIX, 1934.

起および沈降運動という本質的な因子を考えにいれていないから，それは一致しないしまた一致しえないことは自明である．

しかしながら，地史の記録がさしあたりある時代順序を提供するだけで，なんら確固たる絶対的時間標識をあたえないとしても，なお，それを絶対的時間尺度にしたがう他の過程に関連させるということは考えられるのである．それによって——さしあたり理論的に——地質学にもとづいた絶対的方法による時代計算がともかくも可能のように思われる．しかしこのばあい論理的に矛盾のない結論に到達するためには，二三の基本的前提を吟味しなければならない．

時間というものは概念ではなく，人間の意識にとって欠くことのできない観照形式であって，時間のない存在は我々には考えられない．時間は客観的には運動においてあらわれ，主観的には運動または変化の知覚にあらわれる（ラッツェル，空間と時間……1907，前出参照）．したがって時間の計測は，等速で恒常的（すなわち加速作用も減速作用も受けない）と仮定される運動または変化の観察の結果おこなわれるものである．したがって結局は，振子運動のような，または，地球がそれ自身かまたは太陽のまわりをまわる運動のような律動的な運動か，さもなければ，たとえば放射性元素の原子の崩壊のように，連続的で規則正しい変化を問題にすることになる．

このようにして得られた時間的尺度の不変性は，——地質学的意味で——現在主義的実験にもとづいた一つの仮定であることを確認する必要がある．数百万年の地質学的過去にこの仮定を拡張することはどうしても必要だというわけではない．なぜならば，重力の加速度も，地球の運動のテンポも，放射能崩壊の速度も変化しうるものであり，その変化が実際には，おそらく短期間の人間の観察では把握できないような値であっても，地質学的な時間のひろがりにおいては注目すべき量に達するということを想像してもさしつかえないからである．その限りでは，絶対的な時間単位はあたえられず，ただ多様な関係の系があたえられるだけであるが，地史に対して問題となるような大きさの桁の時間をあつかうかぎりでは，それらの関係が合致することを始めから確実だとみなす必要はないのである．

さて地質学にとっては一般に，このような関係の系のうちで地史に跡を残すようなものだけが利用できる．したがって振子運動による時代計算の方法は除外される．これに対して地球の運動は，気候やまたじかに堆積状態に反映されるので，状態と記録の律動的なくりかえしが生じ，最も好都合なばあいには一種の地質学的な層をつくり出すようになるのである．このばあい《天文学的－気候的》時間尺度に言及することができる．放射性崩壊は，我々が最初の元素の量，崩壊の速度，および崩壊生産物の量を知るならば，結局時間尺度として地質学的にも利用できるのである．ここで扱われているものは，間断のない過程，かつてホームズ HOLMES がいったような一種の“地質学的砂時計”である．あるいはこのような時間尺度は《物理的》といってもよいであろう．この尺度の方法論的利用性については，あとで厳密に検討することにしたい．ここではつぎの点だけが確認されなければならない．1. 今日では，地質学的過程の絶対的期間についての確実な報告は可能であり，それによってこれらの過程の正確な物理学的取扱いの道がひらけているということ，および 2. そのような時代算定は，さまざまな関係の系から出発しうるが，それらは地質的過程という大きな規模で観察したときに必ずしも一致することはないということである．さて前に何度も強調しておいたように，地質学的研究において時間というものは決定的な役割を演ずるものであるから，二つの時間の観念——《相対的》年代表または《時代順序》と，《絶対的時代算定》——の双方について詳細な考察がおこなわれなければならない．

2. 時代順序の確立（相対的時代算定）

a） 岩石学的判定基準

成層法則はあらゆる地質学上の時代区分の基礎とならねばならぬことは，私がたびたび強調したところである．しかしすでに最初のところで，この根本原理は《それだけでは》時間尺度を設定するには十分でないことを証明しておいた．成層作用にもとづいた時代計算は，地球が一つの“パンタラッサ（汎海）” Panthalassa によって，すなわちたがいに関連ある水圏によっておおわれていたとしたときにだけ考えられるのである．そのときには，個々の陸地および海洋区の相の区別はすべてなくなってしまい，隆起と沈降によってもたらされた間隙は存在しないことになるであろう．しかし一方，このばあいには，堆積作用はたとい完全に中止されないとしても，概して時代区分がさまたげられる程度に弱められるのである．層理さえももはやほとんど認められないであろう．以上のようなわけで，地層の岩石学的性状は，それ自体ではなんら年代の判定基準にならない．そのことは実際今日では一般に知られてはいるが，ぜひとも強調しなければならないものである．なぜならば，この前提は今日でもしばしば無視されることがあるからである[1]．他の年代判定基準が欠けているばあいには，しばしばその場所の岩石の特異性で代用しようとする傾向がみられる．

たとえば石炭系または白堊系のような二三の地層名は，実際はやはり，そのような古い見解のなごりであり，ひとたび地上に豊富な植物界というものが出現して以来，石炭はあらゆる時代に生成可能であったということが今日ではわかっているにもかかわらず，石炭紀に対してこの名前が今日もなおもちいられているのである．またたとえばアルプスのように複雑な構造を示す地域で，地層は往々にして逆転しており，生物の化石を欠くところでは，今日でもまだしばしば岩石学的観点にしたがって区分されている．このばあいにおいて，収斂すなわち同等な条件のくりかえしが誤った結論にみちびかれるということは，西アルプスで，類似の条件で生成された新期古生代のカサンナ頁岩と中生代のビュンデン頁岩* をしばしば混同するばあいが見られることによって示されている．もしもアルプスにおいて細胞状白雲岩 Zellendolomit すなわち洗い出された塩の結晶をともなった多孔質白雲岩を三畳系とし，海緑石に富んだ緑色砂岩をゴールト Gault(中部白堊系)とし，赤色白堊質泥灰岩を上部白堊系(セノン)とみなすならば，それは局部的にかぎられた地域ではあてはまるかもしれないが，それを西アルプスから東アルプスにあてはめようとすると矛盾をきたすのである．なぜならば，そうするには相の連続性が仮定されることになるが，それは，地向斜の地域すなわちはげしい海底の運動をともなう平穏でない海盆に対しては，ありそうもないことであり，同じ研究者によってさえもしばしば否定されているからである．

この原理は，結晶岩の時代決定に対してはもっと不都合である．結晶岩では化学的特徴によって岩石をある岩類にまとめる(カリの優勢またはソーダの優勢など)．これとてもかぎられた地域に通用するだけである．しかしながらもしもたとえばボルンホルム島**の花崗岩を，化学的には類似しているが地質構造的にはまったく異なった南スエーデンの岩石といっしょに考え，そして他方では，地質構造的にはボルンホルム

---

1)　ボイルレンの試みもまた，ある程度ウェルナーの区分に依存したもので，地史を黒色頁岩層，硬砂岩層，赤色砂岩層，鰤状岩層と白堊層および若い粗鬆な岩石に区分しており，本来不適当なものではあるが (Erd- und Lebensgeschichte, 1939〔地球と生命の歴史〕)，現在主義に対する闘争における迷宮として方法論的には興味あるものである．

*　スイスのグラウビュンデン州にある．

**　バルト海の島(デンマーク領)．

島の花崗岩と似ている南スエーデンのわかい花崗岩を，化学的に異なるという理由で分けて考えるならば，そのような解釈は初生的なマグマに差があるという可能性や，また深成岩の混熔作用または改鋳作用に起因している化学的収斂の可能性を明らかに見のがしていることになる．今日ではたとえば，スカンディナヴィアとフィンランドにおいては曹灰長石花崗岩（ソーダ石灰長石をともなう）と微斜長石花崗岩（カリ長石をともなう）の貫入は少くとも2回，またはおそらくもっと多く，先カンブリア紀にくりかえしたであろうと考えられている．

ボヘミア地塊においても，これに似た関係が存在する．たとえばショイマン SCHEUMANN はザクセンの結晶質岩石において化学作用の多くの型を確認して，それらは異なった年代の輪廻に属すべきものとした．とくにショイマンは貫入の輪廻を区別し，古いものを先石炭紀，新しいものを石炭紀（ヴァリスカン）とした．古いほうの輪廻はソーダの優勢によって，新しいほうはカリの優勢によって特徴づけられる．しかしながらたとえこのような化学的時代決定の適用性が，あるかぎられた地域において認められたとしても，この事実は他の地域におしひろめてはならないのである．たとえばチューリンゲンにおいてさえ，古期岩石がソーダに富むということは明らかには認められない．ザクセンの白粒岩は，ショイマンが新期岩相とみなしたものであって，これはオーストリアのワルトフィーアテル Waldviertel においてほとんどが同一の形で出現するが，そこではたしかにヴァリスカンではなくて，本来もっと古いものである．

岩石学的および化学的な年代判定基準の不確実なことは，どんなに厳格に注意しても注意しすぎることはない．なぜならば，ここに誤りや誤解に対する主な原因の一つがかつて存在したし，今日もなお存在しているからである．内成岩のばあいには，産状のほかにつねに相もまた考慮されなければならず，この相は時代がさまざまに異なっても，類似または同等の性格をもつことができるのである．それはとくに若い深成岩が古い岩石の熔解作用によって生成されたばあいにあてはまる．このような可能性があり，その正しさについて多くの証明がなされるならば，時代の異なった岩石の化学的類似性はおどろくにあたらないのである．シュワルツワルトにおいてもシュレジエンやスカンディナヴィアにおいても，凝固時期が多くの地質系統にわかれているような岩石でも，化学的にはなお広範囲な類をももっているという例が知られている．

しかしながら上にのべたような模式的な取扱いが不確実なものであることを大いに

強調するにしても，地質時代を相によって特徴づけることを大いに支持するような一群の事実がなお残っているのである．たとえば欧州と北アメリカの石炭系，アジアおよび南方大陸 Südkontinent の二畳系はとくに石炭が豊富であることが特徴であるが，この石炭は3～4兆トンの埋蔵量を有し，世界の石炭埋蔵量全体の約半分に達する．これに対して欧州と北アメリカの二畳紀層では岩塩層と沙漠生成物が特徴的であり，また二三の堆積性鉱石(銅)もひじょうに多い．典型的な白亜はとくに中部欧州と北アメリカの上部白堊系に知られている．第三系に褐炭の豊富なことは，すくなくとも欧州においてはいちじるしいことである．けれども，そのことはおそらくなにも一次的現象ではなくて，むしろ二次的現象であり，それは地球の歴史と原因的になんらかの関連があるにちがいなく，少くも一部はこれらの歴史の段階――すなわち造山時相――に対する明瞭な関係を示しているものである．アレニウス ARRHENIUS――フレッヒ FRECH による天才的な関連づけのこころみは多くの点で誤っているかもしれないが，方法としては重要である．これらの研究者たちはこの関係を，造山運動の時代には大量の炭酸が地球内部から大気中に放散したものだというように考えた．それによって熱線に対する吸収率は増大され，湿潤で温暖な気候は，高度の炭酸含有とむすびついて，植物のうっそうたる成育を可能にし，それによって石炭生成の前提条件をあたえたのである．同時代の海においては，大量の炭酸石灰が生成できた．その後になって植物群と海成石灰岩における炭酸の結合のために，大気中における炭酸の減少を来した．こうして熱の入射と輻射はもはやさまたげられなくなり，気候的関係は変化した．その結果，沙漠の生成と氷期 Eiszeit となったのである．

物理学的および地質学的な面からみれば，このような結びつけに対しては多くのことが言われるが，それにもかかわらず，いろいろな事件の律動性を説明するこころみとしては，いぜんとして重要である．なぜならば，この結びつきは，異質的な雑多な出来事のあいだに，何かの形で成立《しなければならない》関係をもとめたからである．相の現象は地球を包括する一次的な原因の二次的反応にすぎない．これらの原因は当然時代標識としてはもちいるには最もよいものであろう．けれどもそれはふたたび困難につき当るのである．実際に地球全体にわたって証明される造山運動の時代がほんのわずかしか知られていないとすれば，これらの時代は当然，相対的時代算定にとって最良の段階となるわけである．しかしながら実際にはすこし異なっていて，造構運動はそれぞれ多数の個々の時相に分たれ，それらはたとい遠く離れている場所で証明されるとしても，たいていは局地的なものにすぎない．1例をあげよう．エドワルト＝シュースはおそらく，石炭系の上の不整合の汎世界的意義を示した最初の人であろう．したがってこの不整合は古生代と中生代のさしあたりの境界であった．けれども今日では，この不整合に先行する褶曲作用は，場所が異なれば時代も異なって生じていることが知られている．そうしてそれらは，

デヴォン系と下部石炭系との間——ブレトニッシュ時相 bretonisch か，

または下部石炭系と上部石炭系の間——ズデーテン時相 sudetisch か，

または上部石炭系中——エルツ山脈時相 erzgebirgisch とアストゥリッシュ時相 asturisch* か，

または二畳紀中——ザーレ時相 saalish か

である．さらに，たとえばブレトン階の不整合は三つの亜時相にわけられるのである．

したがってもしも我々がある不整合を一つの時代標識にしようと欲するならば，まさしく証明すべきこと，すなわち造山運動の同時性をいくらかでも仮定することになり，とくに細区分をおこなうばあいに収拾しがたい困難にぶつかるであろう．うたがう余地のない一次的原因から直接の時代区分を得ようとするこの方法は，やっと最近になってそれを目的とするこころみがたびたび企てられているのだから，当分はけっしてやりやすいものではない．なお詳細にわたってはのちに述べたい．

b) 生物学的時代算定

地球の内生的活動は地史的記録の変遷に対する一次的原因を供給することを知った．結局，いかなる変化も造陸的または造山的過程に左右されているのである．しかしさらに，このようにして生じた無機的記録は時代標識としては役に立たないことがわかった．なぜならば，無機的形態の可能性は無制限なものではなくて，あたえられた相の枠によって制約されるので，そのような記録は同じ時代の間に地域によっては異なってあらわれ，他方においては異なった時代にも類似ないしは同様の形象を供給できるし，むしろ供給しなければならないからである．すでにこのような考察によって，根源的には生命の発展の非可逆性に起因するところの生物界の質的な多様性が，より有用であり一義的である時代標識を供給することにならざるをえない理由がわかるの

* 実際は石炭紀，二畳紀の境界．

である．したがってシンデウォルフ SCHINDEWOLF が，《時代順序》の決定には，一度だけの非可逆的な生物学的進化過程のほうが，週期的にくりかえす律動的過程よりも有効であるということを強調しているのは正しい[1]．しかしながら《絶対的時代計算》にとっては，この考察はあてはまらない．

有機的な生命の過程を時代標識として利用するという考えは，当然進化という仮定にもとづいているものであるが，問題の提出にとって重要に思われることには，この考えの方がじつは進化の仮定よりも古いのである．実際，進化論 Deszendenztheorie は，もともとはっきりしていた考えをあとで混乱させたといい切ることができるのである．

生物学的時代算定は，はじめは純粋に経験的で，まったく異議のない観察にもとづいていた．スミス W. SMITH は前世紀の初頭に，イギリスのユラ系のたがいに累重する異なった種類の地層中に，異なった種類のアンモニット類が産出し，したがっていかなる地層群もある一定の種で特徴づけられ，その種はそれより下の方にも上の方にも出てこないということを証明した．この観察はドイツのブッフ，シュロートハイム SCHLOTHEIM その他の人々，フランスのキュヴィエ CUVIER，アガシ AGASSIZ その他の人々によって確証され，ユラ系以外の地層にも応用された．彼らはいたるところで《標準化石》によって地層の特徴づけを行い，さらに，とくに重要なことには，動物化石の順序はすべての観察地域でまったく同じであるということを示したのである．それによって地質学にとって最も重要な時代決定の記録が得られたのである．なぜならば，第一に有機的生命は不可逆であり，いいかえれば，相のくりかえしにみられる困難性はここでは取除かれるし，第二には有機的記録は相のように地域的に限定されず，好都合な状態の下ではある時期内には世界的に分布されうるからである．実際にその後の研究によって明らかになったように，同種の化石ばかりでなく，さらに重要なことには化石が同じ《順序》であらわれることもまた，たとえば欧州，スンダ諸島，北部シベリアなどのユラ系に発見されたのである．

このような，時代の記録または標準化石としての価値は，当然何よりも，自由に運動できる，生存期間のみじかい種がもっているものであるが，これらのほかに，すでにカンブリア紀において今日と同じ特徴をそなえていた腕足類の属しゃみせんがい

---

1) O. H. SCHINDEWOLF: Grundlagen und Methoden der paläontologischen Chronologie. Berlin 1944.（古生物学的年代論の基礎と方法）

Lingula のような時代的にまったく分化しない永続種がひじょうに大量に出現することがある.

このような基礎に立って，つぎのような時代模式が展開される.

《新生代》: 全体としては哺乳類によって特徴づけられるが，無脊椎動物のなかでは，とくに現代と関係のある型の軟体動物によって特徴づけられる. 植物ではとくに濶葉樹と松柏類が出現する. つぎのように細分される.

第四紀：更新世(氷期)と沖積世 Pleistozän und Holozän

第三紀：鮮新世 Pliozän

中新世 Miozän

漸新世 Oligozän

始新世 Eozän

暁新世 Paläozän

下の方の区分においては，特殊な目じるしとして一群の単細胞原生動物(有孔虫)であるヌンムリット Nummulit が出現し，これは比較的いちじるしい大きさに達する.

《中世代》: 全体としては爬虫類によって特徴づけられる. 無脊椎動物のなかでは，頭足類がアンモニットという最も重要な標準化石をあたえる. 他の動物群の中では，うに類，二枚貝，巻貝類，および下部にむかって含有量の増加する腕足類が重要である. さんご類は若いほうの型に近縁な(六射さんご)群に属する. 哺乳類は小型で最も原始的な祖先型以外には見られない. ——植物では，濶葉樹は最も若い区分(上部白堊系)にしか出現しない. その他の時代では，植物群は裸子動物と羊歯植物によって構成される. 三つの細区分(紀 Periode)は次の通りである.

白堊期 Kreide

ユラ紀 Jura

三畳紀 Trias

《古生代》: 脊椎動物では哺乳類を完全に欠き，爬虫類は上位の区分だけに限られている. 両棲類は上の方の区分(石炭紀および二畳紀)にだけ認められるが，魚類はもっと以前(上部シルル紀)に出現している. 無脊椎動物では，古生代の若いほうの区分(二畳紀・石炭紀・デヴォン紀)に原始的なアンモニット(ゴニアティット)が標準化石として重要である. 腕足類はいたるところで非常に大量に出現するが，その演ずる役割は，ここではまだ比較的まれな二枚貝・巻貝類によって後に引きつがれる．原始的節足動物(三葉虫)はとくにこれら地層群の下位の方において重要であるが，上方では減少する．シルル紀においては体腔動物 Leibeshöhlen-Tieren(腔腸動物・ポリプ類)の群体が重要であり，絶滅した筆石類もこれに属している．単純な構造の頭足類(おうむがい類)も早くから出現している．陸上植物は古生代の上部(上部デヴォン紀に始まる)にかぎられ，とくに，とくさ類，羊歯類，種子羊歯類，および樹木状のひかげのかずら類の成育(封印木および鱗木)をうながした．それより古い地層からは，本質的にごく原始的な水生植物だけが知られている．古生代は五つの紀*に区分される．

二畳紀 Perm

石炭紀 Karbon

デヴォン紀 Devon

シルル紀 Silur

カンブリア紀 Kambrium

《原生代またはアルゴンキア代》Proterozoikum oder Algonkium： わずかな原始的生物をともなう．

《始生代または太古代》Archäozoikum oder Archaikum： 生物学的記録はせいぜい痕跡として存するだけである．

したがって我々は生物的内容によって三つの大きな代 Ära を区別することができて，この中でもまたそれぞれ多くの紀 Periode が区別できるが，紀そのものは動物群にもとづいて世 Epoch，期 Alter，そして最後に帯 Zone に細分される．この区分の適合性は地球全体にひろがる．すなわち帯の標準化石は，あらゆる大陸地域内部で同じ順序で同一またはひじょうに類似した種が産出することで証明されている．

ここまでは，絶対的に有効であり確実なものであるとみることができる経験的な状態である．論理的な推論は，当然なことに，同じ動物または植物集団によって特徴づけられる地層は，同じ時代に生じたものでなければならないといえるだけである．この一見単純に思われる推論は，それにもかかわらずほとんど見のがしがたいほど多くの説明と推論の可能性をもっており，今日もなお完全には説明されない迷宮にいたら

* シルル紀は通常はオルドヴィス紀 Ordovicium とゴトランド紀 Gotlandium にわけられる．石炭紀を2紀にわけようという試みも多い．

しめるのである.

そのさいに，説明の困難さは，それ自体でははっきりしている論理体系に生物進化の思想をはめこまねばならぬ瞬間にはじまるということを見逃すわけにはいかない．いかなる動物群も一つの創造物であって，随時天変地異によって絶滅され，また新しい創造物によって交代されるものであるという，前ダーウィン的なキュヴィエの立場に立つかぎり，その体系には矛盾がなく，ただつねにいちじるしく増加してやまない帯の数からすると，結局，他の記録によって証明することのできない，ありそうもないほどの数の天変地異を考えなければならなくなるだけであった．しかもなお，無数の新しい創造物の“不連続性”――それをひき起したり破壊したりする未知の自然力を原因としてもっている――の方が，たえまない進化の“連続性”よりも容易な説明法なのであった．とくに従来，生物学は種の生成と絶滅に対しては確証的な観察というものをほとんどもたらしていなかったために，この進化という考え方は現在主義的にはほとんど理解することができなかったのである.

上述したところの一見ひじょうに簡単な時代の同等性の定義は，事実，二つのひじょうに多くの意味をもつ概念をふくんでいる．すなわち同等性と同時性の概念である.

そこで，この生物学的仮定を簡単に考察しなければならない.

同等性の概念

地層の時間的同一性は，そのなかに同一の動物の遺体を含有している時には証明されたものと思われる．その意味するところは，比較的大きな時代区分――代・紀――および比較的大きな動物分類上の区分――門・科――が問題になるばあいには，そのままで明白であると思われる．アンモニットはいつもただちに中世代という時代を決定し，筆石類はシルル紀という時代を決定する．けれどもそのばあい実際には，数百万年も続いている時間のなかにおける条件付の同時性ということだけが問題になるのである．小さい区分，すなわち帯のばあいには，時代決定はいっそう困難である．なぜならば，帯はじつに最小の生物学的単位――種――によって特徴づけられなければならず，しかも古生物学においては動物学的種概念というものはまったく確定しがたいものだからである．種というものは，それに類似のいくつかの種と区別させる，一つまたはより多くの特徴にもとづいて分類される．しかし実際には，いかなる個体も他の個体と完全に同じではないので，動物個体の全集団にわたって一定してあらわれるような特徴だけが種を形成するものとみなされる．このような種の概念にしたがいもなく存在する任意性を，動物学は実験遺伝学によってまぬかれることができるのである．遺伝する特徴だけが一定のもので，すなわち種を規定するもの(変異 Variation)であり，遺伝しないもの，すなわち偶然の法則に支配されている特徴(変種 Variante)は種の概念にとって重要ではない．しかし古生物学には実験は役に立たぬので，この点で変異と変種との区別をあたえる客観的な判定基準が欠けているように思われる．

古生物学における種の概念は，さしあたり純粋に記載的すなわち形式的なものである．この点に重大な誤りの原因がひそんでいることは，不均質な変種を総括するという面からしても，また重要でない特徴にもとづいた正当でない区分をするという面からしても，明白である．さらに古生物学においては，動物学のように進化の一断面だけがあるのではなく，時間的な変異すなわち3次元の体系を考慮しなければならぬということによって，このような誤りの原因はいっそう大きくなる．同等のものは同時代に生きていたという前提の基礎には，まさにそのような事態があるのである．したがって，一つの種を決定する一つの特徴またはいくつかの特徴の組合せは，動物学がまだそうみなしているかもしれぬような，固定して不変なものではなく，むしろ時とともに変化させられるものなのである．新しくあらわれた種はすべて新規の創造物であると考えることはできないので，どうしても進化説をとって，新しい種はそれ以前の古い種から新しい特徴がでてくることによって出現するという前提をたてなければならない．《この原則は論理的公準であって》，現在主義的にはほとんど証明できないのである．なぜならば，現在では種の形成についての確実な例証がかけているからである．したがってここでは，この過程の原因と機構に関する説にも立入ることはさけなければならない．ただ《一つの》点だけが，生物学的時代算定にとっていずれにせよ決定的な意義をもっている．それは，この変形は連続的に生じたのか，あるいは飛躍的に生じたのであろうか，ということである．なにか新しい特徴がとつぜん生じて(ドゥ＝フリース DE VRIES による偶変 Mutation)，それがただちに遺伝的になるのだろうか．

本質的にがんらいの進化学説の原則とむじゅんする後者のばあいにおいてだけ，種の一義的な定義が可能になり，したがってこれにもとづいた時代区分もまた可能になることは明らかである．すなわちある新しい偶変の出現こそ，まさに時間的標識を生むものなのである．連続的な系統樹というものはめったに見られないという事実，および分帯の順序に従ってある一つの同じ場所でよく定義された種は，だいていは互に上下して出現するという事実はこの解釈にとって好都合のように見える．こうして不連続な変異(偶変)の系列によって進化を解決することを前提とするばあいにおいてだけ，ヴェデキントが最も厳密な表現法でおそらく最初に果した[1]ように，時間の単位を一つの種の生存期間として定義することができるのである．

けれども，事実はそんなに簡単ではない．イングランドの上部ユラ系のあるアンモニット群(コスモセラス *Cosmoceras*)の研究において，ブリンクマン BRINKMANN[2] は地層から地層へとアンモニットの特徴がしだいに変形するのが見られることを示した．飛躍のあらわれているように見えるところでも，実際には堆積作用の間隙が問題となるので，そこに欠けている中間形も他の場所には存在するかもしれぬし，また事実たしかに存在もしている．これらの中間形はごく最近までは，あまり重要でない場所による変異として十分に考慮されてこなかったものである．この解釈が正しいとすれば，そのばあいには，完結した種 geschlossene Art という概念は，結局分りやすくする目的のために我々が連続的な進化の中に多少とも気ままに持込んできたものになる．そのばあいには，同等性の概念は条件つきのものにすぎず，明確で，まったく一義的な，種の出現または消滅の時間標識をあたえることはまったく不可能である．

カウフマン KAUFMANN[3] は上部カンブリア系の三葉虫のばあいに，実際には2種類の変化が存在しうることを示した．すなわち一つの帯の内部における連続的な“種の変化”のほかに，帯から帯への，おそらくもっと飛躍的な“種の変革”を彼は証明しえたのである．そしてそれはある“保守的系統”からくりかえし分離したものと説明されたのである．

個々の化石片の比較ばかりでなく，一つの地層に発見される，いいかえれば同時代

---

1) Grundlagen und Methoden der Biostratigraphie, Berlin 1916. (生物層序学の基礎と方法)

2) Statistisch-biostratigraphische Untersuchungen an mitteljurassischen Ammoniten, Abhandl. Ges. f. Wiss. Göttingen, 13, 3, 1929. (中部ユラ系アンモニットの統計的・生物層位学的研究)

3) Variationsstatistische Untersuchungen über die “Artabwandlung” und “Artumbildung” an der oberkambrischen Trilobitengattung Olenus Dalm. Abh. a. d. Geolog.-paläont. Institut Greifswald, X, 1933. (上部カンブリア系三葉虫属 Olenus Dalm の“種の変化”と“種の変革”に関する変異統計的研究)

の形の同じことが特徴である群は時間的に無関係である．

これらの諸関係の生物学的な説明は，まだ疑をのこさぬほどに成功してはいない．なぜならば，異系統の，すなわちおなじ進化系列にないものの特徴が同じ速さで変化するということは，自然科学的思考に大きな困難性をあたえているからである．我々はいわゆる“予定調和” prästabilierte Harmonie というものを良いと思うことはできない[1]ので，環境の変化が一致する時にはまったく同じ反応がおこるのだということを仮定しなければならないが，そのさいこれらの変化はどんな種類のものであるか，それらの変化は何故に，たとえばアンモニットの縫合線などに作用をおよぼすかというようなことを述べることはできない．

ところで，アンモニットの縫合線という種に特定の特徴が時代決定に対して有する意義は，次のようなことによって低下するのである．すなわち，シンデウォルフ(上掲，1944)は，デヴォン系と石炭系においては，縫合線がいちじるしく複雑になった二三のアンモニットの方が，縫合線のもっと簡単なアンモニットよりも，地質断面では下のほうに出現すると述べている．したがってこれらのアンモニットははやく進化した種に属しているのであり，一つの保守系統から分離し，その保守系の絶滅以前に絶滅したのである．それゆえシンデウォルフは，種の特徴の前進的な器官発達の程度にだけもとづいた時代決定に対しては，明確に注意をあたえている．そのような方法はよく応用されてきたが，しばしば誤った結論に導いたのである．

けれども，この迷宮のなかで，今なおひじょうに不可解な生物学的問題にまよいこむことはさけよう．重要なのは，系統にはもとづかず，したがってある形態群の純記載的な概括にみちびくところの特徴の差異は，発生的に単一の，すなわち遺伝性に起因する差異よりも，時代決定にとっては重要でありうるということを確認することだけである．しかし必ずしもつねに縫合線は時代を決定する特徴であり，殻形は時代に無関係な特徴であるとは考えるべきでないということも，述べておかなければならない．ときどき，その逆のばあいもありうるのであって，当然問題はますます混乱してくる．

したがって，時代算定の基礎としての生物学的同等性の概念は，最小単位に立ちもどるかぎり，けっして一義的なものではないことがわかる．一般に述べつくすことのできないほどの個々の変種のほかに，特徴の組合せ全体の遺伝性にもとづいた同等性

---

1)　最初から同じく調整された二つの時計を例に引く，精神物理学的因果律の説明を想起させよう．

は比較的長期間存続するが，これに対して発生的には異なって記載的にだけ総括されるような特徴ははやく変化し，時間標識として役立つことができる．ながい間不変のままでいた特徴がその後とつぜん“毒性の”virulent ものとなることがあり，いいかえれば迅速に変化し，それによって永続特徴 Dauermerkmal から標準特徴 Leitmerkmal に昇進するのである．それと関連してであるが，一定の属は，ほとんど一つの化石帯の時代の間しか標準化石を供給しないで，その後は消滅するか，さもなければ時代と無関係なものになり，つまりは時代決定にとってもはや問題にならなくなる．そのようにして，たとえば早期デヴォン紀のアンモニット類はもはや分帯上の標準化石としては使用しがたいが，これに対して早期デヴォン紀に異常にはやく変化したスピリフェル Spirifer(腕足類)も，のちに晩期デヴォン紀と石炭紀になると，ほとんどもう分帯上の標準化石としてはもちいられない．したがって生物学的時代区分はつねに系統樹の一断面ないしは断片だけにしかもとづくことができないのである．

同時性の概念

我々が今まで考えたように，同等性の概念はけっして一義的ではなくて，本質的にそのつど詳細な基礎づけと解釈が必要であるが，同時性の概念は，生物学的資料にもとづくかぎり，もっと大きな不明点をやどしているのである．すでに上述のことから，特徴の変化というものは，はやくもおそくも進行しうるものであり，したがって種の“生存期間”またはさらに正しくは分布期間というものは，いずれにせよけっして正確に物理学的に定義しうる，恒常的な不変の時間単位ではないということがはっきりしている．さらにまた，上に引用された上部デヴォン紀のゴニアティットの例は，系統的関係よりも外的環境によって強く影響される特徴が，時間決定にとって決定的となりうることを示している．それは明らかに，生物学的変異や，したがって時代算定もまた外的環境の函数，すなわち結局は地史学的過程であるかもしれないもので，したがって我々がほとんど厳密に物理学的に定義しがたいような派生値であることを意味している．その点に関するかぎり，同時性の概念はすでに条件つきのものである．

さらに，一つの動物群のなかの厳密に同じ特徴が同時性を意味しているという，今日一般に世におこなわれている仮説をたしかな基礎として認めたとしても，時間的尺度のいっそうこまかい区分を問題とするさいには，必ずしもいつも一義的な成果に到達することはできないのである．このような不確実さは，地層の境界に関する数十年の論争にはっきりと表現されているが，それは多くのばあい今日でも最後的に決定されてはいない．実際には，地層境界が動物群の特徴だけにもとづいて決定され，堆積の隙間や相の変化が加味されないならば，もちろんただ一つの地層境界すらも完全にはたしかめられないのである．若干の例からそのことを示してみよう．

《カンブリア紀―シルル紀》．その境界近くにあるディクティオネマ*頁岩やオボルス**砂岩は今日ではシルル紀の最下部に帰せられているが，その前数十年にわたってカンブリア紀とみなされていた．地史的にはそれらは一つの海進の開始を示し，一方造山的時相がこの地層の堆積の前(サルディッシュ時相)にも後(先アレニッヒ時相)にも一つずつ知られている．アメリカにおいては，これに相応するオザアク系Ozarkiumの所属もなお論議の対象になっている．

《シルル紀―デヴォン紀》．シルル紀の最も若い時階すなわちダウントン階とデヴォン紀の最古の時階すなわちゲディンヌ階 Gedinnien の関係は，今日でもなお少しも明瞭ではない．最近のフランス人の研究によれば，これら両時階の一部は時代的に同じものであるとみなければならない．さらに最近では，とくに数人の研究家によってダウントン階という概念さえ却下されている．同時にまたカレドニア造山運動を二つの時相(アルダンヌ時相とエリッシュ時相)に分割することも疑問となってきた．

《デヴォン紀―石炭紀》．デヴォン紀最上階であるガッテンドルフ階 Gattendorfiastufe は，石炭紀最下階であるプロトカニテス階と一致するように思われる．したがって地層境界をこれらの地層の上におくか下におくかということは協定の問題となる．あとでふたたびこの問題にふれることになるだろう．東部欧州では地質断面のこの位置に，デヴォン紀型の種と石炭紀型の種の混合動物群を有するマレフカ―ムラエフナ階 Malevka-Muraevnastufe が存在する．これをデヴォン紀としたのは，そのなかでもデヴォン紀型の種が多いためである．

《石炭紀―二畳紀》．海成の堆積層の欠如している西部欧州では，現在この境界はまったくの条件つきで，羊歯のカリプテリス＝コンフェルタ *Callipteris conferta* の最初の出現を基礎としている．それは他の植物，たとえば分布のひろい毬果植物の属ワルヒア *Walchia* がこの境界とは無関係なことがはっきりと確認されるからである．ところで，海成層がこの境界の特徴になっている場所たとえばロシヤでは，以前に二

*　Dictyonema　筆石の1属．とくにノールウェイのシルル紀層下部に多い．

**　Obolus　腕足類に属す．亜属多く世界的に分布す．カンブリア―下部シルル紀．

畳—石炭紀と言われていたほどで，——それは明確に両者を分離できない点を調整するための，困惑の表現であったのである．ロシヤでは今日でも，その境界あるいはその境界にでてくるサクマル階* Sakmara-Stufe の帰属は決定されていない．そしてその帰属は，有孔虫によるかアンモニットに基礎をおくかによって変動している．

《二畳紀—三畳紀》．中部欧州の大陸地域においては，動物群による境界は一般にほとんど引くことができない．我々は通常それを純粋に岩石学的な特徴(礫岩層，二畳紀のアルコース砂岩と三畳紀の石英砂岩との対立など)にもとづいておこなっている．地中海地域では，その境界はしばしば動物群上からも岩石学的にも比較的に明確である(たとえば東アルプスにおいて)が，中央アジアのような他の場所では，連続的な海成層があって，明確な区分の介入をゆるさない．アンモニット類ではすでに晩期二畳紀において，三畳紀の特徴をもった型が出現している(セルティテス *Celtites*，フンガリテス *Hungarites* その他)．東欧では，その境界附近ではふたたび陸成層(タタル階 tatarische Stufe)が存在し，それが二畳紀か三畳紀のいずれに帰属するかは，やっと最近になって爬虫類化石によってある程度は明瞭になってきたが，正確な時代対比にはほとんど達していない．

《三畳紀—ユラ紀》．この境界には，動物群からみればむしろ三畳紀に属すべきレェト階が存在するが，ユラ海の世界的大海進はすでにレェト階にはじまっているので，ローマ大陸 romanische Länder** においては，この時階は時によってユラ紀と解せられてきた．

《ユラ紀—白堊紀》．この境界は概してひろく分布している海退によって明確である．けれども純粋な海成層の発達している地域たとえば地中海地域やアルプスにおいては，境界層——ティトン層 Tithon——をどちらに入れるかということについてさかんにいろいろの考えが出された．

《白堊紀—第三紀》．この境界は，アンモニット・ベレムニット・恐竜類が突然に絶滅したためと，ヌンムリット・哺乳動物および他の近代的動物集団がいきなり出現したために地史全体で最も顕著なものである．しかし，ここでもまたその境界に存在するダニア階すなわちダン階の位置づけについては，活発な論争をもたらした．アン

* 今日ではこれを最下部二畳系とみるのが一般の意見である．しかし紡錘虫の区分からいうと，ロシヤではこの下に *Pseudofusulina* を産する．この属は他の地域では二畳系のものである．

** あるいはラテン語系大陸．

モニットとベレムニットが産出することに根拠をおけば，うたがいもなく白堊紀に帰属することになるとシンデウォルフが言っているが(上掲 1944)，ダン階のバクリテス *Baculites* や箭石(ベレムニット)はひじょうに稀なものに属すること，またダン階に帰したのは，その“生存期間”自体についてはなにも知らないような他の化石，とくにヘルコグロッサ＝ダニカ *Hercoglossa danica* にもとづいておこなわれたということを忘れてはならないのである．したがってヘルコグロッサ＝ダニカ，バクリテスおよびベレムニテスのうち最初のものは存在するが他の2者は欠けているようなところでは，これら3者の産出が同時代的であるということはけっして無条件に確実なわけではないのである．ここに循環論の危険のあることはまったく明らかである．

上にのべた簡単な総括からも，地球上のさまざまの地域における地層境界の同時性は無条件に確定されてはいないことがわかるのである．全地球上におけるある特定の種の生存期間の同時性を仮定するならば，あるいは，すでに知っているようにもっと厳密に表現して，ある特定の特徴が同時代に出現するということを仮定しても，このような同時性が他の種または動物群にもあてはまるかどうかという疑問がなお生れてくる．このような同時性は，最小単位の範囲内ではたしかにあてはまらないのである．説明のためにもう一度デヴォン紀—石炭紀の境界にもどって見よう．これについては最近，いかなる動物集団から出発するかによって，それぞれ異なった地層境界をもうけることになるだろうというおどろくべき結果が明らかになっている．シンデウォルフによれば，アンモニット類による区分を基礎と考えるとき，石炭紀型のさんご，三葉虫および腕足類はもっと以前に，すなわち晩期デヴォン紀に出現していることがわかっている．これらをまとめてみるとつぎのような時代の模式がえられ，それによると

頭足類	さんご類	腕足類	三葉虫	植物
早期石炭期 I (*Gattendorfia*)	石炭紀型	石炭紀型	石炭紀型	デヴォン紀型
晩期デヴォン期 VI (*Wocklumeria*)	石炭紀型	石炭紀型	デヴォン紀型	デヴォン紀型
晩期デヴォン期 V (*Laevigites*)	石炭紀型	デヴォン紀型	デヴォン紀型	デヴォン紀型
晩期デヴォン期 IV (*Postprolobites*)	デヴォン紀型	デヴォン紀型	デヴォン紀型	デヴォン紀型

個々の動物群にとって重要な境界はいっそうはっきりと引かれているのである[1].

このような例はけっしてこれだけしかないものではない．ウィテルス WITHERS (1927，シンデウォルフ，上掲1944より引用)によれば，たとえばジャマイカの厚歯二枚貝石灰岩の頭足類は晩期セノン階の特徴をもっているが，これに対してウニは晩期白堊紀の古期，甲殻類は第三紀と結論されている．

このような結果は，同時代性についての独断に対してはまったく致命的なものである．いかなる動物集団から出発するかによって，地層境界の位置はひじょうに異なってくる．いいかえれば，個々の動物集団における時間標識と進化の律動はそれぞれ異なっているのである．もしも我々がある特定の地域で，腕足類だけを入手するとすれば，その変異にもとづいた地層境界は，頭足類だけにもとづいて確定された他の地層境界とはおそらく一致することはないであろう．植物群は一般に他の法則にしたがって，たいていは新しい動物群集よりは早く出現するということは，ずっと以前から知られていることである．植物群からみれば，たとえば新期古生代は晩期デヴォン紀(羊歯類)に，中世代は二畳紀(松柏科)に，新生代は晩期白堊紀(濶葉樹)にはじまっている．その結果最近では，植物を時代論 Chronologie の代表者に指定しようという要請が行われている(ビュロウ K. v. BÜLOW： Zeitschr. d. deutsch. Geol. Ges., 93, 1941 u. 94, 1942)が，このようなことをしても，むしろもっと大きな困難がおこるにちがいない(シンデウォルフ，上掲1944を参照)．

どの地層境界についても似たようなことが例証されるというこの事実は，生物学的時代算定の無条件的な適用性に対して最も厳重な抗議を提示しているといってもさしつかえはない．シンデウォルフはこのような考察(上掲1944)とは反対に，この抗議は生物学的時代区分の原則には少しもふれるものではないといって，その理由として，ここで問題とされているのは，それ自体は不変であり，したがって適当に並べあわせることのできる，種々の段階間隔をもった梯子の模型すなわち種々の時代尺度なのであるということをあげているが，著者には根本的な疑問はそれでもまだけっして除かれていないように思われる．まず第一に，その尺度はそれ自体確実に不変であるとはいえない．なぜならば，一つの発生系列のなかでさえ，連続的変化も飛躍的変形もともに恒常不変のテンポ Tempo をもつことを全然保証しないからである．シンデウォ

---

1) 石炭紀層位学会議 Congrés stratigraphie carbonifère, Lüttich 1928 におけるシンデウォルフの講演による．

ルフでさえ，一つの化石帯の時代的な価値を他の化石帯のそれと同等にあつかうことは，たとえ両者が同一の動物集団から由来しているばあいにおいてすら不可能であるといっているのである．その上また私には，いかなる模型においても梯子の段階の位置は一定でないと思われる．我々がメートル尺，ヤード尺あるいはインチ尺のいずれで測定するかはたしかに問題ではないが，その器具はゴムで作ってはいけない．すなわちもっと正しくいえば，器具がおなじ物質からなり，おなじ条件でもちいられるばあいにだけ，並べて比べあわせることができるのである．第二に，種の生存期間が地球の種々の場所でまったく同等であるということの証明がなされなければならない．そのこともまた，私にとっては確実でないと思われる．このような事情のもとでは，迅速に変異する種々の系列を，ある“正統時代論的”標準集団 orthochronologische Leitgruppe に並べあわせることは，いずれにせよ疑わしいやり方のように思われる．そして，そのことが達成されれば，明らかにいたるところで同内容をもつ時代値が生ずると確認することは，実際には一つの循環論である——すなわちそれは，自分で入れたものをトランクから取出すようなことなのである！　.

これらの抗議は何よりもまず生物学的資料を絶対的尺度として，すなわち《時代算定》に使用することに対して向けられている．生物学的方法による《時代順序》の決定に対しては，何も言われているわけではない．さらにまた，我々が少くとも小さい時代間隔のなかでは特徴の変異が一定の速度で進行しているかもしれないような一つの動物集団から出発するばあいには，《相対的》な時代価値さえ仮定することができる．小さい時代間隔だけにかぎるならば，この仮定はいかなるばあいにも事実と矛盾しない．上に引用した，特徴の一様な変化をもってあらわされる平行な進化系列の例は，この仮定にとってさらに好都合である．人々は当然なことながら，時代的に迅速な変異を行うものでひろい水平分布をもっているような集団をえらび出すのである．そのばあいに，積極的に泳ぐ（游泳性の）動物と，受動的に流れによって分布される（浮游性の）動物は有利なものであり，したがってアンモニットが重要な層位学的意義をもつことも明らかとなるのである．これに反して，最近，時代決定にしばしば利用されている固着性さんごは，私には条件つきのまったく局地的な利用をゆるすだけと思われる．全地球上にわたるさんごの変異の一義性は，なおこれから証明されなければならないものであろう．

しかし，生物学的な時間の概念を相対的ならびに条件つきに応用することもまた，他の一つの困難をともなっているが，それについてはとくにセンペルとデニンゲル DENINGER が指摘している[1]．我々はつぎのような可能性を考慮しなければならない．もしも一つの種aが二つのたがいに遠くへだたった場所に出現し，のちに両地点でbという種におきかえられたとすると，二つの解釈が可能である．すなわち，その変化は両方の場所で一様にではあるがたがいに無関係に，上述した平行進化というような意味でおこったものか，または種bは一つの場所だけでaから生じ，移住によって他の場所に到達したものかのどちらかである．どちらのばあいにも，同時性はけっして最初からは確かめられてはいない．第一のばあいでは，たがいに無関係に独立してではあるがおなじ方向におなじ速さで進化するという，証明なしの前提をふたたび立てなければならないことになる．そのさい同時に死滅するということが新しい困難をひきおこすのである．第二のばあいには，移住というものは，たとい地質学的にいって短時間であるにせよ，つねにある程度の時間を必要とするものであるから，絶対的な同時性というものはさらにありえないのである．移住の時間は過大視されやすいものであるということは知っておくべきである．地質学的にいって迅速な，進化の中心からの分布は，可能性の範囲内にある．しかしながら，第一にそのことはすべての位置にひとしい速さで到達する《必然性がある》ことは意味しないし，第二にすべての位置で種が同時に絶滅すると仮定するなんらの根拠もないのであって，したがって場所が違っても生存期間は変らないということも疑わしくなるのである．

この困難の解決はおそらく，かつてセルゲル SOERGEL[2] が暗示したような中間の道にあると考えられる．すなわち種の変化はおそらく，その堆積物中に種が発見される浅海(陸棚)ではけっしておこなわれるものではなくて，深海，とくに不安定な歴史が最初から種の迅速な変化に好適な外囲の状態を生じさせている地向斜の内部においておこなわれるのであろう．ここから，種は“アプレーガー(新派)” Ableger として陸棚に到達し，そこでは浅海によって生じさせられた堆積の間隙と岩相の差異の結果として，連続的な変化系列のかわりに，進化の個々の断片かまたはせいぜい“断面”だけが認められるのである．このような前提のもとで，相対的同時性の原則を，いかなるばあいでも条件つきで固持することができるのである．

---

1) Centralblatt f. Mineral. usw. 1908; Neues Jahrb. f. Mineral. usw. 1910, II.

2) Das Problem der Permanenz der Ozeane und Kontinente, Stuttgart 1917. (大洋と大陸の不変説)

すでに述べたようにこの前提は，迅速に変化し，迅速に移住する動物形体にもとづく時代区分にだけあてはまるのである．他の種の出現と合致することは無条件にたしかではなく，おそらくありえないことであろう．ここにもう一つの例をあげれば，晩期石炭系の下部（ナムウル階）は，現在ではベルギー，ウェストファリアにおいて，またポーランドにおいて，またドネツ盆地においては，今日ではアンモニットにもとづいて決定されている．しかしこの時代区分は植物と腕足類とにもとづいた区分とは異なっている．たとえばよく知られた腕足類化石のプロドゥクトゥス＝ギガントゥス *Productus giganteus* は西欧州においては早期石炭紀にだけ知られているが，南ロシアのドネツ盆地では晩期石炭紀の初期にも出現している．西欧州においては早期石炭紀にだけ知られている他の腕足類は，南部ロシアだけでなくオーバーシュレジエンにおいてもまた晩期石炭紀の初期の代表者である．こうして浅海に生存する腕足動物は，石炭紀の海の後退によって徐々に東におしやられてしまったように見える．逆に，ドネツ盆地では若干の晩期石炭紀の植物はすでにナムゥル階に出現しているが，西欧州においてはずっとおそく出現していて，いいかえれば，植物は生成中の大陸上を逆に東から西に移動したものと思われる．

これらの事実から，標準化石が時代標識としては条件つきでの価値しかないことが明らかになる．したがって，ハックスレー HUXLEY が，層序と化石の産出において同等な層準を《同価》homotax と呼んで《同時》isochron と呼ばなかったのは，ある意味では根拠のあることである．もしも我々が，変化の速い動物集団ないしは種の系列の助けをかりて時代区分を遂行しようとするならば，このような種の集団を欠如する地球の他の場所においては，他の近縁種におきかえるか，さもなければ他の区分法則すなわち種ではなくて動物群の構成による区分から出発するかしなければならない．けれども第一のばあいには，代理としておきかえられた化石帯の標準化石がおなじ分布期間をもっているということに対してはなんらの保証もない．第二のばあい（動物群帯 Faunenzone の導入）においては，長命の種は“暗黙のうちに無視される”（シンデウォルフ，上掲 1944）が，一方，残りの種がみな分布期間が異なるということははじめからわかっている．それによって時代概念にある不明瞭さが入ってくるにちがいないことは明らかである．

このような議論は，最初の瞬間には無益な思弁のように思われるかもしれない．なぜならば，実際的にはつねに可能なかぎり存在する動物種によって時代的に区分するであろうし，部分的には実際区分することも可能だからである．けれども，この区分の理論的な基礎についてはくりかえし説明しなければならない．なぜならば，そうしないと，ただ実際的見地から許される細区分が，けっして許されない方法で原則的に利用されることになりやすいからである．とくに強く主張されるべきことは，我々の地質学的時代区分は，往々にして多様に解釈されるかもしれない生物学的要因にもとづいているということである．

いくつの帯が一つの階にまとめられるかということがそれほど重要でないとすれば，また一つの帯の時代値を他の帯のそれと同等にあつかうことが不可能とすれば(シンデウォルフ，上掲 1944)；まさしく階・帯などは，生物学的に定義されるかぎりなんら時間尺度の単位ではなくて，むしろせいぜい時代標識にすぎないのである．《したがって生物学的，すなわち歴史的に基礎づけられた時間概念は，物理学的－天文学的時間概念とは無関係である》．なぜならば，それはけっして正確な時間的尺度を提供しないからである．したがってそれは，地球の無機的な歴史に関するあらゆる論議にさいして，固定された値として定められることはできないのである．人類史との比較は，そのことをよく説明している．すなわち石器時代の欧州文化と現代のオーストラリア黒人の文化とは，同価ではあるが，同時ではないのである．また現代文化との同時性 Isochronie だとか，あるいはさまざまな進化系列を時代的公分母に還元するとかいうことは，独自の区分法則，このばあいには――天文学的にえられた――絶対的年数算定が使用される時にだけ可能である．

c) 地殻変動による時代算定[1]

時代算定の生物学的基礎を分析してみると，結局無機的現象が生物的な変化に影響を及ぼし，それによって時代算定を左右しているという可能性があらわれてくる[2]．収斂的な平行進化についての上記の諸例は，そう考えないと解釈がむずかしい．それにもかかわらず時代算定の基礎として随伴的な継発現象をとり，第一義的な原因をとらないとするならば，その理由は，有機的現象は第一に定方向性であり，いいかえれ

---

1) H. STILLE: Grundfragen der vergleichenden Tektonik, Berlin 1924. (比較構造論の根本問題)に依った．

2) これに反対な立場の代表者はシンデウォルフ(上掲 1944)である．どちらがよいかという決定は今日ではまだほとんど不可能であるが，無機現象と有機現象の相互関係の仮定は決してラマルク主義を前提としないということは述べておきたい．

ば1回かぎりの，非可逆的な過程を表現しており，第二に，それはもっと分化していて，すなわちもっと認めやすく，たがいに区別しやすい時間単位を供給することになり，第三に，特定の無機的過程の同時性と汎世界的意義とは，さしあたりは多少とも真実らしい一つの公準をあらわしているにすぎないからである．さてここでは地殻運動の諸過程から出発しよう．なぜならば，たとえば気候は当然なことながらなんら汎世界的な価値をもちえないものであり，その上また多くの深い原因の函数をあらわすものにすぎないからである．地殻運動の諸過程の内では，造構運動はシュティレによれば挿話的に作用するものである．いかなる造構時相も不整合によって特徴づけられているが，そのばあいこの不整合は同じ時代にしばしば遠くへだたった地域で立証されており，そのことは同時性と汎世界的意義を仮定させるにたるものである．

もしもこのさいに，以前に仮定したように，本質的には全地球上に出現した3大造山運動を問題にすればよいのならば，認めやすく，また生物学的進化とも関連があると思われるような明確な分離線をここにひけることでもあろう．それはほぼつぎのように表現される．

《カレドニア》（シルル紀とデヴォン紀の間）

甲殼魚，両棲類，ゴニアティット，最初の陸上植物群の出現

《ヴァリスカン》（石炭紀）

爬虫類，アンモニットの出現，陸上植物群の改変

《アルプス》（白堊紀と第三紀の間）

哺乳動物と，ほとんど今日生存している植物群および動物群の属の出現

層位学，とくに地層区分の進歩によって，造構運動の時代模式は実際にはもっと複雑であって，我々は三つではなく40以上の造山運動の時相を区別できることがわかった．今日知られているものをここで総括してみよう．

時階		造山時相
第四紀		パサデニッシュ pasadenisch
第三紀		ワラキッシュ wallachisch
鮮新世	アスティ Asti	
	ピアツェンツァ Piacenza	
		ロダニッシュ rhodanisch
	ポント Pont	

アティッシュ attisch

中新世
- サルマット Sarmat
- トルトン Torton …… 新期 jung } シュタイリッシュ steirisch
- ヘルヴェット Helvet ……
- 古期 alt
- ブルディガル Burdigal
- アキテーヌ Aquitan

サヴィッシュ savisch

漸新世
- 晩期 Ober
- 中期 Mittel
- 早期 Unter

ピレネーン pyrenäisch

始新世

暁新世

ララミード laramisch

白亜紀
- マアストリヒトおよびダン Maastricht und Dan
- 晩期セノン Obersenon

新期亜ハルツ jungsubherzynisch
(ウェルニゲレデル時相 Wernigeröder Ph.)

- 早期セノン Untersenon
- 晩期エムシャー Oberemscher

古期亜ハルツ altsubherzynisch
(イルセード時相 Ilseder Ph.)

- 早期エムシャー Unteremscher
- チューロン Turon
- セノマン Cenoman

アウストリッシュ austrisch
?(イングランド)

- ゴールト Gault
- アプチアン Aptien
- バレミアン Barrémien
- オーテリヴィアン Hauterivien
- ヴァランギニアン Valanginien

新期キンメリッジ jungkimmerisch:
- ヒルス時相 Hilsphase
- ウィールデン Wealden

ユラ紀
- 晩期ポートランド Ob. Portland
- オステルワルト時相 Osterwaldph.
- 早期ポートランド Unt. Portland
- ダイステル時相 Deisterph.

	時　　階	造山時相
	キンメリッジ Kimmeridge	
	オックスフォード Oxford	
	カロヴィアン Callovien	アガシツィッシュ agassizisch
	バス Bath	?(イングランド)
	バジョシアン Bajocien	
	晩期リアス Ob. Lias	
		ドネツ時相 Donezphase
	中期リアス Mittl. Lias	
	早期リアス Unt. Lias	
三畳紀	レェト Rhät	
		古期キンメリッジ altkimmerisch
	ノーリッシュ norisch	
	カーニッシュ karnisch	
	ラディニッシュ ladinisch	ラビニッシュ labinisch
		?新シベリア諸島 Neusibrische Inseln
	アニシッシュ anisisch	
	スキティッシュ scythisch	
		プファルツ pfälzisch
二畳紀	晩期 oberes	
	中期 mittleres	
		ザーレ saalisch
	早期 unteres	
		?シュレジエン, フランス, ウラル
石炭紀	シュテファン Stefan	
		アストゥリッシュ asturisch
	晩期ウェストファリア Ob. Westfal	
		?シュレジエン
	早期ウェストファリア Unt. Westfal	
		エルツ山脈 erzgebirgisch
	ナムウル Namur	
		ズデーテン sudetisch
	晩期ヴィゼー Ob. Visé	
		?バイエルン, シュレジエン
	早期ヴィゼー Unt. Visé	

セルキッシュ selkisch
ペリキクルス階 Pericyclus St. ………
ナッサウ nassauisch ｝ブレトニッシュ bretonisch
プロトカニテス階 Protocanites St. …
マルシッシュ marsisch

デヴォン紀
晩期 oberes ……………………………………………………
?ノルマンディー Normandie
中期 mittleres ……………………………………………………
コブレンツ階 Koblenz St. ……………………………………………
?ジーゲルランド Siegerland
ジーゲン階 Siegener St. ……………………………………………

エリッシュ erisch
ダウントン Downton …………………… ｝新期カレドニア jungkaledonisch
アルダンヌ ardennisch

シルル紀
ゴトランド Gotlandium ……………………………………………
タコニック takonisch
晩期オルドヴィス ob. Ordovizium ……………………………?エクネ Ekne
トロニエム Trondhjem
中期オルドヴィス mittl. Ordovizium ……………………………
トリシル Trysil(先アレニッヒ Praearenig)
早期オルドヴィス unt. Ordovizium ……………………………

カンブリア紀
晩期 oberes ……………………南欧のサルディッシュ sardisch あるいは アルタイのサライリッシュ salairisch
中期 mittleres ……………………………………………………
早期 unteres ……………………………………………………
後アルゴンキッシュ Postalgonkisch(アシンティッシュ assyntisch)

アルゴンキア代
ヨットニアン Jotnisch ……………………………………………
先ヨットニッシュ Praejotnisch(アルゴミッシュ algomisch)
ヤットゥリアン Jatulisch ……………………………………………

これより古期の時相はもはやほとんど同定しがたい.

これらの時相はいたるところに出現するとはかぎらない. たとえば山地内部においては, 核心部は早く, 外側部はおくれて褶曲をうけるという法則が一般に通用する. すなわち造山運動は帯状移動(シュティレ)を行うといえるのである. 知識が進歩するにつれて, 静止の時期は本来多数であるが, 以前に考えられたよりも短いものだということがわかってきた. いかなる地質系統においても, 地球上のどこかの位置で造山時相を立証することができる. したがって造山時相には挿話的な性格があると判定できるとしても, その挿話は以前に想像していたよりももっとたびたびあって, その一つ一つはもっと微弱なものであり，それを総計したものがはじめて大きいいちじるしい造山運動の過程を生ずるのであって，したがってそれと連続的な造陸運動との相異は，根本的というよりはむしろ漸移的なものなのである．

造構運動の時相を時代標識として使えるということは，その全地球上における絶対的な同時性が仮定されるだけではなくて証明されうるばあいにだけ確実になるであろう．しかしそのような証明は，やはり生物学的事実にもとづいてしかできないであろうし，我々は，これでは条件つきの同時性が保証されるにすぎないことをすでにまったく一般的に理解しているのである．

一つの特殊な例をひいてみよう：

ヴァリスカン造山運動のマルシッシュ時相は，晩期デヴォン紀の第VI帯の堆積後，第VII帯(それは今日では早期石炭紀の第I帯と一致すると考えられるものであるが)の堆積以前に起ったものと定義されている．したがってその時相であることのはっきりした証明は，褶曲をうけた第VI帯の地層が，無褶曲または比較的弱い褶曲をうけた第VII帯の地層におおわれているというばあいにあたえられるであろう．しかしこのばあいでも，まだ絶対的な同時性は保証されない．なぜならば，ここで第一に，前に述べた地層の層序に関する問題の全体を考慮しなければならず，そして第二に，第VI帯は実際に褶曲がはじまる前にすでに堆積されていたのか，または上位の第VII帯は実際いかなるところでもその帯のうちで最古の，すなわち層位的に最も下の部分によって代表されているのかということは，あまり確実ではないからである．どちらの帯もある程度の時間のひろがりをもっているので，当然に造山運動的な插話についてもある時間的余裕を仮定すべきであり，したがって插話的時相が短期間であるということもいずれにせよ相対的なものであるにすぎないと理解されるのである．しかしながらこれらの困難は別としても，ある褶曲をうけた地層がすぐつぎの無褶曲の帯におおわれるというような例はきわめて稀であって，たいていのばあい比較的多くの帯を包括する間隙が存在し，たとえば褶曲をうけた第III帯または第IV帯が無褶曲の第VII帯におおわれるというようなぐあいになるものである．褶曲作用はしばしば堆積面よりも上に地層を上昇させる結果を生じているから，これもまた当然である．したがってこのばあい，造山運動をマルシッシュ時相に帰属させることは，第III帯と第VII帯との間にそして第VI帯の堆積後に，ただ1度だけ造山運動の插話があったという前提にもとづいてだけなされるのである．したがって循環論の危険のあることは明らかである．

たとい我々が，造山運動が不安定な，造山時相に集中することを無条件に真実らしいと認め，また造山時相の解析と，造山時相の層位学的－生物学的区分に対する関係の解明とが，我々の知識を強力におしすすめたことを認めざるをえないとしても，なお我々はシュティレのいう造山運動の同時性の法則の普遍的な適用と，插話的なものと永続的なものとの根本的な区別というものに対しては，それらにおこりがちな誤った結論をさけるために，批判的な吟味にかけてみる義務をおわされているのである．

そのさいに，つぎの考慮は出発点として役だつかもしれない．

造山時相の表を考察してみるばあいに注意をひくことは，地史の進行とともに造構運動の時相の数は増加しているように見えるということである．そのことはとくに，古生代は新生代よりもたしかに長い時間を包括し，したがって若い地質系統における時階は絶対的にはより短い時間を包括するものでなければならないということから明らかである．もしも我々がそれを実際にそうであったものと仮定すれば，その結果造構運動の活動性が増加したと考えられ，さらにそれからまた，最も普遍的な性格をもつ広範な推論が導き出されることになるであろう．私は，のちほど明らかになるように，そのような思考過程にけっして拒否的に対立するわけではないが，それでもやはり，ここには根本的で方法論的に興味ある誤解の例が存在しうるということ，したがってこのような形式の証明方法は論理的に無条件に的確なものではないということをいっておかなければならない．

石炭生成期にできた若干の堆積盆地においては，坑道を掘るときに，一つの造構時相を示す不整合が盆地の内部にむかうと消失し，そこでは整合的層理が存在するようになるのを明らかに認めることができる．たとえば内部ズデーテン盆地の東縁においては，晩期石炭系は早期石炭系を不整合におおっている（ズデーテン時相）が，これに反してその盆地の内部では，このような不整合はほとんど見ることができない．したがってそれは，ズデーテン時相における運動は盆地の周辺にだけあらわれたことを意味している．さて，もしも晩期石炭紀の堆積物がその後周辺において崩壊され，しかも当然のことであるが，この上昇地域において崩壊作用が最も強烈なものであったとすれば，我々はその後には盆地の中央における整合関係だけを認めて，周辺の不整合は認めることができないであろう．すなわち造山時相を実証する可能性がなくなるのである．

私は，このような現象はズデーテンの晩期石炭系においては幾度も実証できるものと信じている．局地的不整合はまれにしか見られず，盆地の中央では変形された堆積作用にだけそれを認めることができるにすぎない．類似の状況はズデーテンの外縁部においてもみられ，そこではなるほど早期石炭紀とナムウル階の地層は新しい晩期石炭系よりは本質的にはげしく褶曲をうけているが，しかし両者のあいだに不整合を認めることはできない．すなわち不整合の存在していた地帯はまさに盆地の周辺であって，それが後にいちじるしい削剝作用をうけたのである．

もし我々が，このような可能性を肯定するならば，さらにつぎのことも考慮しなければならない．若い第三紀の地層においては，沿岸成堆積物は今でもよく保存され，よく観察されるが，第三紀堆積盆地の内部は，今日なおしばしば海面下深いところにある．けれどももっと古期の堆積においては，たいていこの状態と完全に逆になっており，盆地の比較的せまい周辺部は，まさに削剝作用からまぬかれる見込みはほとんどなかったのである．したがってこのばあい，地史の経過とともに時相の数が増加することは単に見かけ上のものであるかもしれない．もっと古期の昔にも，もっと多くの造山時相が存在していたということはまったくありうべきことである．

もちろんこの思考過程は，とりわけ褶曲作用の弱い地域にとって有効である．アルプス型の強烈な造構時相の後はこのような局地的制限はおこなわれないように見えるが，このばあいにも事情は完全に単純なものではない．なぜならば，そのような褶曲作用というものも，もちろん一朝一夕にして生成しまた消滅しうるものではなく，そして，たとえばラゴ＝マジオーレ地域からフィーアワルトシュテット湖に岩石を運搬するためには，疑いもなくかなり長い時期を必要とするからである．シュティレは1935年にいわゆる“短期的”造構時相はつねに250000～300000年続きうるという可能性を明らかにしている．さらに強調しなければならぬことは，そのような地域においては，ひじょうにしばしばはっきりした化石の示す帯を欠如するような不整合Zonare Diskordanz，いいかえれば褶曲した下の帯Vorzoneの上にすぐつぎの帯の地層が直接堆積するようなことがほとんどないということである．その間隙は実際には比較的大きいのがふつうで，褶曲の周辺地域においてだけ帯を欠如する不整合であることが立証される．アルプスにおいてはその北縁の若い第三紀のモラッス層Molasse，石炭系山脈においても同様に北縁のウェストファリア夾炭層内部などがおそらくこれの例であろう．けれども周辺部附近では，さきに論じた盆地周辺地域に関する法則性が適用され，そこでは発展の全体ではなく，せいぜい若い段階だけがたしかめられるにすぎないのである．いずれにせよ造構運動の挿話的性格はけっして一般には認められない．地史上の静穏な時代との対立は絶対的な性質のものではなくて漸移的なものであり，したがって造構時相は緊張状態の解放が一時的に加速されたものに相当するにすぎないということは，ありうることであるどころか，真実らしいことである．

最後に，もう一つの原則的な問題がここで検討されなければならない．造山運動を証拠づけるものとしては，すでに述べたように傾斜不整合，すなわち新しい地層の累重面が古い地層に対してある角度をなすという事実が有効である．それはもちろんあらゆる普通の褶曲地帯に通用する．しかし褶曲が，水平に横たわるデッケン褶曲にまで移行するアルプス地域においては，それが通用するとはかぎらない．我々は全長数十 km の横臥デッケン褶曲がここに存在することを知っている(グラルネル＝デッケ，ダン＝ブランシュ＝デッケ，モンテ＝ロサの平坦な片麻岩褶曲地など)が，それらの褶曲の翼はほとんど水平に横たわっている．もしも新しい海進がこの平坦なデッケの楯状地の上をおおったとするならば，そのさい傾斜不整合はけっしていたるところで観察しうるわけはない．さらに，古い地層がわん曲している比較的狭い地帯においては，新しい地層はたいていは侵蝕し去られてはしまってさえいるのである．

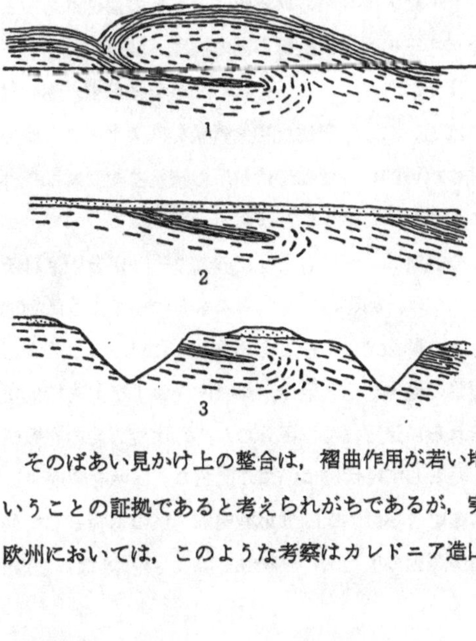

第30図 褶曲デッケン上の見かけの不整合の模式． 1．平坦なデッケン褶曲の形成． 2． 褶曲しているが平坦に横たわっている古い地層の上への，新しい地層の部分的削剝作用と被覆作用． 3．更新された地表面の上昇と削磨作用；若い地層の残留物は褶曲した基底層の上に見かけ上整合に横たわっている．

そのばあい見かけ上の整合は，褶曲作用が若い地層の堆積後にはじめておこったということの証拠であると考えられがちであるが，実際はもちろん正反対である．中部欧州においては，このような考察はカレドニア造山運動と石炭紀の造山運動との区別にとって無意義ではないと思われる．

以上の考察によって，造構時相の時代的配列は，生物学的時代概念それ自体よりもむしろもっと条件つきであることがわかる．まさにそうならざるをえないのであって，なぜならば，造構時相は生物学的概念に根ざしており，さらにそれ以上の誤りを含んでいるからである．したがって，著者には，造構運動は厳密に插話的であり汎世界的に出現するということの適切な証明は，まだできていないように思われる．それゆえに我々は，造構時相をば絶対的な時代標識として利用することはできないのである．

ここでまた，おそらく地殻運動過程の他の群——造陸運動——が時間概念の決定にもっと大きな意義を獲得できるのではないだろうかという課題を検討すべきであろう．造陸運動は輪廻的に経過する過程である．そして，我々はカンブリア紀以後の時代に六つの造陸運動の大輪廻 Großzyklus を区別することができ，それらは海進・侵没・分化・海退，および陸地の顕現によって構成されるものであり，すくなくとも地球の大部分にわたって一様な経過をたどるものであることが明らかにされるであろう．相ついで生ずる輪廻の同じ時相は，地理的にも類似の姿を示すものである．グレイボウ GRABAU によれば，それらの時相は，いくつかのもっと短かい輪廻——脈動 Pulsationen——によっておおわれるが，それもまた全地球上に一様な経過をとるのである．さらに，浅海でできたいかなる地層も小輪廻に分割されるが，それらの輪廻はもっと局地的な意義をもち，ディクティオゲネーゼおよび造構運動の過程と関連している．したがって大輪廻と脈動だけが時代算定に利用できる．それにもかかわらず，運動様式が永続的な造陸運動の過程をとるばあいには，明確な時代標識を期待することはできないということ，さらに運動過程の輪廻的な性格は時代順序の決定に対しては条件つきでの利用の可能性をあたえるにすぎないということは明白である．こうして，このような方法ではせいぜいまったくの長時間——紀および紀の集り——が分割されるにすぎないであろう．さらにまたここでは，輪廻は生物化石にもとづいてだけ区別できるものであろうから，その区分もまた間接的なものであろう．したがって，著者が確信しているように，たとえ地殻運動の過程がそれ自体，無機的《および》有機的な地史を規定するとしても，やはりそれらの過程は時代区分のためには定方向の有機的進化過程よりも利用性がすくない．主として時代についての問題の多様性を整理するためには，ある意味では我々は造構運動の插話的な区分を歴史的考察の基礎として欠くことはできない．しかしながら造構運動の仮定的不連続性というものは（種の明確な区別と同様に），我々が時間的現象のなかにもち込んだ一つの抽象であるということ，したがってひじょうな慎重さをともなわなければ，地史の経過における規則性，とくに物理学的規則性に関するひろい推論の基礎としてこの抽象を利用することはできないということを忘れてはならない．結局このような事実は，その時代値に関しては生物学的に決定されるものであり，したがって正確な物理学的－天文学的時代算定とはけっして等価物ではないのである．

このような考察の結果として我々は，時代順序は生物学的進化過程によって最も明確に理解しうるということと，しかしながらそのようにして達成された年代論はけっして精密な物理学的意義をもたず，それを地球物理学的推論に利用するためには，他の方法によってえなければならないような絶対的尺度による検定が必要であるということを確認するのである．

3. 絶対的時代算定

a） 天文学的方法

太陽に対する地球の位置は，最小の週期的単位として季節的気候輪廻を生じさせる．この気候輪廻は温帯および寒帯の沿岸地区において，堆積物の量および性質に影響をおよぼすかもしれない．それゆえ，時によると，この最小単位すなわち年を堆積物の互層から読みとれる可能性が生じてくるのである．

その有名な例は，ドゥ＝エール De GEER およびサウラモ SAURAMO によってなされた最後の氷期に関する年代論，すなわちショーネンから北スエーデンまでの氷の後退に関する年代論である[1]．ドゥ＝エールの論証はつぎのようである．

氷の周縁に水盆地があるとすれば，暖期に融雪によってかなり大量の岩石の小片が盆地の方に洗い流される．同時に，それら岩石の小片は比較的あらい粒をもつようになる．なぜならば，水の運動が速くなればなるほど，いっそうあらい粒子が運搬されるようになるからである．寒期にはわずかの材料が洗い流されるだけで，しかもこれはひじょうに微細な粒を有するにすぎない．こうして，比較的粗粒の夏期堆積物（夏縞）と細粒の冬期堆積物（冬縞）の規則正しい互層から成る《氷縞粘土》が生ずるので

1） WOLDSTEDT, Das Eiszeitalter, Stuttgart 1930（氷期）参照.

ある．したがってこの縞をかぞえることによって，全層が何年かかって堆積したかを確定することができるのである．

この方法を応用するさいのむずかしさは，たいていのばあい一つの露出では全岩層が見られないという点にある．個々の露出をむすびつけるといううまい方法によって，ドゥ＝エールはこのむずかしさを克服した．彼は，気候に支配されて異なった厚さの縞ができれば，その順序は当然いたるところで同じような層厚の変化を示さねばならぬはずなので，とくに厚いか，とくに薄い縞はどこかで再認しうるということを証明できたのである．さらにこの氷縞粘土と，いわゆる年氷堆石 Jahresmorän すなわちスエーデンにおける毎年の氷の後退のしるしとを関係づけることができる．

こうしてドゥ＝エールは，氷がショーネンからスカンディナヴィアの高地まで後退するのに約1万年を要したという結果に到達した．紀元前8400年には，氷河の末端はまだ中部スエーデンと南部フィンランドの大きな終堆石のそばにあり，紀元前6800年には氷河分界線はノールウェイ高地に到達した．同様な観察方法によって，ノールウェイ山地における最後の氷河分界線に氷が停滞してから現在までどれだけ年数がたっているかを測定することがゆるされる．それは約8700年である．この方法の限界は，それが局地的な問題に限られ，ひじょうに広範囲に分布する堆積物には応用されないという点にある．この氷縞粘土は，たしかに，古いほうの氷期にはよく保存されることはまれであり，したがって，これを基礎にして氷期全体の時間の長さを一度に算定することはできないのである．

我々が地史の昔にもどるほど，この方法の応用の可能性はいっそうすくなくなる．第一に海成層とくに深海のものは，気候の影響と季節的変化をごく不明瞭にしか反映しない．第二に古い時代に下るほど，伝承物に欠如する部分が増大するのである．

それでも，最近では類似の方法によって，もっと古い地層中にもいちじるしい成果があげられている．すなわちアルハンゲルスキーは，クバン地域の第三紀層における微細な縞状層理は年輪層理 Jahresbänderung と解しうることを示したが，それは，同様な縞状層理が現世の黒海堆積物中に認められ，ここでは比較的厚く，明るい色で，いちじるしく粘土質の春縞（ロシアの流域における融雪期の泥土供給）と，薄層，暗色で有機物に富む秋縞（プランクトンの死滅）とのくりかえしによってできているという事実から出発しているのである．クバン地域の層は断面にして 0.2 mm の厚さを有し，そのことから，晩期漸新世から中期中新世までの時代の長さはほぼ725万年の期間であることになる.

同様にしてベルジエ BERSIER は，秋の落葉のしるしが見られる，スイス西部のモラッス層中の腐植質物質の律動的な成層状態から，晩期漸新世(カッティアン階 Katt)から早期中新世(アキテーヌ階)までの時代は200〜300万年であるという計算をしている．年層 Jahresschichten の厚さは大ざっぱにみて同等であり，その年代評価は他の方法(放射性の方法による)によってえられた値と一致するのである．

中世代では，年層にもとづいてなしうる計算は今日まで知られていない．そのことは一つには，中世代においては気候がはるかに平均されていたと考えられるからであろう．もちろん堆積作用の律動はそこでもひんぱんにおこなわれるし，時としては気候的制約のあることも容易に認められる：たとえばポンペッキーは，シュワーベンにおける白ユラ*ベーター Weißes Jura β のきわめて規則正しい石灰岩と泥灰岩の互層を気候的に解明しようとつとめた(第1図および25頁参照)．しかしながら，それが週年的変化にちがいないという仮定は最初からありそうもないことなので，ポンペッキーは各石灰岩または粘土層は，ブリュックナー BRÜCKNER が算定した35年という気候週期に相当するであろうと仮定した．そうすると，白ユラベーターの期間は実におどろくべき短期間の3000年になってしまうのである．この例では，その仮定がいかに不確実なものであるかを示している．現代においてさえも無条件には確実でない35年という週期を，白ユラのようにかけはなれた時代にどうしてもあてはめねばならぬという理由はまったくないのである．

これに対して，古生代ではいくつかの興味ある資料がえられる．コルン KORN はチューリンゲンの早期石炭系(クルム)中に，ある堆積の律動を立証し(砂質と泥質あるいは砂質と石灰質の地層からなる互層)，それによって早期石炭紀の長さを70万年と算定した．しかしながら，この数字は我々の今日の知識からすればひじょうにすくないと思われるので，かなり長い堆積の中絶期間を仮定しなければならない(地層のつぎ目の間隙)が，そのことはもちろん他の方法で立証することはできないのである．年層の断面層厚がここでは2mmになるということ，いいかえれば第三紀のほぼ10倍になるということは注意に値する．イギリスのシルル紀バンニスデイル頁岩層の堆積期間を定めるさいに，マル MARR はまったく同様な結果に到達した．そこでもまた“年層”をかぞえることによってえられるシルル紀の長さは，実際の何分の1と

* 晩期ユラ紀，ユラ紀は下から黒ユラ・褐ユラ・白ユラに3分される．

いうすくないものになり，そのことから間隙を仮定するということに迷いこんだのである．他方また年層の平均層厚はやはり約2mmとなり，それは早期石炭紀におけるものと同様であるが，第三紀のものの10倍の大きさである．このような独特な相違がおこることについては，他の関係のときに立ちかえって述べよう．

このような計算は，年層をかぞえあげることにもとづいて地史全体にわたる絶対的年代を算定することが，けっして可能ではあるまいということを示している．我々が得ることのできるのは比較的短かい地史の一断面だけであって，それはとくに比較的若い過去に対しては重要であり一応信頼すべき成果を提供するが，地質年代表の下方に向うにつれて，ますます疑わしくなり，矛盾も多くなってくるのである．

ある程度長期にわたる天文学的週期にもとづく時代判定は，同様に条件づけられた価値しかもっていない．けれども，それは第四紀に対しては最近の数十年間にひじょうに重要なものになってきた．このばあい三つの因子が問題になってくる．

1. 地軸の動揺に条件づけられる，昼と夜の長さの等しいとき(春秋分)の歳差．地軸は25800年でとがった二重円錐をえがく．記録にのせられた地史学的成果は今までに知られていない．

2. ある週期に支配されて22°と$24^1/_2$°の間を変動する黄道の傾斜．その週期は約40400年である．

3. 地球軌道の離心率，すなわち近日点と遠日点における地球の太陽に対する距離の差異と，さらにそれに関連のある太陽を中心にした近日点の長さ．現在ではかならずしもはなはだしく大きいものではない離心率は，週期的な変動にしたがうもので，平均すれば91800年の週期性が認められる．

天文学的大週期は地殻運動に対してある作用をおよぼすかもしれない．二三のアメリカ人，とくにブリットBLYTTは，地球軌道の離心率は太陽による地球への引力の変化を生じさせることができると考えた．それによって地殻における張力は時によって強まったかもしれないし，それが造山運動の週期に関する解釈になるかもしれないと思われた．たといこれらの考えがかならずしも全面的に却下すべきものではないにしても，対比のための前提があまりにも不確実なので，このような方法では完全な形を得るにいたっていない．

引力の変化よりも本質的に重要なのは，上述した三つの現象のすべてによって条件づけられる，太陽から地球に週期的に到達する輻射量の増加および減少である．セルビアの数学家ミランコウィッチ MILANKOWITSCH は，最近の90万年の光線投射の経過を計算し，光線投射曲線という形で表現した．そうして，最近60万年に11の寒期をかぞえなければならぬことを明らかにした．そのような気候輪廻は，岩石の形成にも刻印されるにちがいない．なぜならば，疑いもなくこの長い週期は，1年，11.4年または35年というような短い週期よりは，地史の記録に反映されるという見込みが大きいからである．ケッペン KÖPPEN とウェーゲナー[1]が氷期との関係を仮定したのちに，セルゲルは，第四紀における侵蝕と堆積の地質学的資料から，暖期と寒期の11回の交替があったことを推論した．したがってこのようにして，氷期に関する絶対的－天文学的時代算定は相対的－地質学的時代算定に結びついたのである．その後この絶対的時代算定は，バイエルンのアルプス前地における先氷期の段丘堆積物にもとづいて，現代より94万年以前までも延長された．

週期性と反復の数が両観察においてまったく一致するかぎりにおいては，この対比，すなわちこのばあい絶対的時代算定は，論理的にすこしも異議のないものである．

いっそう古い地質時代においては，この方法は役にたたない．なぜならば，天文学的算定を後向きに延長することはこれまでのところできなかったし，また第三紀や中生代には確実な寒期が知られていないからである．さらに，今日の黄道の傾斜や地球軌道の離心率の交替から最近の90万年にわたっては外插できるが，天文学的な律動がもっと古い過去にも厳密に同様であったかどうかについては，なんらの確実性をもたないということを考えるべきである．この問題については，あとでまた述べてみたい．

b) 物理学的方法

外部からのいかなる作用にも支配されず，一様な速度をもって自律的に進んでゆく唯一の過程は，放射性原子崩壊である．そのさい時代算定にとってはウラン系元素が問題になる(ウラン・アクチノウラン・トリウム)が，それらは最終産物としてヘリウムおよびいわゆる鉛イソトープ(同位体)に，つぎの式にしたがって崩壊する．

UI または $U^{238} \longrightarrow Pb^{206} + 8He$

AcU または $U^{235} \longrightarrow Pb^{207} + 7He$

Thor または $Th^{232} \longrightarrow Pb^{208} + 6He$

1) Die Klimate der geolog. Vorzeit, Berlin 1924. (地質時代の気候)

変換速度はそれぞれ一定であるが，3元素のおのおのについては異なっている．たとえば1gのウラン(U^{235})からは1年に$1.27 \cdot 10^{-10}$gのウラン鉛Pb^{206}(またはラジウムG)が生じる．ふつうの鉛は三つのイソトープPb^{206}, Pb^{207}およびPb^{208}と，第四のPb^{204}との混合物であり，この四番目のものは崩壊産物ではないので，鉱物の初生的な鉛の含有量についての証拠として役立つのである．

したがって鉱物中にウランのほかにある量のウラン鉛とヘリウムが出現するとすれば，ある前提のもとでは，この量は鉱物の結晶作用のあとで崩壊によって生じたという結論がゆるされる．こうして，原子崩壊の速度が決定されていると，ウラン/ウラン鉛またはウラン/ヘリウムの量比から鉱物の時代が算定される．このばあいヘリウム含有量は，その揮発性のために低い値を示しすぎるので，それほど有効ではない(誤差70～80%!)．ウラン鉛含有量(トリウムによって補正)からの年代算定には，つぎの公式が立てられた．

$$t(\text{時間})=\frac{\text{ウラン鉛}\%}{\text{ウラン}\%+K\text{トリウム}\%}C\ 100\text{万年}$$

KとCとは定数で，かなり相異した値があたえられ，$K=0.25$～0.36，$C=7100$～7600である．

最近ではとくにニールNIER[1]の研究によって高精度の算定法が完成されており，それはイソトープの存在度によるもので，Pb^{206}/U, Pb^{207}/U, Pb^{208}/ThおよびPb^{207}/Pb^{208}の比の値にもとづいている．その基本公式は，

$$tm=15.15 \cdot 10^9 \log(1+1.158\,Pb^{206}/U)\text{年}$$

$$tm=2.37 \cdot 10^9 \log(1+159.6\,Pb^{207}/U)\text{年}$$

$$tm=46.20 \cdot 10^9 \log(1+1.116\,Pb^{208}/U)\text{年}$$

明らかに三つの式のすべてにおいてtmに対する値は同じものでなければならない．しかし気体状の中間生産物における損失の結果や風化の結果，かならずしもそうなるとはかぎらない．それゆえ，四つの算定法の併用によって，最も確からしい値を相関的に検討したり選択する可能性があたえられることになる．その結果は，さしあたりは大きな桁をあたえる程度の意義をもつにすぎない．ニールの決定法やホームズ(1947)による算出を基礎にして，私には確からしいと思われるある修正をほどこした，つぎ

1) A. HOLMES: The construction of a geological Time Scale.—Transact. geolog. Soc. of Glasgow, XXI, Part 1, 1947. (地質学的時間尺度の設定)による．

のような一覧表を基礎資料としてかかげよう.

ララミード時相の瀝青ウラン	5800万年
キンメリッジ階(晩期ユラ紀)の石川石, 日本	13500万年
ザーレ時相[1]の瀝青ウラン, ヨアヒムスタール	21500万年
ズデーテン階(?)のサマルスキット[2]コネティカット	25500万年
タコニック時相のキルトリテスCyrtolite*, ベッドフォード	35500万年
晩期カンブリア紀のコルム**, スエーデン	44000万年

その結果つぎのような絶対的年代表がえられる.

第三紀(新生代)	5800〜6700万年
白亜紀	6000〜7000万年
ユラ紀+三畳紀+1/2二畳紀	8500〜9000万年
デヴォン紀+石炭紀+1/2二畳紀	11500〜12000万年
ゴトランド紀	3000万年
オルドヴィス紀	7000〜8000万年
カンブリア紀	?8000〜9000万年

生物学的に定義できる三つの代については, つぎの値が出される.

新生代	6000〜7000万年
中生代	13000〜14000万年
古生代	29500〜33500万年

したがって, この三つの代を合せた全期間はほぼ5億年になり, 三つの代はたがいに1:2:5という比をなしている. 先カンブリア紀の時代はいずれにせよその数倍も長い. 19億年という最高年数が北アメリカ(マニトバ)の太古代の岩石にあたえられ

1) ホームズはアストゥリッシュ時相という年代を報告しているが, ほとんど正当ではないと思われる. いずれにせよ, その数値はまだ確認されない. それは最近ヨアヒムスタールで全く相違した報告がなされているからである.

2) ホームズはプレトニッシュの時代の可能性を考えているが, それはあまり真実らしくない. なぜならば, たとえば, たぶんアストゥリッシュ時相と思われるシュミーデベルクの瀝青ウランは26900万年という値さえ生じており, その値はかならずしもこの年表に適合するものではないが, 十分批判には堪えうるものだからである.

* 軟体動物. 腹足綱. *Bellerophontidae* に属す. 模種 *C. ornatus Conrad.* (地学辞典).

** Kolm, 石炭の1種. スエーデンの明礬粘板岩中の局部に扁桃状に産する. ウランおよびラジウムの微量を含み, 灰分は30%に達する(地学辞典).

ているが，その岩石はたしかに礫岩を含有しているので，けっして最古のものとはいえない．ホームズによる最近の概算では，地球の年齢を33億5千万年と見つもっている．

このように計算された年数は，地質学的概念とよく調和している．

かならずしも完全には説明のできないいくつかの矛盾はあるが，原子の崩壊速度がつねに，またあらゆる状態のもとで同一であるという，物理学では理論的に十分証明された公準として認められていること(以下参照)を仮定できるかぎりでは，連続的な絶対的時代計算に達するためには，この方法にこそ唯一の正しい道があるということを認めそこなってはならない．この方法は私には，なおすくなくとも理論的には誤りの原因をもっている天文学的方法よりは確実であると思われる．天文学的方法のばあいの基礎になる時間単位は1年という期間，すなわち太陽のまわりの地球の公転にもとづいている．しかしながら，この過程が地史の経過を通じていつでも同じであったという保証は存在しない．むしろ反対に，現在まで知られた，ある程度の妥協をゆるす上記の絶対的時代表は，まだ不十分なものであるとしても，太陽の周囲の地球の公転週期は地史の経過につれて変化した，すなわち短縮したという可能性をあたえるのである．年層をかぞえ上げることによって計算された石炭紀とシルル紀の期間は，ウランの崩壊の計算から推論されたこの期間の数値のごく一部分にすぎないことを，私は思いだす．このような不一致は，そのことだけを考えると，堆積の隙間を仮定することによって，かならずしも完全に満足とはいえないにせよ，ある説明を見出しうるであろうが，シルル紀や石炭紀における海成の年層が，第三紀や現代のそれ(0.2 mm)にくらべてずっと厚層であるということは，このやりかたではけっして説明できないのである．この事実についてなしうる一つの解釈は，古生代における太陽年は今日のそれよりも長いということ，したがって古生代に対する“天文学的－気候学的”算出は，現代における1年の長さにもとづいて測定される物理学的算定よりもすくない年数が出されるということであろう．これについては，なおもう一つの考察をあげることができる．

アメリカの地質学者シュッカート SCHUCHERT は，古生代・中生代・新生代における堆積速度を測定しようとして，各時期に沈積した堆積物の最大層厚を——放射能で算定された——各代の期間と関係づけてみた．さて，沈積速度は堆積物の種類によって多様である(砂—粘土—石灰岩という順に減少する)ということは確認しておかな

ければならないが それでも沈積速度は地史の経過にしたがって増加したものであり，そのばあい，古生代においても，その値の桁は，石炭紀やシルル紀に対していわゆる“年層”からみちびきだされた値よりも，第三紀について経験的に発見された値にいっそう近いことが明らかに示されるのである(平均は古生代では 0.13 mm，中生代では 0.2 mm，新生代では 0.41 mm)．このこともまた，古生代の1年は今日の1年よりも長かったということで説明できるかもしれない．ただし堆積速度の増加は，もちろんこのような手段では説明できない．それは別の関係において論じられるべき一群の現象に属しているのである．

以上のことから，地球公転の加速または地球軌道の長さの縮少，したがって1年の短縮ということは可能性の範囲内にあり，むしろ真実らしいものであることがわかる．チューリンゲンの石炭系における律動的な層理についてのみごとな研究で功績のあったコルン[1]は，これに反対の立場を代表しているのであるが，その立証はかならずしも完全に信頼できるとは思われない．コルンは，チューリンゲンの上部デヴォン系と早期石炭系の中では，1年の律動のほかにもっと別な一まわり大きい律動が存在し，その中で最もいちじるしいものは 11.4 年層(平均)の週期にあたる太陽黒点の週期と同等のものであるということを証明することに努めた．そうなると，彼によれば，地球の公転と太陽黒点の週期とが変化して，しかも両者の関係がふたたび時間尺度の単位の 11.4 倍になるというようなことは，ありうるはずのない偶然を意味する．年層をかぞえ上げる方法では早期石炭紀の期間が数倍も短かくなるのは，堆積作用がごく短かい時間しかおこらなかったということによるものであろうというのである．地球公転と太陽黒点の週期とのあいだの因果関係も可能性の範囲内にあるかもしれぬということを別にしても，黒点週期の気候におよぼす作用が真実であるということにはけっして疑問の余地がないわけではない．ごく最近に，この週期の強い明らかな作用(そのほかのことについてはまったくふれないで)というものは全般的に駁論された[2]．コルンの見解を採用するばあいに必要になる，ひじょうに長い期間の堆積の中絶という仮説は，典型的な無定見の仲介的理論というべきものであって，その真実らしさの

---

1) Schichtung und absolute Zeit. (層理と絶対的時間) Neues Jahrb. f. Min. usw., Berl., Bd. 74 A, 1938.

2) A. WAGNER: Klimaänderungen und Klimaschwankungen. Braunschweig 1940. (ワグナー，気候変動論)

価値は，すくなくとも地球公転の加速という仮説と同様に薄弱なものである．

したがって天文学的－気候学的手段によってえられた時間尺度と物理学的時間尺度とが一致するということは，どうみてもたしかではない．地質学においてはいかなる時代算定も条件つきの適合性しかもたないものであるというかぎりにおいては，物理学的時間尺度すなわち原子の崩壊速度でさえも数百万年の地史の間に変化したということは，純概念的には当然考えられるであろう[1]．けれども我々は論拠を《一つは》もたなければならない．そしてこの点では，単に変化の蓋然性が小さいからというだけでなく，その根柢に横たわる過程が一度だけの，連続的で定方向の経過をとり，関連性のある観察順序を立てることを可能にしていることからも，物理学的尺度のほうが適当である．いつも時間尺度の一断面に限られている天文学的－気候学的尺度のばあいには，このような性質は同じ程度にはあてはまらない．それでも，天文学的律動は気候を通じて地球上の一連の(外因的)諸過程を支配し，それによって，これらの過程に対しても，またそれと関連のある生物学的現象に対しても，ある一定の意義をもっているということを忘れてはならない．以上のようなわけで，いわゆる“絶対的”時代算定でさえも条件つきの適合性をもっているにすぎないということを，たえず注意していなくてはならない．そのような時代算定の運動的根柢と成因的にむすびつけられているような過程，たとえば気候と地球の公転というようなものを研究するばあいには，このことはとくに重要である．

4. 律動と輪廻(時間の分類)

シンデウォルフは，年代論は時間の分類学であるといった(上掲1944)．この表現は妥当なものであるが，ただ年代論的には必ずしも価値がなくても，地史を評価する

1) ホームズは最近(1947)，原子の崩壊速度は変化しなかったということに対する興味ある証拠を引用している．顕微鏡下では放射性結晶の包含物のみられる暗色の雲母は，多色性ハロ，すなわちその包含物をとりまいて雲母が同心円状に消光する現象を示している．その現象は放射性包含物によるアルファ線の放射と関係があり，そして各放射性元素に対してハロは一定の濃度と一定の半径を有しているが，この半径は明らかに崩壊速度の函数である．しかしながら最も古い太古代の片麻岩においても，最も若い深成岩においても，多色性ハロはまったくおなじ鮮明度と，半径と外輪の濃度の同じような関係とをもっていることが明らかに見られる．したがって地史の経過において崩壊速度はいつも一定であったということは，じっさいには異論の余地がないことがわかる．

ばあいに，自然科学的な適法性を示すことに対してはますます重大な意義をもつような時間の分類が，そのほかにもあるのだということをみおとさないようにする必要がある．空間形成物についてのあらゆる分類が空間における規則的なくりかえしに依拠しているのと同様に，時間における，事件の経過の規則正しいくりかえしが地史の分類に役立つものである．

そのような時間的くりかえしの例は，とりわけ堆積過程にみられる．季節的堆積物の律動的なくりかえしは年代論的考察の重要な基礎であるということは，すでに述べた．しかしながら，規則的にくりかえす堆積作用の可能性はかならずしもそれ一つではない．とくに造陸運動による海面の移動は，45頁で説明したように，海進—侵没—海退—顕現という一連の段階の順序を示すにいたり，それらは堆積作用では相の順序(沿海成—浅海成—深海成—浅海成—沿海成)として反映している．根本的にあらゆる地層の順序はそのような相の系列または《輪廻》から成り立っており，したがってそれらは多数の段階または時相によって，年層の単純な2重の律動とは区別されるのである．したがって律動的な堆積作用に対して，輪廻的な堆積作用のことを論ずることができる．

輪廻はさまざまの大きさをもっている．小輪廻すなわちいわば輪廻の単位もしくはチクロテム Zyklothem*は，2〜3センチメートルから数メートルにおよぶ厚さをもっている．これは石炭紀の多くの夾炭層ではひじょうにはっきりしており，そこではチクロテムは礫岩—砂岩—頁岩—石炭という(何度もくりかえす)順序から成り立っているが，ときどきもっと複雑な順序をなすこともある．含塩層にあらわれる白雲岩—硬石膏—岩塩—カリ塩という順序もまたチクロテムとして理解される．陸棚海の浅い部分における堆積物においてはチクロテムはとくにひろがっており，たとえばリアスでは粘板岩—泥灰岩—石灰岩—殻片堆積物 Bruchschill あるいは礫岩—間隙の順序が何度も単調にくりかえしていて，輪廻に区分することができる．

チクロテムはけっして時間の単位ではない．相対的な時代順序の帯はしばしば多くのチクロテムから成り立っているが，他方また帯がただ一つのチクロテムあるいはチクロテムの一部から成るにすぎないばあいがある．累重する律動的な区分から，時としては，チクロテムは大ざっぱにいって1000〜2000年を包括しうることが確認されている．そのことは黒海における現代の堆積順序についての観察と一致してはいるが，

* 英語でサイクロセム Cyclothem という．

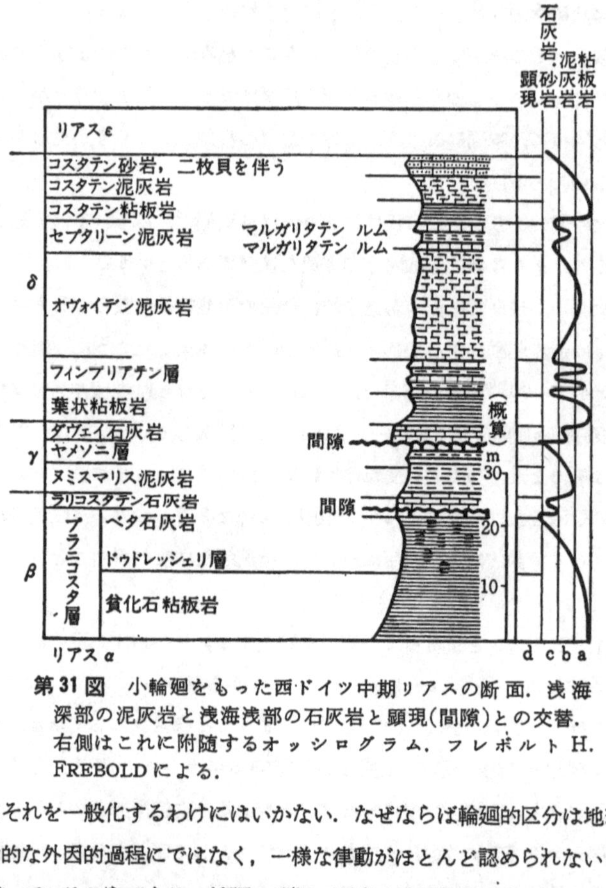

第31図　小輪廻をもった西ドイツ中期リアスの断面．浅海深部の泥灰岩と浅海浅部の石灰岩と顕現(間隙)との交替．右側はこれに附随するオッシログラム．フレボルト H. FREBOLD による．

けっしてそれを一般化するわけにはいかない．なぜならば輪廻的区分は地球公転のような律動的な外因的過程にではなく，一様な律動がほとんど認められないような運動にもとづいているからである．輪廻の時相の順序は地域的に変化していて，それからただちに問題となった地塊の律動がゆるやかなものであったか速いものであったかを推論できることが示される．したがってチクロテムの生成を，57 頁でディクティオゲネーゼとして学んだ運動の型にむすびつけて考えることができるのであって，たしかに，より低次の輪廻的区分はディクティオゲネーゼの運動を直接に反映したものである．

チクロテム群は，層をなしてすでに 148 頁で示されたように，中位または高次の大きさの堆積輪廻をつくるもので，それは小輪廻とは反対に広域的または世界的なひろがりさえももっている．中位の輪廻または脈動(グレイボー)が時間的に紀の部分をおおう(古生代は世界的なひろがりをもった11の脈動からなっている)のに対して，それよりもなお高次の大輪廻的区分は，カンブリア紀から現代まで六つの大輪廻のあることを示している．このような区分は，輪廻の個々の時相を明らかにし，いろいろな輪廻の同じ時相にくりかえされるところの，相的および空間的な特性において認めることができる．すなわち，

《相的に》．海の深さと海岸からの距離に条件づけられる六つの時相が区別される．それらはつぎのとおりである．

海進 1．粗粒ないし中粒の破砕岩を主とする明るい色の沿海成および陸成砂岩が，なかば閉ざされた内海の暗い色の粘土性堆積物と互層している．

海進 2．細粒の破砕性および鉄分に富む堆積物を主とする．

侵没．頁岩・泥灰岩および深海成の石灰石堆積を主とする．

分化．相のいちじるしい変動性．しばしば造礁さんごが深海成石灰岩と遠洋成軟泥と互層する．

海退．陸化した縁辺凹地にできた炭質物に富む相(石炭)または外洋から封じられた内海の石油層および岩塩相．

顕現．陸成の，しばしば粗粒破砕岩からなる堆積物で，ときどき雑色を呈する．

《空間的に》．この六つの時相のうちで侵没時相の堆積物は最大の分布を示す．

さらに，これらの堆積物が生成された盆地の長軸は，各時相ごとに特徴的な方向性を有し，それが個々の輪廻においておなじようにくりかえされるということが明らかにされている．西欧州ではたとえばつぎの型式があてはまる．

海進 1．長軸は北－南ないし北北東－南南西．

海進 2．長軸は北西－南東ないし西－東．

侵没．長軸は西－東．

分化．西－東および北－南方向の隆起体の出現．

海退・顕現｝東－西方向の残留した海．しかし時々斜めに区切られる．

したがって時計の針とは反対の向の，海進方向の循環的な回転がおこっている．このような空間的模式はとくに欧州に適するとしても，地球の他の部分では，何か意味のある変化をうけているかもしれない．さらに，海退－顕現の時相は往々にしてはげしい造構運動の時相と一致しているということは，ひじょうに重要であって，あらゆ

る輪廻の終末に重要な造構運動があると言いきることができるのである．こうしてつぎのような地史の区分に到達する．

	海進1	海進2	侵没	分化	海退	顕現
輪廻 I	カンブリア紀	早期オルドヴィス紀	晩期オルドヴィス紀	ゴトランド紀	ダウントン(晩期ゴトランド紀)	ゲディンヌ(早期デヴォン紀)
			カレドニア造山運動			
輪廻 II	ジーゲン階および早期コブレンツ階	中期デヴォン紀	晩期デヴォン紀	早期石炭紀	晩期石炭紀	二畳紀，？一部は三畳紀
			ヴァリスカン造山運動			
輪廻 III	三畳紀，一部はリアス	ドッガー	カロヴィアン，オックスフォード	キンメリッジ	ポートランド	ウィールデン
			キンメリッジ造山運動			
輪廻 IV	ネオコム階	アルブーセノマン階	チューロン階	エムシャー階セノン階	ダニア階	モンス階
			ララミード造山運動			
輪廻 V	晩期暁新世－始新世	早期漸新世	早期漸新世	中期漸新世	晩期漸新世	アキテーヌ階
			サヴィッシュ造山運動			
輪廻 VI	？ブルディガル階	ヘルヴェット階		トルトン階	サルマット階 ―― 鮮新世	？第四紀 ―― 現世

先カンブリア紀においては，今日すでに多くの(すくなくとも三つ)他の大輪廻が明らかにされている．

盆地の軸の回転とその造構運動に対する関係は，大輪廻の原因は内成的な諸過程に，いいかえれば造陸運動の様相を呈する地殻運動にもとめるべきであるということをはっきり示している．輪廻による区分の基礎はたしかにすべての大陸において再確認できるが，やはり個々の大きな区域とくに南半球では，輪廻の経過に異常と時相の相異が明らかにされるという事実もまた，大輪廻の原因としては，内成的のもの，したがって天文学的－惑星的な律動には無関係な原因が正しいことを立証している.

それらの輪廻はもちろん，時代順序の区分にとっては重要であるが，そのばあい，すでに注意したように，輪廻の区分というものは結局はやはり生物学的な相対的時代区分に帰着するということを忘れてはならない．これに反して絶対的時代算定に対しては，輪廻は気候の律動よりも，もっと利用できないものである．なぜならば，輪廻の期間が同じであるという根拠はもともとなにもないからである．主造構運動の相互の間隔について時おり報ぜられている1億8千万年〜2億年という一様な数値は，ユラ紀末におけるキンメリッジ造構運動を考えないばあいにだけ成り立つのである．けれどもキンメリッジ造構運動は，たとえば北部太平洋をふちどる地域では最も重要な造構的事件だから，これを無視することはたしかに正当ではない．輪廻を算定するばあいに造構運動から出発するのは，一般に妥当ではないと思われる．なぜならば，造構運動の大多数は勝手に選択することができるからである．このような見地からすれば，大きな海進のほうがもっと一義的な時代標識をあたえるものである.

絶対的な物理学的時代算定のたすけをかりて輪廻の期間を算出すると，つぎのようになる.

輪廻　I（先カレドニア）	1億7500万〜1億8000万年
輪廻　II（先ヴァリスカン）	1億2000万〜1億3500万年
輪廻 III（先キンメリッジ）	7500万〜9000万年
輪廻 IV（先ララミード）	5500万〜6900万年
輪廻　V（先サヴィッシュ）	3500万〜4000万年
輪廻 VI	？2000万〜？年

これから，地史の経過につれて輪廻の過程が加速されていることが明らかになり，しかもあとにくる輪廻はいずれもかなり正確に前のものの 2/3になっている．この計算は先カンブリア紀にもある程度のたしからしさをもって延長することができる.

さて，このような輪廻の加速性は，さきに述べられた，太陽のまわりの地球公転の加速性とは直接関係がないということに注意しなければならない．なぜならば，それらの輪廻では，外成的な，地球の宇宙における位置とは成因的に関係のない内成的(内因的)過程が問題になるからである．けれどもまた，この内成的な加速性は，アメリカの地質学者シュッカートによって力説されたもう一つの現象，すなわち地史の経過における堆積作用の平均速度の増加に関係しているということはできるかもしれな

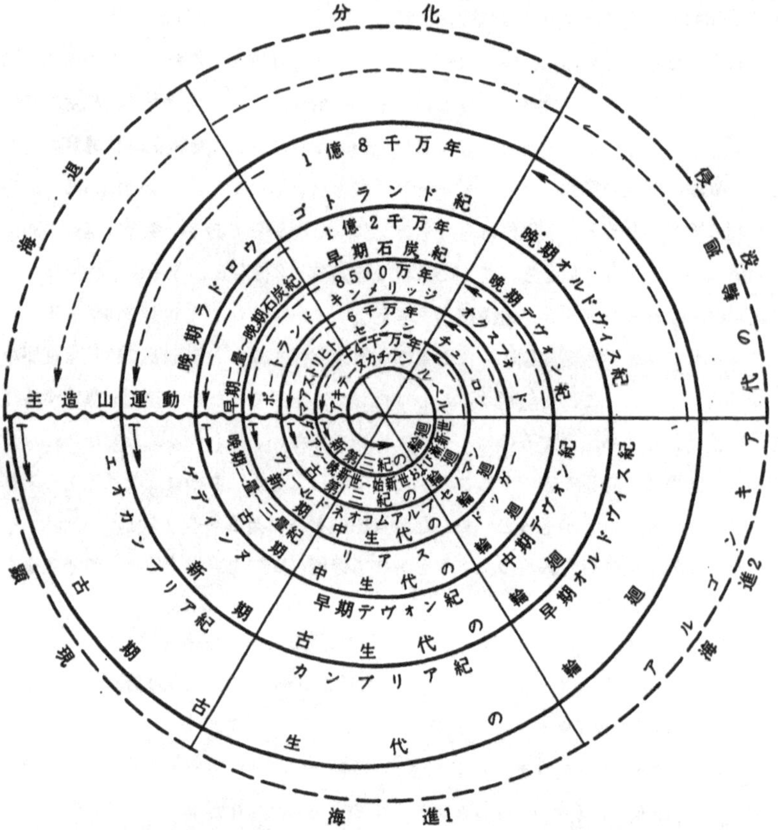

第32図　“うず巻形の年代表”．地史の6大輪廻は造構運動の時相によって分たれ，沈降と隆起の各六つの時相に区分される．各輪廻の時相はそれぞれ相対応するが，だんだん短かくなる．

い．そのような事実は，すでに156頁で説明した．それは，シュッカートによれば，3生代における堆積物の最大層厚は1.8：1.4：1.0という比をなすが，これに対して代の期間の物理的な基礎に立てば5：2：1という関係になるということから明らかになる．このような堆積作用の加速性は，加速的な輪廻の過程と根本的にひじょうによく関連づけることができる．それは造構的過程の頻度増加が，いくつかの地殻区域の急速な上昇の結果として起伏のエネルギーの増大をひきおこすからである．それによって侵蝕と堆積の交互作用はいっそう強化され，そのことは，堆積作用がはやくなったり強烈になったりすることに反映されるにちがいない．

だがここでは，このようになお往々にして未解決かまたはいちじるしく仮説的な関係をたどる余地はない[1]．ここでは何よりもまず，つぎのようなことを明らかにすべきである．すなわち地史学的考察は，相対的および絶対的年代論に到達するだけでなく，さらにそれをこえて，同じような一連の事件が規則的にくりかえされることを示すという意味で，時間の分類というものを明らかにし，それによって自然史的考察と精神史的考察との根本的な区別が教えられるのである．

1) 本書の印刷中に発表されたギラリー GILLULY の抗議(Bull. geol. soc. America, 60, 1949)については，ここではこれ以上立入って述べることはできない．

IV　地質学的体系論（空間の分類）

1. 総　　説

地質学は，あらゆる自然科学と同様に，現象形態の無限の多様性を概念的に秩序づけ，事件の普遍的な法則性を説明しようとつとめていることを我々は確認した．しかしながら，この目的に達する方法は往々にして異なったものでありうるし，また異なったものでなければならない．地質学の対象はその生成と経過がまったく精密科学と生物学の法則に支配されているのではあるが，直接に観察したりあるいは実験的に検討したりすることはできないものであるという対象の特殊性と，地質学的時間概念の特殊性とは，特殊な方法を必要とするのであって，その論理的基礎についてはさきに解析されたとおりである．現象形態の分類と普遍的な法則性の導出は，いずれもすべて地史的発展の考察に根ざすものでなければならないということは明らかである．地質学の《方法》はとりわけ歴史的でなければならない．ただし時間概念の特殊性や，普遍妥当性にたつ見方によって，この歴史的方法は文化科学の方法とは根本的に異なるものである．

歴史的な解析，すなわち1回かぎりの地史的発展過程の研究はいつでも標準的なものである．どのようにして，このような解析が運動形態の分類（造陸運動・ディクティオゲネーゼ・造構運動）や，輪廻の区分を基礎とする時代順序の分類をすすめることができるかについては，さきに説明した．そのときには時間的なくりかえしが分類の基準を提供したのに対して，異なった空間における同じような一連の事件のくりかえしもまた地殻の一区分法すなわち《空間の分類》をすすめることができる．そのばあい，成因的な関係の説明には，平面的な区分とともに立体的な区分も考えねばならないということに注意すべきである．ただし後者は，直接の観察が困難であるかまたはむしろ不可能でさえあるので，部分的には外插的および仮説的な性格をもっている．平面区分と立体区分とのあいだに存在する密接な因果関係の結果，両者の厳密な区別はおこなわれないが，立体区分の方法の基礎については，この章のおわりで簡単に特別の考察をすることにしたい．

時間と空間についての分類があたえられるばあいにだけ，地史的現象のより深い原因について問題が出されるのである．地殻の構造と発展についての我々の経験は今日ではひじょうに進んでいるので，その体系化のこころみもあえてなすことができる．さきに述べた地質学的過程の進行，すなわち造陸運動・ディクティオゲネーゼ・造構運動・火成作用は，このさいの基礎として役立てなければならない．しかしながら，外因的なできごと（気候，風化，起伏の形成，堆積作用）の性状に根ざしている地表面の純地形的な性格づけや，また，実用的にも重要なことであるが，有用鉱床の性格もまた，このような考察方法に適しており，それはかならずしも非本質的でない形で考察方法を補充する．そのばあい，考察はつねに経験的でなければならない．すなわち事実から出発するのであって，既成の学説から出発してはならないのである．

このような基礎前提のもとに，歴史的制約をうけている地殻の最も重要な現象形態を，例証によって簡単に考察しなければならない．

2. 平面的区分

a） ブロック Block

欧州大陸の最古の部分を，スカンディナヴィアとフィンランドの古い塊状地が形成している——それがいわゆるバルト楯状地または原欧州 Ureuropa である．我々が現在そこで見るものは，結晶片岩からなる岩石群であって，それは主として深部階に属し，内成的深成岩につらぬかれている．これらの岩石はまったく変化をうけていないカンブリア紀とシルル紀の堆積物の被覆物の残骸によって不整合におおわれていて，そのことから，その変成作用・造構運動および火成作用はひじょうに古く，すなわち《先カンブリア紀》のものであることがわかる．したがって我々は，この領域において二つの階層を区別することができる．すなわち一つは，生物学的時代算定の始まる以前に褶曲をうけて《“硬化していた”深部構造》と，もう一つは《上部構造》であって，その生成過程についてはつぎのようなことがいえるのである．

造陸運動の立場からみると，この地域は，アルゴンキア代以後のほとんど全地史を通じて上昇をつづけた地塊を形成している．すなわちカンブリア紀とシルル紀に限って海が氾濫したが，その海は周囲にむかうにしたがって浅海性の特徴を示し，堆積量のすくなくなることが注目をひく．周縁では堆積物の厚さはわずかに200～300 m であるが，ショーネンでは1000 m，ノールウェイのカレドニア山地では数千メートルである．シルル紀のおわりに永続的な緩漫な隆起がはじまって地表面をひどくけずり去るようになったので，しだいに基盤の最も深い部分——まさに深部構造——が地表面に到達した．氷期の後にやっとふたたび局所的な，ひじょうに浅い海水の氾濫をみたが，すぐにまた隆起によって消えさった．この隆起は現在でもなお続いている．氷期中にはこのブロックの上に北欧の氷河作用の主要集積区と涵養区が存在していたということが確認されるが，それはひじょうに注目すべきことである．なぜならば，このことは他の類似のブロックにもあてはまるからである．太古代から存続しているカナダのブロックもまた同様にかつて氷河作用の中心であったし，グリーンランドや南極大陸の古いブロックは現在もなおそうであり，もっと古い過去においては，類似の構造を有する南アフリカおよびインドのブロックに二畳紀の氷河作用が生じた．恒常的に隆起する傾向は，時として好都合な状態のもとに，ブロックの表面が氷河作用の限界をこえるまで上昇したという点にはっきりあらわれている．同時にブロックは氷河削剝の地域であった．すなわち，氷によってこわされた岩石の材料は，ここから周囲にある別の構造を呈する地域にはこばれたのである．

しかしながら他の時代でも，強力な上昇傾向の結果，ブロックは新しく構成されるよりも岩石の破壊や侵蝕の方が優勢であることを示している．スカンディナヴィアのように楯形の撓上を示すばあいには，そのことが無数の個々の支脈にわかれている放射状や遠心状の水系や，湖沼に富んだ平坦地の形成にはっきりとあらわれるのである．後者は上昇のエネルギーの少いことの結果でもある．すなわちはげしい侵蝕の結果，ブロックは地形的にたいていははげしく平坦化された胴体景観*を呈したり，またはただちに準平原 Fastebene (Peneplain) を形成し，時としては以前の高い地形の証拠や，多くの褶曲時相で断続的に上昇した記録とみなしうる山麓階 Piedmont-Treppe をともなうことがある．楯形撓上のばあいには周囲の急斜面——グリント Glint——が特徴的であり，これはブロックの周辺における，ブロックと関連のある不整合的な上部構造の堆積面に相当するものである．個々の起伏については外力作用 Epigenese がいちじるしい．それは谷が地質構造とは無関係に下底をきざみこむ現象であって，そのことはこのような地質構造の欠けている上部構造で谷ができはじまり，

* 準平原的景観の意味．侵蝕によって手足がもぎとられて胴体だけが残ったという形容である．

その後上昇がすすむにつれて下部構造をきざみこんだものと説明することができる.

造構運動からみると，ブロックは変成作用と深成岩迸入によって深部構造まで固化されたのちには，いちじるしい抵抗性を示す安定地域である．すなわち上部構造は造構的活動の痕跡をなにも示さない．それは，堆積岩がほとんど変化をうけていない若い状態にあることによっても明らかである.

上部構造の堆積物はほとんど完全に平坦である．すなわち，けっして褶曲せず，せいぜいわずかに断層で破砕される程度である．ただ一つのかなり明らかな造構的現象としては裂罅作用があり，それはしばしば深部構造の断裂系を模写している．この現象はブロックが造構運動の過程においてひじょうにゆっくりと反応したことを示している．すなわち，それは一つの単体として，まさに"ブロックとして"変位させられたのであり，そのばあいに太古の断裂はかすかに運動して，上部構造に新しい同形の節

第33図　欧州の構造区分

理をつくりだす作用をしたのである．このようなばあいを《模写構造》Abbildungs-tektonik ということができる．

《したがってブロックは大陸の根原構造であり》，その核であって，あとで述べるように，それに後期の新しい要素が融合されたのである．それができたのはその深部構造の変成作用や改鋳作用と同じ程度に古く，それらの過程においてこの地域の深成岩活動もまたほとんど完了したのである．その後の時代からは，せいぜいわずかな脈岩または噴出岩をみいだすだけであり，それらはほとんどが塩基性の特性のもの(玄武岩)で，深部構造の断裂系に順応しており，ごくまれに上部構造を不整合的に切っている．

したがってブロックの本質的な特徴は，はげしく変形された深部構造と，変成をうけず，継変作用によってほとんど固化されていない上部構造との対立にある．この上部構造は直接に中間的段階なしに基盤の上に横たわっている．

この対立関係は鉱床学的にみても，変成作用をうけない上部構造は有用元素の集中が貧弱なのに対し，深部構造はいわゆるマグマ系統の鉱床，すなわちとくにその組成がマグマの熔流に由来する鉱石を多く含有しているということに，はっきりとあらわれている．このばあい，なによりもまず，じかに熔融体から析出したか，または周囲の岩石との接触によって析出したような物質が期待されるが，これに対してガスまたは熱水によって遠くはこばれた物質は，たいてい熔融体の屋根の中(マグマのまわりおよび外側の鉱床)に存在し，ふつうにははげしい侵蝕作用によってすでに消えている．重要な，含有率の高い鉄鉱石は，たとえばこのような深部構造地域にとってとくに特徴的なものである．

すべての大陸はそのような核を有し，したがってその核は大陸の永久的な根原構造を表現しているということができる．

《欧州》．北部におけるバルト楯状地と，中央における後期に破壊された小さい塊状地．それらの遺跡はフランス中央台地，シュワルツワルト，中部ボヘミア，ポドリアに認められる．

《北アメリカ》．構造と形態とにおいてバルト楯状地と南部における小さい塊状地に完全に相似しているカナダ楯状地．

《南アメリカ》．大きく，同じようにきわめて古いブラジル塊状地．

《アフリカ》．中央および南アフリカの主要部分．おそらく地球上で最も大きく，最も単純なブロックであろう.

《アジア》. 大きな中部シベリア＝ブロック(アンガラ＝ブロック)のほかに，ここでは無数の小さい核が知られており，これらは後にはじめて一つの塊状地に融合されたのである．中央アジアのセリンディア塊状地，支那(シニシェ)塊状地，インドなど.

《濠州》. ブロックはこの大陸の中央部と西部とにわたっている.

第34図 旧世界の古いブロック．1：バルト楯状地，2：アンガラ楯状地，3：中央アフリカ，4～5：レムリア大陸の遺物，6：濠州．パーッソン-シュッカート PIRSSON-SCHUCKERT による.

第35図 新世界の古いブロック．1：カナダ楯状地，2：コロンビア，3：アンチリア，4：ブラジル塊状地，5：アルキプラタ Archiplata．パーッソン-シュッカートによる.

《南極大陸》. 大部分がそれ自身，ひじょうに古く今日なお氷結しているブロックを形成している.

注意深く比較してみると，北半球と南半球とではブロックに根本的な差異のあることがすぐわかる．大きな北のブロック(カナダ・バルト地域・アンガラ)は《楯状地》の姿をとっている．すなわちそれらのブロックは平坦な撓上を形成しており，周辺はかすかに傾いた上部構造の被覆物の下にもぐりこんでいる．これに対して南のブロック(ブラジル・アフリカ・濠州・インドもまたこちらに属する)は，せいぜい全体をあわせて一つの——後に破壊された——楯状地，すなわち古代のゴンドワナ大陸を形成するだけであって，今日では巨大な断裂地塊となり，西と東で断裂線に沿って大西洋とインド洋の大洋空間に接しているのである.

b) 陸　棚

定　義

地理学において陸棚と名づけているのは，海岸線と深海に面する大陸斜面との中間にあり，したがってまだ大陸基盤に属する浅海である．海岸線は偶然的なものであって，造陸運動の瞬間的な傾向に関係していることをよく考えるならば，地質学的考察においてはいずれにせよ，時間の要素を考慮して海岸線の概念を拡大する方が，より目的にかなうものであるように私には思われる．そうすれば，陸棚は多少とも幅ひろい縁辺地帯であって，まだ大陸の基盤の上にのってはいるが，しばしば海におおわれるところであるということになる．造陸運動からみれば，陸棚は平地と浅海とのあいだを動揺し，ブロックに見られるような単一の上昇傾向はけっして示さない．海進と海退とのたえまないくりかえしは，きわめて深い海にはほとんど属さない堆積物の週期的な互層にはっきりとあらわれている．さきに述べた輪廻的な堆積物の生成はまさに陸棚地域の特性である(42 頁第 4 図をも参照)．

陸棚はけっして氷結作用の中心であったことはなく，ブロックからはこばれた物質がつもる氷河堆積作用の場所である．それについては後でもう一度述べることにしよう．

もちろん，個々にみると大きな差異があって，じっさいブロックと比較的深く沈降している陸棚との間には，あらゆる中間型がある．その両極端を安定陸棚 Stabiler Schelf および易動陸棚 Labiler Schelf とよぶ．

この区別は，造陸運動からみると堆積物の厚さと深部の特徴によって決定され，造構運動からみれば褶曲運動または断裂運動の相対的な強さによって決定される．

また火成作用からみても，ブロックを思い出させるような，ほとんど火山活動を欠いているところから，中部欧州(フォーゲルスベルク，レーン Rhön，中部ボヘミア)の大きな第三紀火山地塊のような，かなりはげしい火山活動までの，いろいろの中間段階が存在している．しかしながら陸棚で問題になるのはいつも，堆積岩の被覆物を不整合的に貫通したり，平らな熔岩噴出物として地表面にひろがっている噴出岩である．深成岩とくに整合的状態のものは全くといってもよいくらい欠けている．

陸棚の形式の問題を明らかにするためには，欧州東・西の両極端のばあいが考察されなければならない．

安定陸棚

フィンランドからやってきた北部および中部ロシアの岩石を見る人は，その性質が外面的だけにみてもひじょうに相違しているのには，まったくおどろかされるであろう．これよりもいちじるしい対照は事実上ほとんど考えられないほどである．生成条件がまだほとんどわかっていない完全に変化した変成岩はなくて，ここでは熱と圧力の明瞭な作用を全くみないのである——岩石はしばしばあたかも海底からついこのごろ発生したばかりのようにみえる．しかもそれは最も新しい地層についてだけではなく，ロシアとしては最も古い岩石——コロイドに富み水分を含有するためにもいまもなお可塑的な性質を保持しているレニングラードの古期カンブリア紀の青色粘土層——についてもあてはまるのである．そのほか二三の例をあげてみると，エストランドのシルル紀可燃性頁岩にはりっぱに保存された三葉虫や貝殻の遺骸が豊富に産出するが，このような保存状態で化石の多産するのは，西欧州ならばせいぜい新第三紀層だけである．また石炭紀層の石灰岩は粗鬆で弱いので，しばしば西欧州の白堊紀石灰岩を思いおこさせるほどである．モスクワ地域の石炭はドイツの石炭よりも古いものであるにもかかわらず，その性質においてはドイツの若い褐炭に匹敵している．ユラ紀の頁岩は保存のよい真珠層 Perlmutterschale をともなったアンモニットを含有しているが，これは西欧州ではごくまれにしか産出しないものである．岩石の性質はこのようにフェノスカンディア楯状地の化石にとぼしい上部構造と一致しているし，それとこれらの岩石とは一部分は同時代でもある．このような岩石は，フィンランドの深部構造の上に不整合にのっているから，これよりは若い．しかしながら，本質的にもっとはげしく変化した西欧州の大部分の岩石よりも古いわけではない．両者の差異は変質作用の程度に存するのであるが，このばあいの変質作用は特別に高温・高圧を必要としないものである．なぜならば，ある岩石が他の岩石の下になっているとき，岩石を支配している正常な条件だけでも《継変作用》(16 頁)とよばれる一定の変化をひきおこすからである．すなわち，やわらかい粘土は内部変形と水分の発散とによって固くくだけやすい頁岩になり，多孔質の石灰質の砂は，内部を循環する溶液の滲出と沈澱の作用によって緻密な石灰岩に変化するが，そのさいに埋没されている貝殻の遺体は全部または一部が破壊される．粗鬆の砂はそのなかに包含されている溶液からの沈澱物によって接着されて固い砂岩になる．水とガスに富む褐炭は，炭化作用によって炭質物に富む石炭となる．しかしこれらの変化は，高温の熔流との相互作用を必要としないから，けっして変成作用ではない．つまり継変作用はあまり深くないところや数メートルの厚さの岩石においてもすでにはじまりうるのである．もし継変作用の強さに相違があるとすれば，それは岩石が異なった運命を経験しているということにもとづいているに違いない．そのことは実際に証明されるのである．

はてしない単調さで，ロシア平原はバルト海と黒海との間，ポーランドとウラルとの間にひろがっている．どの地質図にも，ここでは広大な面積が同一の岩石から成り立っているように示されている．ただ全域を見わたしたときにだけ，最も新しい地層を中心にして，一つ一つの地層があたかもひらたい大皿をつみかさねたような一種の同心円状構造をあらわすのである．このような地図の形は，地層がまったく平坦になっているときにだけ考えられるものである．この推論はあらゆる採石場やあらゆる露頭において確認されていて，地層の傾斜はほとんど目に見えないほどで，大局的に比較すると，いわゆる傾斜(地層のかたむきぐあい)が度ではなく分でしかはかれないようなものであることを明らかにしている．外部の景観と内部構造とは同じような単調な形を示している．

これに反して西欧州に目を転ずると，外面的に見ただけでも，おどろくべき多彩性，すなわち中部山脈の被侵蝕体，高位山脈，氷河と河の砕屑物におおわれた平坦な高位面と低位平原などの万華鏡のような変化を見るのである．地質図も同様に多彩なものである．すなわち，どの一部をとっても他の部分とおなじではなく，どの岩石も地表にひろく分布することはなく，またこの混乱した多様性のなかに一つの体系をもたらすことはしばしば困難なのである．

つぎに露頭の観察に移ると，乱されない水平な地層の産状は西欧州ではまれであることを知るのである．それはほとんどつねに傾斜し，しかもまったく直接に観察したり測定したりできるほどの角度をなしている．しばしば地層は破壊され，数百メートルも上昇したり沈降したりしており，時には火山岩すなわち深部の熔流によって貫通されている．

《東部の単調な形と単純な歴史に，西部の混乱した多様性と“きわめて劇的な”発展史が対立しているのである》．

我々がさきに知ったように，地層が水平性からかたよっているのはつねに二次的な現象である．すなわち，当然つねに機械的運動の増加をともなう造構運動のあらわれである．したがって，西部のすべての岩石はこのようにはげしい運動の影響下に変化をもうけ，しかもこの変化は，真の変成作用までは進行しないで強度の継変作用の段階にとどまったとしても，かなり強いものであったということは，おどろくにあたらないのである.

すでに前に述べたように，西欧州では造構運動の四つの主要な時期がみとめられる. それらは種々な時相からなり，地層とゲフューゲとの広大な変化を生じさせている.

だがそれらはすべて，東欧州では一見しただけでは見ることができない. この種の造構的過程はスカンディナヴィア，ウラル，南ロシアのドネツ山脈，ポーランドなどの境界地域においてだけ見ることができる. けれどもロシア(大ロシア)自体は，上述のように，一つの浅い堆積盆地を形成し，その中心はモスクワとヴォルガのほぼ中間に求めることができる. したがって，ここでは西欧州のような造構運動は生じなかったもので，表成岩のいわゆる“若い”，変化をうけない特性もまたそれに関連しているにちがいないということがわかるのである. なぜそうなのだろうか? なぜ東部の発展史は西部のそれと別のものであるのか? なぜここでは造山運動がおこらなかったのか? そのことを理解するためには，我々は東欧州の地史の二三の特性をもうすこしくわしく確認しなければならない.

もちろん以上のことから，東欧州の広大な空間は地史の過程において一般にいかなる運動もうけなかったと結論してよいわけではない. そういう運動はたぶんあったことが証明されるであろう. しかしその強度や性格に関するかぎり，西部のものとはちがっているのである.

まずつぎのことを思い出さなければならない. すなわち東欧州は何度も広い範囲を海におおわれ，したがって何度も海水準下に沈んでは，それからふたたび，つながった陸塊として姿をあらわしたのであった. その点にスカンディナヴィアとの根本的な区別がある. スカンディナヴィナは先カンブリア紀の褶曲運動と変成作用のあとで，もう一度だけ，カンブロ－シルル紀に海水におおわれたが，後はつねに陸地域となっていた. これに反して東欧州では，たとえ海の氾濫が短期間でありすぐにふたたび大陸期に交替されたとしても，後期のほとんどすべての海がその痕跡をのこしている. したがって，スカンディナヴィアではたえず隆起しようとする傾向があり，東部では海と陸との間をあちらこちらと動く傾向があったことがわかる.

さて，ロシアの古い海の痕跡を観察すると，堆積作用の特徴やそこに含まれている生物界の本性からすれば，ほとんどまったく浅海であったということが注意をひく.

その上，その海は，深部の状態と，物理的－地理的条件も広範囲にわたって一様である．堆積物をみると，古生代ではさきに述べたと同じような輪廻の型がくりかえすのをみるのである．すなわち

海の侵入(海進)――砂岩，沿岸堆積物．

最高度の海の氾濫(侵没)――浅海性動物を含む石灰岩と白雲岩．

蒸発(海退)――石膏と岩塩をともなった雑色粘土．

これらの輪廻は西欧州の輪廻と一致してただその振幅が小さいもので，中生代についても変っていることと言えば，海進時相には海緑石と燐灰土をともなう砂岩が多くなるが，海退時相においては蒸発(乾燥気候)はみられず，平坦な低地から水の流出が観察されるということだけである．

これはさきに論ぜられた陸棚海の典型的な状態であって，一方ではブロックの状態とも，また他方では海洋の状態ともまったく異なっている．

これらの陸棚海がむかしは実際には，今日よりももっとひろかったという多くの徴候があり，したがって中部ロシアは本来スカンディナヴィア大陸の基盤の前に横たわった巨大な均質な性状の陸棚として出現したものにすぎず，――そのあとで――基盤と融合されて一つの大陸になった(フェノサルマティア Fennosarmatia)か，さもなければそれからもう一度浅い縁海を形成したかであるように思われる．

この点について西欧州は何を示してくれるだろうか？ ここでもまた海水の氾濫や陸地の出現のたえまないくりかえしが見られるが，この海水氾濫の性格は本質的に別のものである．そこでは，たとえ典型的な深海の堆積物を欠くとしても，なおロシアの海よりは深い海の堆積物がたびたびみられ，そしてとりわけ自然地理的条件のはるかに強度の分化がおこなわれているのがみられるのである．地層の形成，動物群，簡単にいえば地質学的に相とよばれるものは，長距離にわたって不変のことは稀である．その上，堆積物の厚さは実質的にしばしば東欧州よりも大きいものである．鉛直振動の振幅はより大きく，それによって生ずる変化の特徴はより分化しているということができる．西欧州をやはり陸棚とよぶにしても，とにかくそれは安定した東部に対してなにか特別なものとして対立するところの，動きやすい《易動陸棚》なのである．それはまた部分的に不均質であり，いいかえればひじょうに多様な状態の《小地塊》から成り立っている．したがって我々は，大陸生成の歴史において，すなわち造陸運動において，欧州の東と西とは明らかに区別されることがわかるのである．なぜならば，

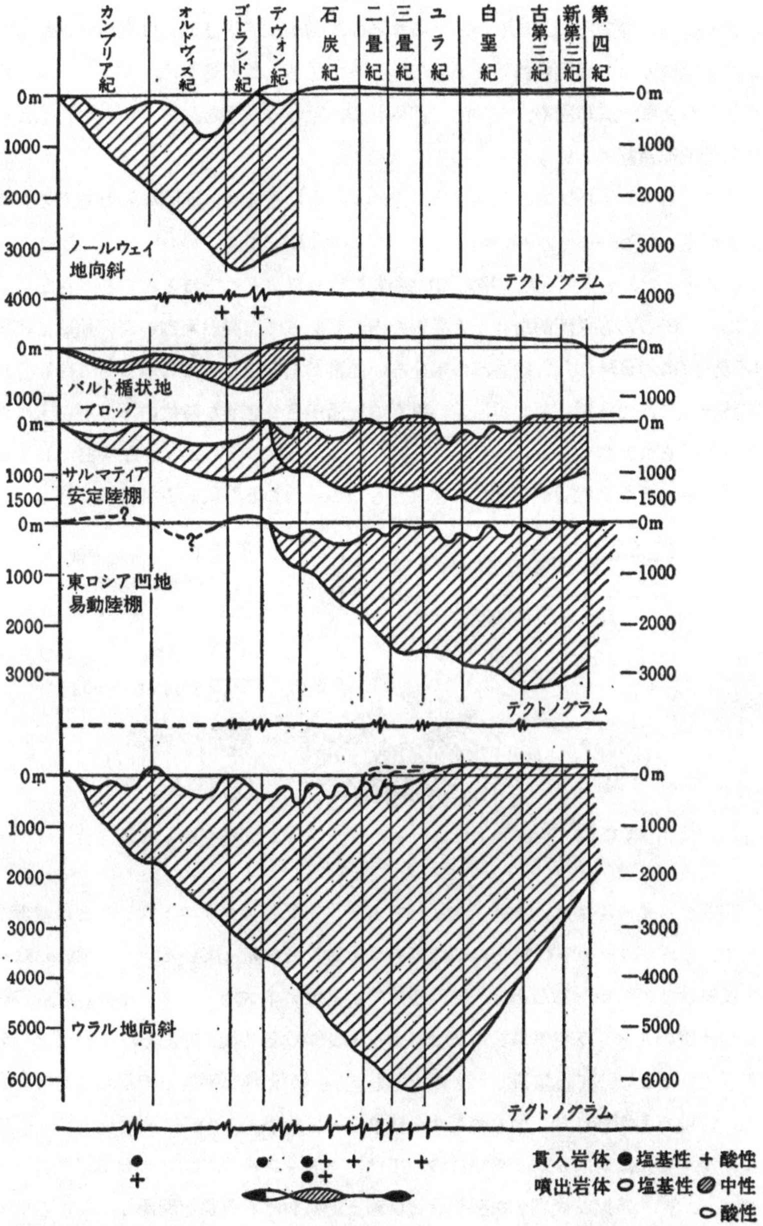

第36図　ブロック，陸棚，および地向斜のオッシログラムとテクトノグラム．

地殻のひろい空間を同時におそったこれらの運動が，造構運動とは直接関係をもたないことはほとんど指摘されるまでもないからである．この運動は，シュティレの定義にしたがえば，広範囲の，長期的に作用して，もとの構造を失わないもの，したがって典型的に造陸的というべきものである．

けれどもロシア卓状地の内部では，それよりもひろくない範囲にわたる別の運動のあとが見られる——それがいわゆるヴァール Wall である．

《ヴァール》は《まったく平たんな撓曲》で，見たところほとんどわからないこともあり，ほとんど平面的なロシア平原の内部にあって，突然両側が若い地層に不調和(不整合)におおわれた古期岩石の幅ひろい地帯があらわれることによって確認される．不整合は角度では測れないが，若いほうの地層がさまざまな時代の下部層の上にかぶさっていることによってわかり，さらにそれによって，そのかすかな撓曲がおこったのは，若いほうの地層ができたときよりも古かったことが確認されるのである．

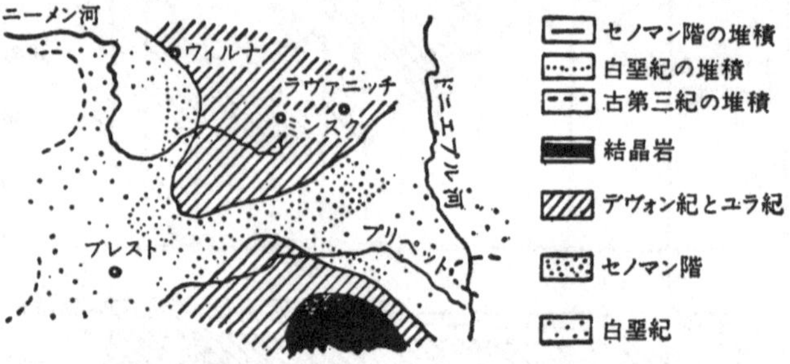

第37図　白ロシアにおけるスキティッシュ階のヴァール．古い地層の平坦な曲隆．クズニアルによる．

西部のヴァールは西ロシア，すなわちポーランドとソヴィエトロシアとの境界に沿って，ほぼプリペット低地帯の地域にあたるところを走っている．それはいわばロシア地質盆地の西縁をあらわし，結晶岩質のポドリア卓状地とウクライナ(盆地の南縁)を結晶質のフィンランド卓状地(北縁)とむすびつける“橋”である．それは今日考えられているところでは重複したものであり，いいかえれば平均して南北の走向を有し浅い凹地で区切られた二つの撓上から成り立っている．この“スキティッシュ階のヴァール”またはポレッシェの橋については，クズニアル KUZNIAR は南部では，早期デヴォン紀・早期石炭紀・白堊紀および第三紀における運動を確認した．このヴァールが東バルト盆地とロシア盆地を分けている北部においては，ヴァールは平坦になり不明瞭になる．ここでは古いほうの地層だけがあらわれる．すなわちカンブリア系がわずかに不調和に中期デヴォン系におおわれている．したがってここではひじょうにかすかな早期デヴォン紀の撓曲だけが確認されるが，それは経過と時期からみればノールウェイにおける古期のいわゆるカレドニア山脈に相当している．

ロシアの他のヴァールはおなじような構造をもっているが，ほとんど正確に南北に走っており，ウラル山脈の形成の時代とその方向に一致している（第38図および39図参照）．

さてこの広範囲な撓曲作用は造構運動か造陸運動か，どちらの性質のものかという問題が生じてくる．私はかつて（欧州の地質 Geologie von Europa, Berlin 1926）その生成の時期および造構運動との平行性に関してはロシア卓状地の周縁附近に重点があることを明らかにし，それらのヴァールはロシア卓状地内部における微弱な造山運動であることをのべておいた．これに反してシュクピン SCUPIN は（東バルト地方 Ostbaltikum, 1928. Verl. Gebr. Borntraeger, Berlin），スキティッシ

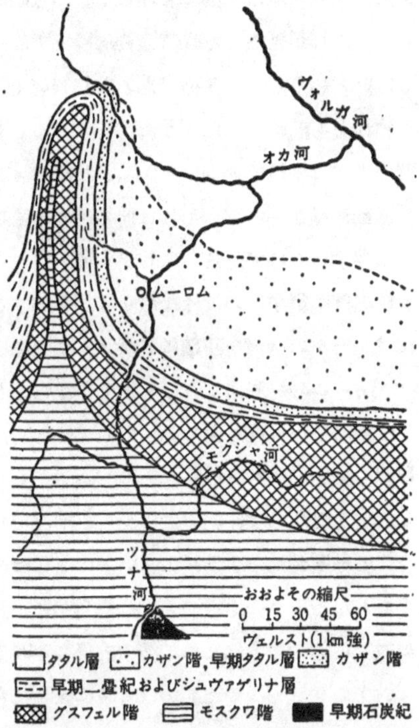

第30図　中部ロシアのオカーヴァールの地質図．アルハンゲルスキーによる．

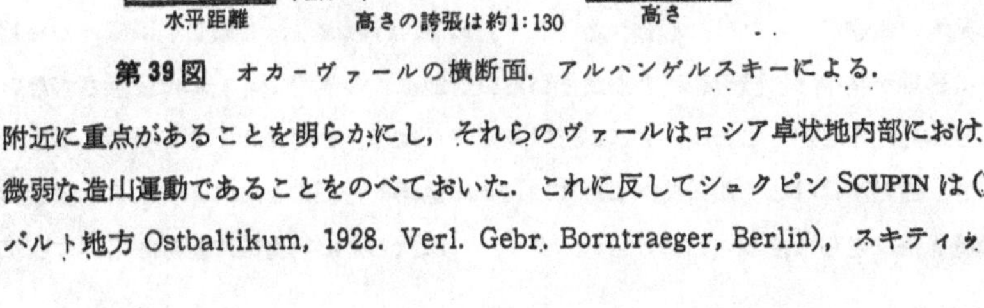

第39図　オカーヴァールの横断面．アルハンゲルスキーによる．

ュ階のヴァールの北部におけるほとんど眼にみえない不整合が広汎でかすかであることは，それが純然たる造陸運動的撓曲であって，古いカレドニア褶曲との関係は存在しないということの証拠であると見ている．

けれども前にのべたように，いちじるしく増加した資料の示すところによれば，造陸運動および造構運動のほかに，私がディクティオゲネーゼとよんだもう一つの第三の運動形態があって，これは他の両者の直接の過渡型ではないが，ある意味でその中間に存するものである．したがって，ヴァールはちょうどディクティオゲネーゼによる撓曲群に属するのではなかろうかということが調べられねばならないが，そのことはヴァールの特徴を正確に分析することによって明らかにされるであろう．

ヴァールのいわゆる“ひろがり”からはじめることにする．このひろがりという概念は絶対的な尺度をあらわすものではなく，他のもっと大きなそれ自体均質な地殻の単元に関連してもちいられるのである．もし単元が，西欧州のように相対的に小さいものであるならば，相対的に小さい地塊でもひろいものに見えるし，もしも単元がロシアの地質盆地のように大きいものならば，ひろいヴァールさえも相対的にはせまいものとなる．この定義の核心は明らかに，造陸運動は大地塊を均等に動かすが，これに対して他の運動はこの地塊の内部に不均質の細区分をひきおこすという点にある．ロシアのヴァールのばあいはまさに後者にあたるのである．あるいはまた，ディクティオゲネーゼは新しい単元をつくり，各単元はのちの造陸運動のさいにはそれぞれ異なった反応をするということもできる．

他方，ヴァールの形成による構造変化は問題になるほどではないので，明確な特徴をもった造構運動による変形というものは存在しないように思われる．

またヴァールのばあい，運動がじっさいに插話的なものであるかどうかもかなり疑わしい．上位の撓曲をうけたい地層の下盤層に対する不整合は　ヴァール自体またはその周辺においてだけは認めうるが，ヴァールの両側にある盆地では消失してしまいそうに貧弱である．シュクピンは立証をバルト東部の盆地から出発したので，その点に見解の相違があったのかもしれないと思われる．けれども，このように個々の隆起帯に運動が集中し，隆起帯にともなうひろい盆地はこの運動ですぐには変形されないように見えるということは，まさに造域作用またはディクティオゲネーゼのしるしである．運動がはげしくなってはじめて，個々の造構的時相においてそのような隆起帯の境界帯はさらに変形され細分されるが，それはたとえば構造的に変形をうけた西欧州のヴァール(ハルツ，チューリンガーワルトなど)のばあいにおこっている.

ヴァールと相の関係，すなわち堆積作用への影響もまた存在するように思われる. したがって，長期にわたって変化しないでいるが，挿話的にはげしくなるような運動傾向が，ディクティオゲネーゼの要素に属するということは，このような理由からも真実らしく思われる.

さてこのような弱い運動性は何と関連しているであろうか. 変化をうけず，ほとんど固化されていない東欧州の堆積表層においては，側圧が数百キロメートル以上も伝わることができないことは，まったく明らかである. したがって，いわゆる“皮ふ層” Haut はかたくなな基盤の上を反動的にだけ動かされる. ロシア地質盆地の堆積物は，北部では古い，高度に変成されたフィンランドの片麻岩の上に横たわり，南ロシアにおいては同じように結晶質の岩石が変成しない堆積物の下にあらわれるので，そのような例は実際に確認される.

この古期の固化した岩石は《“基盤の防塁”》Basalschutz を形成して，ロシアの堆積物が造構運動的な範囲の狭い構造変化を受けないようにし，上位の岩石の変形をさまたげるが，同時に周辺地域の活発な運動はある程度まで地塊を通じて徹底的に継送するのである.

すでに見たように，フェノスカンディアの結晶質のブロック地域でも，時として断裂や節理が微弱な上昇帯と沈降帯とを分けているので，この点にまったく微弱な造構運動の痕跡が示されている. 造構運動は固い基盤では裂罅作用となってあらわれるが，やわらかい上位の地層では，いわば受動的にごくかすかな撓曲作用すなわちまさしくヴァールとなってあらわれる. したがってここでも《模写構造》だけが問題になりうるのである.

上述のように，一種の結晶質深部構造である固い基盤の防塁が，ほとんど変化をうけないロシアの上部構造の下に横たわっており，すべての造構運動を弱まらせるので，造構運動はわずかな場所(底層の弱帯)においてだけ，ほとんど認めがたいほどの撓曲作用として出現するのである.

したがって東欧州の安定陸棚は，結局のところ根本的にというわけではなく漸移的にだけブロックから区別されるのである. すなわち片麻岩化された深部構造と不変化の上部構造との対立はどちらにも共通であるが，上部構造の厚さと，ある程度まで造構運動の強さとが異なっているのである.

東欧州の安定陸棚はけっして孤立した現象ではない．構造と歴史とからみれば，北アメリカの中央大平原——いわゆる“中央安定地域” central stable region——もおなじ型に属している．造陸運動の輪廻的な経過，平坦な堆積物，およびそれほど重要でないわけではないが，最後に平坦で広範囲な地域にわたる撓上作用(隆起 uplifts)は，東欧州と完全な一対をなしている．そのことはとくに，東欧州がバルト楯状地に接合するのとまったく同じように，北米の安定陸棚がカナダ楯状地に接合するということによって，いっそう強調される．

すでにのべたように，安定陸棚は地形的にみてひろく単調な平坦面をなしており，河成堆積物や氷河堆積物による変化のはげしい厚くて若い被覆層をともなっている．また部分的には安定陸棚は一次的準平原 Primärrumpf の特徴を直接にあらわしている．いちじるしい上昇傾向をともなうことがなく，静かな発展をとげた結果——ブロックとは反対に——広大な流域に河川が集まることになり，それは大きなロシアの河流のばあいのように，膨大な平原をたがいに関連しあって流れてゆくのである．ミシシッピー盆地のばあいでも同じような形態がみられる．

鉱床学的な特徴は，深部構造がすっかり被覆されて深い位置になっている結果として，熔融体すなわちマグマに直接または間接に関係のあるすべての有用元素，とくに価値の高い鉱石を全く欠如しているということである．これに対して堆積鉱床および風化鉱床(鉄・マンガン・銅)は通常は造陸運動の輪廻のある特定の時相に明瞭な関係をもって出現する．同様に燐灰土は海進時相に，岩塩と石炭は顕現時相にともなっており，可燃性頁岩またはそれと関係のある石油もまたある種の相の配列では欠けていない．このような鉱床はすべてしばしばひろい分布を示すものであるが，安定陸棚内の運動のエネルギーが小さいため，つねにわずかしか濃集しない．したがって有用元素の《拡散性分布》が特徴的なしるしになるのである．

易動陸棚

安定なロシア陸棚に対して，西欧州では動きやすい要素が対立している．たとえば，シュティレがみごとに解析した中部ドイツの褶曲地域，パリ盆地，プラーグのシルル紀層地域，その他のようなものである．ウラル南方のカスピ低地帯もまったく類似の性格をもっている．こころみに安定陸棚に対する区別を確立しようとするならば，つぎの三つの要点が認められる．

1. 基盤を形成するのは均質な“片麻岩化された”深部構造ではなくて，古生代のひじょうに不均質で変質の比較的弱い褶曲地域(西欧州のヴァリスカン山脈，中部ボヘミアのアルゴンキア褶曲，ウラルの新期古生代の褶曲)か，または極端なばあいには，上部構造に対してけっしていちじるしい不整合を示さないより古い地層群である(北ドイツ，ウラル前地).

スカンディナヴィアやロシアの深部構造と多くの点で異なっているのは，どのばあいにも《下部構造》である．この下部構造が均質に片麻岩化された深部構造をとるところでは，安定陸棚との関係はふたたびより緊密になる(シュワルツワルトまたは南ボヘミアのような片麻岩の基盤を有する南ドイツ卓状地，カレドニア造山運動で片麻岩化したデヴォン紀のスコットランド大陸地域，ポドリア片麻岩上のガリシア卓状地)．基盤の不均質性は——造陸運動的および造構運動的な——陸棚形態の不均質性とも符合している.

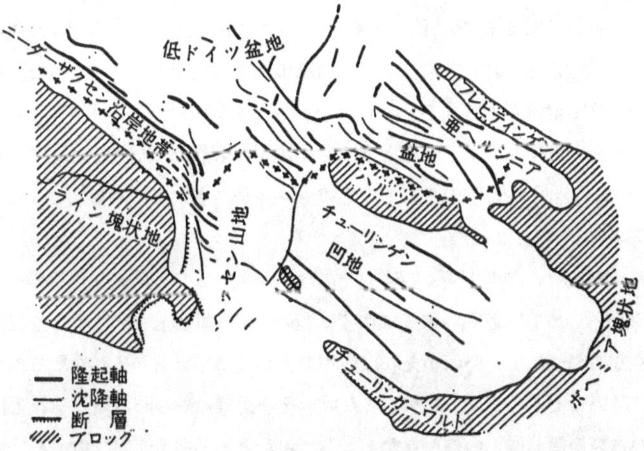

第40図 中部ドイツの易動性の不均質な陸棚．シュティレによる.

2. 堆積作用は本質的にもっと強烈である．すなわち，造陸運動的発展は，いっそう永続的でいっそうはげしい沈降のあったことを示している．そのことは整合的な基盤のばあいにとくによくあてはまる．北ドイツにおける中生代の堆積物(三畳－白堊系)が5000～6000 m に達すること，ボヘミアの古生代(カンブリア－デヴォン系)が3000～4000 m の厚さであること，大陸南東部の類似の構造をもつカスピ低地においては 2600～4600 m の厚さをもつ中生代－第三紀の地層群が存在することを考えるならば，我々はそのことからいちじるしい沈降作用のあったことを推論しなければならない．これらの堆積物は深海堆積物の性格をほとんどもっていないので，さらに連続的沈降は岩石の堆積によって相殺されたと仮定しなければならない．これに反して，安定陸棚の示す堆積物は，厚いばあいでもせいぜい 1000 m 程度にしかならないのである．

3. 第三の点は造山運動の様式に関係している．それは弱い褶曲作用と断裂の生成との組合せ，すなわち水平運動と鉛直運動の組合せにあらわれている．この“ゲルマン型”の造山運動(シュティレ)はロシア卓状地の単純な広範囲の撓曲とは根本的に異なるものであるが，しかしまたアルプス山脈の褶曲作用やデッケン作用とも異なっている．地層群の鉛直の断裂のほうがしばしば褶曲作用そのものよりも優勢であるという事実のほかに，配列の不規則性と，短かく四方の閉じた円屋根 Kuppel と釜 Kessel (短背斜 Brachyantiklinale と短向斜 Brachysynklinale)ができることが，この造山運動にとって特徴的である(第7図も参照)．アルプス山地が示すような広く追跡できる円頂構造と盆地構造のかわりに，ここでは断裂によってだけ複雑化された，かぎられた範囲の曲隆と盆地が出現する．それはハンノーヴァー(ヒルス盆地)の古典的な形にあらわれるとおりであるが，それとまったく類似の形態は，たとえばズデーテン(ボーベルーカッツバッハ山地)やプラーグのシルル系，またはカスピ低地などでも知られている．

この“断裂褶曲”の機構を深く解明したのは，シュティレの偉大な功績の一つである．彼はまた，この造山運動の様式は密接に他の問題と関係していることを指摘した．堆積が厚くなるにつれて，いいかえれば造陸運動の沈降がいちじるしくなるにつれて，褶曲運動は“いっそう完全に”しかしまたいっそう複雑にあらわれる．それとは逆に，下部構造の古期の褶曲作用の強かったところほど，上部構造の運動に対する抑制作用はいっそう大きくなる．新しい運動の衝撃の影響によって上部構造が破砕されたり褶曲させられたりするのであるが，その衝撃が古い衝撃に合致してもしなくても，そのことは全く無関係に，上部構造はすでに褶曲した下部構造のゆるすとおりに，その動きの範囲と方向を古い運動に従わされている．したがって，上部構造の褶曲運動はしばしば下部構造の不完全な模写にすぎないということになり，この事実は，あまりに概括化された表現ではあるが，しばしば造山運動のわすれがたみとよばれている．

したがって下部構造と上部構造における褶曲の強さは逆の関係になるが，これに対して上部構造の内部では，地層の厚さすなわち造陸運動による沈降と褶曲のはげしさとは互いに直接関係しあうこともありうる．

たとえば北部および中部ドイツ，ウラル前地および多くの他の易動陸棚のばあいのように，厚い岩塩層が間にはさまっているところでは，二つの盤層の区別がとくにはっきりしている．岩塩は造構的圧力に対してはとくに可塑的な動きを示し，盆地構造ではおし出され，背斜部にはかき集められ，したがってその反応は部分的には粘性のある流体の反応とそっくり同じである．その結果，岩塩層の上盤と下盤は異なった運動をおこない，岩塩をすり磨くのである．そのような岩塩株，岩塩ドーム Salzkuppeln などをともなう《不等》褶曲 inkongruente Faltung は，直接に易動陸棚の構造形態に特徴を与えている．

4. 造構運動と断裂作用とがいっそうはげしいことに対応して，とくに不均質な陸棚においては，火山活動もまた本質的にいっそう強烈である．このことは，ロシアにおいても安定なロシア卓状地が南に向って易動的な南ロシア低地に移行するところで容易に認められる．そこではポドリア玄武岩があらわれる．しかし西欧州の若い火山地域においては，火山性物質の貫入は本質的にいっそう強い程度に達している．フランス中央高原からアイフェル，レーン山地，中部ボーミアを越えてズデーテンまで，この若い火山活動の無数の痕跡が保存されている．これに対して，ひじょうに厚い上部構造が可塑的で，断裂と割目とによってほんのわずかしか破砕されない性質をおびているときは，その上部構造の被覆物が“保護の役割”をなすので，熔融体とそれからの気体状の派生物は容易に表面に迸出することができない．そのために極端に易動性の陸棚では，再び火山にとぼしいのである．

こうして上部構造の運動の強さは，堆積物の厚さ(すなわち沈降)と，下部あるいは深部構造の硬化作用(すなわち褶曲作用と再結晶作用)の程度とに関係しているので，安定陸棚と易動陸棚との間に中間型が存在し，また存在しなければならないということは明らかである．このような中間型は，たとえば比較的深く沈降しはげしく褶曲したウラル前地(東ロシア低地)，比較的運動もせず沈降もしていないシュヴェービッシュ－アルプの卓状地，はげしく褶曲をうけ，本当に抵抗性のあるカレドニア(すなわち晩期シルル紀に褶曲をうけた)の下部構造を土台としている中部イングランドの陸棚などに認められる．これらの中間型はなんら矛盾も包含せず，造山運動が全地史学的発展の経過と厳密な関係の下に経過するときに従わなければならない原理と同じ歴史的原理からの必然的帰結のようにみえる．

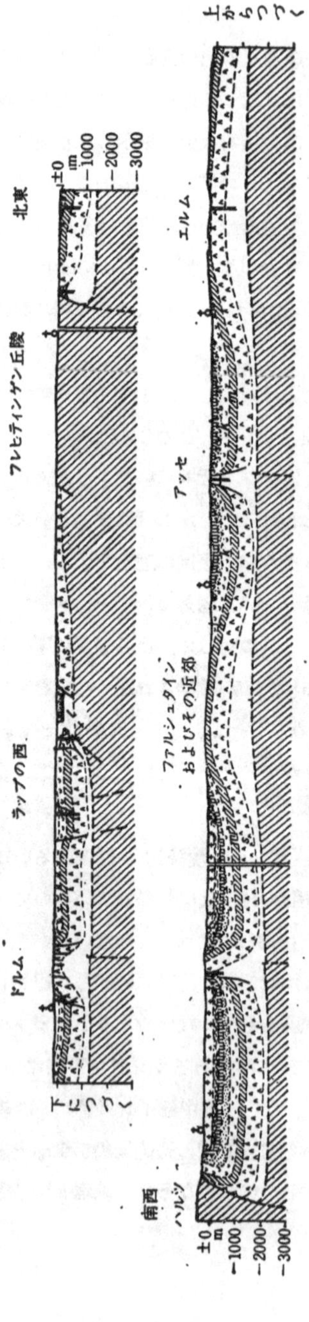

第41図　亜ヘルシニア盆地の断面図．ゲルマン型断裂褶曲の地域．ウォルトシュテットによる．

易動陸棚という型はひろく分布している現象型である．パリーロンドン第三系盆地，ロシア卓状地の南方にある南ロシア低地，大陸東南部の最も外側にあるカスピ低地，最後にシュティレが指摘したように，西部のイベリア塊状地の結晶質ブロックと東部のピレネー山脈との間にあるスペインの一部などは，同じ特徴を示している．そのあらゆるばあいに，造陸運動の特殊な性格は典型的である．すなわち褶曲は短かく，アルプス山脈とは反対に，一様に一つの方向に配列されるのではなくて，しばしば周囲のブロックとの境界にしたがうので，それらはおそらく《枠褶曲》Rahmenfaltung ともよばれうるようなものである．それは，微弱な褶曲作用にさいして，一方の側からの方向の定まったおし集め作用よりも，かたい枠の抑制作用の方が褶曲作用の経過にとって重要であることが強調されるようなものである．したがって，ここで優勢なのは基盤の反映ではなくて，安定な部分との境界の道すじへの不均質な陸棚の《適応》である．したがって《適応的》構造 Anpassungstektonik と呼ぶことができる．そのばあい枠自体は造構時相においては主として周縁で変形をうける．したがってたとえばチューリンガーワルト，ハルツ，モルヴァン(第18図，60頁参照)のように，ディクティオゲネーゼによって生ずるロシアの“ヴァール”の性格をそなえた，地塁・楔状地塁・半地塁・こぶ状構造などの隆起が生ずるのである.

地表でみると，陸棚はその不均質性にふさわしくまったく変化に富んだ形態の型を示す．安定した部分は，ライン頁岩山地，チューリンガーワルト，シュワルツワルト(二次的ブロック)のように，侵蝕されて準平原化した下部構造地塊から成っているか，さもなければシュウァーベン－フランケン－アルプ，チューリンゲン盆地などのように，階段状に構築された上部構造面 Oberbauplatten(地層が階段状になった景観)から成り立っている．中程度に安定な部分は，地層が櫛状にならんだ景観，背斜の山，向斜の谷などとなって上部構造的な構造をしばしば最小部分にいたるまできわ立たせているか，あるいは起伏が逆になっているが，その例は南ハンノーヴァー(ヒルスその他)パリ盆地などで見られる．最後に北ドイツのように最も動きやすい部分では，起伏が氷期や最も若い時代の固まっていない堆積物(氷堆石，河川の沖積層など)などによって埋積された盆地を有している．したがってその平坦性は，このばあいには準平原化作用にもとづくものではなくて，むしろ沈降が堆積によって相殺されたことによるものである．

鉱床学的には，断裂は多いが一般に固い型の易動陸棚は，マグマから生じた有用元素が豊富であるのが特徴的であり，とくにここから上方に貫入する熔融体のガス状または水様の派生物から由来したものが豊富である．それは気成鉱床および熱水鉱床であり，とくに種々の金属(鉛・亜鉛・銅・錫など)の鉱床である．これに反してはげしく沈降する易動陸棚においては，しばしば可燃性物質，ことに石油のいちじるしい濃集と，厚い岩塩鉱床が見うけられる．安定陸棚との差異はなによりもまず濃集の程度にある．

ここで，安定な東欧州と易動性の西欧州の境界についても簡単に説明しておきたい．この境界は従来，ポーランドの中部山地からクヤヴィエン Kujavien，イノウラズラウ Inowrazlaw 附近のワイクセル河，ボルンホルム島の南端をこえてショーネンにまでのび，ここで結晶質のスエーデン平原とショーネンのカンブローシルル紀堆積岩とを分っている線(トルンキスト線)と見られるのがふつうであった．そうすると，ポーランドの大部分もロシア卓状地に属するものとなろう．その証拠とされているのは，上にのべた線に沿って，時代の上でも性格の上でも全くいちじるしく差異はあるけれども，はっきり認められる擾乱のあること，および，その線から西南には複雑な造山運動的構造がみられるが，東北では単純な状態が卓越しているという事実である

（第33図）．

わたくしはこの問題でいくらかちがった見方をしており，ヴォリン Wolhynien からプリペット湿地とミンスクを経てフィンランド湾に達しているところの上述のスキティッシュ階のヴァールに，東西欧州の本来の境界を認めるのである[1]．バルト盆地すなわち北ポーランドまでのバルト海周辺地域の南東部を，私はある意味ではやはり西欧州のなかにかぞえている．その有力な理由としては，まず，最近の研究によれば，この地塊においても造構運動による擾乱作用はけっして欠けていないのであって，しだいに北東にむかって微弱になっているだけであるという事実と，ショーネンとボルンホルム島において見られるバルト楯状地の周辺の擾乱はけっして南東までは続かず，むしろポンメルン北東のレバをこえて東および北東に曲っているという事実がある．ショーネン－ポーランド中部山地線とよばれるものはこのような形では存在せず，またなんら原則的な構造の変化を示していないのである．さらにまたこの全体の考察から，漸移的な種々の造構運動だけではなく，すべての造陸運動的発展——生成の歴史——が地塊の性格を決定するという事実が明らかになっている．この考え方からみると，バルト海地域は明らかに西欧州と密接にむすびついている．

そのようにしてえらばれた区分線は，やがてのべるように，北欧州の氷期の経過に関しても重要である．

陸棚の表面形態

ひじょうに多様な成因的条件に対応して，陸棚の地形的な姿もまたひじょうに多様である．造山作用によってまったくあるいはほとんど分化作用をうけていない安定陸棚はたいていは大きな水系にまとまったひじょうに単純な排水のおこなわれる広大な卓状地を形成している．急傾斜の階段——グリント——がブロックと接する卓状地の縁にたいていは発達している．また，いちじるしく広大な平坦地や低地も形成するが，それは準平原化作用にもとづくものであって，基盤が比較的複雑な形をして多数の断裂系が通っているために，さまざまの形をした曲りくねった排水系をもち，しばしば無数の沼沢地や湖を生じている．

安定陸棚の特色とみなされる外面の形は卓状地形であるが，その小型なものは，上

1）まず第一に Geologie von Europa Bd. 1, 1926（欧州の地質）参照．その他では特に Das ostdeutsch-polinische Becken. Naturwissenschaften 1934（東ドイツおよびポーランド盆地）参照のこと．

部構造が直接にかたい単一の片麻岩基盤をおおっている不均質な陸棚，たとえばシュワーベン-フランケン-アルプにおいてもまたくりかえされている．その周辺の階段地形はある程度までグリントに類似しており，これに対して上部ライン山岳地域は――二次的ブロックに割れてしまってはいるが――楯状地をなしている．

もちろん大きくみれば，不均質な陸棚は，複雑なモザイク構造によってはげしく変化した地表形態をなすことが特徴である．ライン河とオーデル河の間の中部ドイツの景観は一つの典型的な例である．すなわち小さい基底山地の島々(二次的なブロック)，卓状地の断裂地塊，軽微な褶曲をした堆積岩の上部構造地塊が互いに隣接し，景観上ひじょうに変化に富んだ魅力ある中部山地の形を支配している．もちろん河川網は多様な形をとり，時としては平衡に達していないものがある．

これに反して，単一な易動陸棚はいちじるしい沈降傾向によって特徴づけられる．ここでは多くの地層形成がおこなわれる間に，莫大な厚さの堆積物が蓄積される．したがってここでは，とりわけごくわずか海水準上につき出しただけのひろい低地や，時にはカスピ地域のように海面下のものが存在し，その多くは表面が厚い若い砕屑岩の被覆物によっておおわれている．この被覆物の上に，かなりはげしく褶曲した部分の孤立した円屋根が突出する．これらはしばしば岩塩の核を有し，その翼部は石油に富んでいることがある．これら両鉱床は，生成にあたってはまったく一定の相関係を前提としているので，易動陸棚に特徴的なものである．ブロックは構造とは明らかに《不調和な》diskordant 表面を有する(準平原景観)のに対して，陸棚のばあいには，主として上部構造の比較的簡単な構造に適応する起伏を示し，それは《協和》Akkordanz と呼ばれている．

つぎに，明白でしかも陸棚の性格にとって重要な諸関係が明らかになるので，陸棚の氷期に対する関係についてなおいくらか詳細な論議が必要である．そのばあい，北欧州の氷河作用という特殊な地域から出発しなければならない．

欧州の大区分は，大陸の古い核――フェノスカンディア[1] のブロック――に関して注目すべき対称性を示している．この古い核の西と東の側面は二つの明瞭な沈降区，

---

1) フェノスカンディア Fennoskandia というのはフィンランドとスカンディナヴィアのブロック地域のことで，二つの要素から成り立っている．それらはすでに何度も述べた先カンブリア紀のバルト楯状地と，シルル紀末にそれに接合されたノールウェイのカレドニア山地とである．

すなわち北海と，白海に接続する地域とになっている．後にあげた沈降区はたしかに現在では海水準よりいくらか上になっているが，すぐ近い過去においては北極の《ヨルディア》海 Yoldia－Meer におおわれていたのであって，その当時は対称的な両面はもっと明瞭であった．これらの沈降区はすくなくとも二畳紀以来のものであることは明白である．

このような沈降域の向側には西部ではイングランドとスコットランドの古期カレドニア山脈がそびえたち，東部ではおなじく古生代のティーマン Timan およびウラル山脈が生じている1)．

この対称的な配列はすでにデヴォン紀にあらわれており，北部欧州の源大陸の“赤色縁辺層” rote Saum，すなわち源大陸の陸成砕屑物の被覆層(旧赤色砂岩層)は西部ではスコットランドからアーヘンまで，東部では白海からケーニヒスベルヒ*やおそらくもっと遠く西南にまで追跡することができる．

南部においても，古いフェノスカンディアのブロックは同様に沈降区をともなう．また南西部では中部欧州の易動陸棚(パリ盆地・北ドイツ低位平原・バルト窪地)，東部ではモスクワ地質盆地の安定陸棚が存在する．両者の間に分水嶺として東ポーランドおよび白ロシアのスキティッシュ階のヴァールが挿入される(第 33 図をも参照)．

それより南方には，中部欧州の中部山地の環が，西欧州においてはフランス中央台地からズデーテンまで東欧州においはポドリア山塊からウストーウルト台地にまで及んでそびえ立っている．これらの山地もまたひじょうに古い，すなわち“フランコ－ポドリア”山嶺はすでにカンブリア紀以前に出現した．この大地塊は造陸運動的性格をながい時代を通じて保持していた．

スカンディナヴィアを 2000 m，北ドイツを数百メートルもおおった氷期の氷帽が大陸の重力分布をいちじるしく左右したということに関しては，今日人々の意見はかなり一致している．その結果は，まず第一に一般的な沈降がおこらなければならなかった．しかしながら，さまざまな造陸運動的傾向をもった個々の地塊はさまざまに反応し，隆起地域はあとからその正常の傾向が上昇にあることを記録にのこすが，沈下区ではおし下げられたままでいるというぐあいである．北ドイツでは今日，洪積層の

1) 現在の形からすればヴァリスカン時代のものであるが，ティーマンではもっと古い，たぶん古期カレドニアの核を有している．

* カリーニングラード(バルト海)．

基底が海面下 100 m までも下になっているが，氷期以前の海成層は先洪積世の海水氾濫の徴候を示さない——沈下はその後になってはじめて生じたものであり，それは部分的にいまもなお進行しているのである．

そのようにして，フェノスカンディアは氷河の侵蝕地域に，周囲の沈下地域は堆積地域に，スコットランドから中部欧州をこえてウラルにいたるまで氷帽をとりまいてあつまった“氷河周縁”丘は小さい独立の氷河地域の環になった(スコットランド，ウェールズ，アイルランド，フォゲーセン，シュワルツワルト，リーゼン山脈，カルパート山脈，ウラル山脈，ティーマン山脈，ノヴァヤゼムリヤ)．そうして，そこで河川侵蝕・河川堆積および風堆積(黄土 Löß)の複雑な交互作用が行われたのであった．

そのようにして，氷河時代の歴史の大きな特徴は，大陸の部分の造陸運動的性格との関係を示している．この関係はさらにはるかに密接なのであって，実際に地塊の造陸運動的性格は氷河移動と氷河分布とに重大な影響をあたえたのである．そのことはとくに，以前の氷河作用の歴史よりもよりよく概観できる最後の氷期の歴史においてたどることができる．

最後の氷期の個々の時相は現在ではよくわかっている．それによって，我々は北から南に三つ，部分的にはさらに四つの氷河の主停止位置を区別することができる．そ

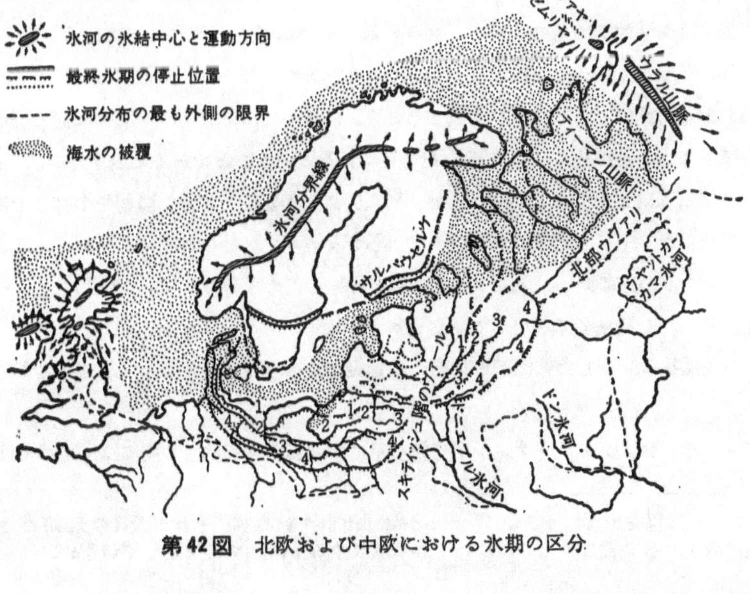

第42図　北欧および中欧における氷期の区分

れらは所々の終堆石線 Endmoränenzüge によって明瞭に示されており，最も南方のものが最古のものである．北から順につぎのようなものが認められる(第 42 図)：

1.　バルトーポンメルン停止線 Baltisch-pommerische Lage：東ユットランド半島からキール，メクレンブルグ，グダンスクをこえてマスレンの北方まで追跡できる．

2/3.　ユットランド停止線 Jütische Lage：中央ユットランドでは一つであるが，遠く南方ではつぎの二つにわかれる．

2.　フランクフルト停止線 Frankfurte Lage：南メクレンブルグ，ウッカーマルク，ベルリン北方のバルニマー台地，ポザン；

3.　ブランデンブルグ停止線 Brandenburge Lage：プリグニッツで上記のものから分岐し，つぎに南方ではベルリンから西ポーランドまで追跡することができ，さらに東部ではふたたび以前のものと合体している．

4.　フレミンク停止線 Fläming-Lage：おそらくエルベ河北方のハンブルグ地域から出発し，マグデブルグの北方でエルベ河をわたり，フレミンク，ラウジッツをこえてオーデル平野にまで追跡しうる[1]．

大終堆石線は本質的にこれら四つの時相よりは若く，オスロ付近のモス－ホルテン氷堆石 Moss-Horten-Moräne にはじまり，中部スエーデンをよこぎり，ボトニア湾の対岸ではフィンランドのサルパウセルケ Salpausselkä 丘陵につづいている．

これら花環状に配列した終堆石を特徴づけようとするならば，最も本質的なものは南西に向って凸面をむけた弧を形成することと，すべてがスカゲラク海峡に向って収斂していて，いわばそこに“支点”をもっているということであると思われる．これら終堆石は南西部では，いずれにせよ構造的にしか証明できない隆起帯の付近で停滞しているが，その隆起帯はラウジッツからプリグニッツをこえてメクレンブルグとユットランドの方に向い，北西ドイツと東ドイツの盆地を分離している(ポンペッキー隆起帯，その発見者にちなんで命名された)．

この花環状に配列した終堆石の東方への延長も，ある確実さをもって示すことができる．

ポンメルンおよびフランクフルト時相を示す終堆石の縁辺地帯の間には，東部では

---

1)　それは現在ではワルテ期 Warte-Zeit とされているが，それが最後の氷期かあるいは最後から 2 番目の氷期かのいずれに帰属するかは，まだ決定していない．

マスレン湖沼低地帯がある．これは縁辺地帯が西部においてメクレンブルグ湖沼低地帯をとりまいているのとまったく同様である．リトイエン*では，スワルキ州のニエーメン付近で両方の終堆石がもっと接近し，ニエーメンの対岸，ウィリヤ河の南方では，単一の明瞭に追跡しうる丘陵を形成している．

ブランデンブルグ時相の終堆石による縁辺地帯は，ウォルトシュテットによれば，東部地域では急に前記のものと結合するという．しかしそのことはけっして無条件に確実ではなく，むしろ中部ポーランド縁辺地帯の一つに続き，ほぼワルシャワ附近でワイクセル河をよこぎっている可能性がある．それからともかくもさらに北東方に向きをかえ，グロドノ Grodno** 南方の終堆石弧へ続き，なおもはるか東北では西ロシア台地内部のほぼミンスク附近において，途中で結合した，より若いほうの縁辺地帯と合流しているのであろう．

最古の(フレミンク)時相は南部においてともかく再び明らかに認めることができる．それは北方ではチェンストコワ Czenstochow を通過し，プラウィ Pulawy 南方でワイクセル河をよこぎり，まだ終堆石が発達しているウロダワ Wlodawa の南方でブグ河 Bug をよこぎり，それから又するどく北東に旋回し，バラノウィッチ Baranowitschi ——ミンスク Minsk 付近で前述の終堆石による縁辺地帯のすべてと合併している．

したがってバルト台地が北東にねじ曲げられた延長である西ロシア台地は，ミンスク付近において《収斂，すなわちすべて西方に放射する縁辺地帯の対曲》を示している．けれどもまた，いっそうひろくてさらに若い縁辺地帯もここにふくまれている．とりわけ，ウィリヤ北方の氷堆石中につづいていき，ベレジナ河 Beresina のほとりで上述のすべての時相の終堆石と収斂しているホッホザマイテン Hochzamaiten の大きな終堆石弧がそうである．バルト——西ロシア台地は単に簡単な終堆石の堆積をあらわしているだけではなく，さまざまな終堆石地帯によって横断されているということを証明したのは，モルテンセン MORTENSEN とクラウス KRAUS の貢献である．

最後にのべた停止位置の北方でようやく氷の融解が個々の舌状盆地においてはじまるが，それらの盆地はリガ湾 Rigaer Meerbusen からヴォルチョフ河 Wolchow に達し，南フィンランドの大終堆石弧における氷河縁辺の最後の後退の先行期 Vorstadium をあらわしている．

* バルト海沿岸の自由国の名．

** ワルシャワの東北方．

の質問に対して流氷説の意味するところは，ウヴァリ高原はけっして最終氷河の最外部の延長をあらわすものではなく，すべての他の縁辺地帯とともに，北方，すなわちコラ半島の氷河分界線に向って収斂しているということであろう．したがってスカゲラク海峡の反対の極である，最終氷期の環状氷河のもう一つの支点はここに存在するのである．

したがって我々は，最終氷期についてつぎのようなおどろくべき対称性をもった大観を得る(第42図)．

前進してきた氷は，スカンディナヴィアの氷河分界線から遠心的におしだした．まもなくそれは東と西で，かつてひろがった白海と北海(古い，ユラ紀から知られた深海帯)の海底沈降帯に到達し，海岸を活動していた氷河はこの凹地に漂礫を堆積させ，ここで漂礫は英国や北部ウラルの無氷河地帯からの漂礫とまざった．これに反して南方および南東方では氷河は二つの大きな舌状盆地におし出された．すなわちそれらは西欧州と東欧州の舌状盆地であって，それらの舌状盆地は，隆起の地域――ポンペッキーの隆起帯とスキティッシュ階のヴァール――においてだけは最初から発達しなかった．氷塊は西部では東ドイツ－ポーランド低地を，東部ではロシア地質盆地をみたした．最大の進出(フレミンク―カリニン時相)ののちに階段状に後退がおこり，西部では北方に，東部では北西方にむかった．これらの後退は当然，対曲地点よりも舌状盆地におけるほうがはやく行われた．そこで環状氷河の勢力的な“かきあつめ”がミンスク附近すなわち東西欧州の境界附近でおこなわれたが，その境界はヴァルダイ丘陵地帯の東支脈，したがってバルト窪地の境界に達するほどながく続いている．さてこの境界に残留した氷は，個々の舌状盆地内でとけて，最も近い縁辺地帯，すなわちフィンランドのサルパウセルケまで後退した．そこで個々別々にみると，西欧州の易動陸棚においては，氷河運動および，氷による地形の形態は，均等なロシア平原におけるよりもいっそう多様で変化に富んでいたのが認められるのである．

それは大規模の，規則正しい形態であって，そのなかでは，氷河にみまわれた地塊の対称的な外観と造陸運動的性格が，あらゆる部分にまで保存されている．

我々が遠く過去にさかのぼるほど資料はいっそうすくなくなるものであるが，いずれにせよ規則正しい関係はひじょうに明瞭に残されているものである．

最後から2番目の氷期ははるかにひろくひろがった．それは東西(北海および白海)の両縁辺の低地を征服して，英国と北ウラル地方の特殊な孤立した氷河作用をおしもどした．西南部ではライン河口地域，ドイツ中部山地およびカルパート山脈までおしだした．こうしてそれは北ドイツの低地全体をみたし，そしてようやくブラバントからボヘミアまでの古期の隆起地域がその停止を求めたのであった．東南部では氷河はスキティッシュ階のヴァールをのりこえて，ドニエプル河とドン河に沿い二つの巨大な氷舌にわかれて南ロシアに向って前進した．しかしここでも造陸運動の制約は明らかである．すなわち二つの舌状の氷河は古期の沈降帯にあり，南ロシアの両ブロック，すなわちポドリアとヴォロニューンにはどちらも氷河が存在しなかった．

最後から３番目の氷期は，おわりには西欧州において，最後から２番目のものとほとんど同様のひろさに達したが，その反対に南東部バルト地方およびポーランドではこれの痕跡が欠如しているように思われる．この氷期は本質的に西欧州の事件であって，それよりも新しいあらゆる氷河作用はときどきひろく東部にもおしだしたということから，氷結の中心は西から東へ移動したと推論したのである．この推論は最初一見したところではひじょうに魅惑的であるが，新しいロシアの諸研究によれば，中央ロシアにこの氷期の氷堆石が存在することは少くともひじょうに可能性あるものなので，上の見解はほとんど支持できないように思われる．しかしながらたしかにそこでは，この最も古い氷河作用はつぎのものよりははるかにせまい範囲にしかおよばなかったもので，ほとんど最終氷期の地域をこえてはいないということが明らかになっている．その点に東部と西部の間の明瞭な差が存在している．

氷河の前進をさまたげる作用をなして環状の終堆石の“支点”の役割をはたす隆起帯とブロックとは，地面の起伏にはあらわれないものであることを注意しておく必要がある．したがってここでは単に地形が前進をせきとめるというのではなくて，むしろ基盤部の上昇または沈下の傾向によって氷河の運動が影響をうけることのほうが問題となるのである．そのことはさらに個々の点においても明らかにされる．すなわちはるか南方にはりだしたオーデル氷河は，東部では——地球物理学的にだけ証明できる——テンペルホーフェル軸 Tempelhofer Achse によってせきとめられたのである．

したがって，氷とその荷重が地塊に対してその造陸運動的性格を強調させ，それによって終堆石の環も形や姿を規定され，氷河の前進はさまたげられたりまたは促進されたということによって，大陸の根源構造と，その造陸運動の歴史，すなわちさまざまな性格をもった個々の要素へと区分を進めてきた跡が，氷とその堆積物をとおしてほのみえることを，明らかに認めるのである．

c) 地向斜

造陸運動

これまでの考察によって二つの型の地殻が明らかになった．それらは典型的な形においてはたしかに明確に定義されているが，両者の間は無数の道で結ぶことが可能であるから，ブロックと易動陸棚との間にあらゆる中間的な段階のものが存在している．そう言ったからといって，この分類の妥当性について異論をとなえているわけではない．なぜならば，自然界に導入された模式はすべて，まさに概観の目的のために選択された抽象であって，限界と移行の状態とを考慮しなければならないものだからである．

さて，この総括された系列は結局は造陸的および造構的運動性，すなわち“変動性”Mobilitätの系列であるが，それはさらに先へ進められるものであろうか？そこでまず何かほかに異なる構成の地殻要素が存在するかどうかを調べるべきである．そのようなものは，地形的にみると，明らかに大きな高い山系として存在しており，比較的せまい紐状をなして大陸を貫通したりふちどったりしている．欧州では第三紀の主な紐状地としては，アルプス―カルパート山脈―バルカン山脈があり，そこからディナリデン，アペニン，ピレネー山脈が側方の紐状地として分岐している．アジアではコーカサス山脈と中央アジア山脈の大きな帯状地とがあって，東亜の花綵列島 Inselgirlanden にまで続いている．またアメリカ大陸にはアンデスとコルディレラの褶曲山系がある．濠州の東海岸も新しく生成されたこのような褶曲山脈であることを示している．

我々は褶曲山地のなかに，強さにおいて陸棚のばあいと完全に異なり，強大な隆起によって褶曲山脈を海面上につき出させるにいたった造構運動を認める．そのばあい，古期古生代の造構運動の間にも同様の紐状の山脈が生じたが，のちにはげしく破壊されてしまったので，地形的にはそんなにはっきりとあらわれていないのであるということをわすれてはならない．我々はすでに前に，中部欧州の中部山地（ヴァリスカンおよびアルモリカン褶曲），ウラル，アルタイなどの山地を生成させるにいたった後期古生代の褶曲運動と，もっと古いノールウェイとスコットランドのカレドニア褶曲について知った．褶曲山脈を解析するばあいに，これら古い遺跡から出発するほうが，たとえばとくに複雑なアルプスから出発するよりも，実際には適当である．それはまさに古い山脈の残骸が構造について本質的に深部の観察を許すからである.

褶曲山脈の造構運動的性格は，ブロックや陸棚のそれとは明らかに別物である．その詳細についてはのちに論ずることにしたい．ここではまず，造陸運動の性格もやはり別のものであるのかということ，山脈はその形成に先だって，構造も異なり，異なった反応を示す空間に属していたのかという問題が解明されなければならない．事実はまさにそうなのである.

アルプス型の山脈は地向斜とよばれる地殻の特殊な部分に生ずるということについては，今日我々の意見は一致している．しかし一般に適用される地向斜の定義は今までに与えられていない．たえずはげしく沈下する空間というがんらいの定義は，けっして満足すべきものではない．堆積物の巨大な厚さというものはアルプス型山脈にかならず存在するとは限らず，さらに，すでにのべたように，アルプス型山脈のけっして生じないような易動陸棚にもしばしばこうした厚さの堆積物がみられるのである．沈下の恒常性もまたけっして無条件にあてはまる地向斜の特徴ではない．なぜならば，我々はまさにアルプスでひじょうにいちじるしい堆積の間隙，したがって相対的な上昇のあったことを知っているからである[1]．それについてたしかにもっと重要な証拠は，かなり深い海に生じたことを示す岩石が褶曲地域にしばしば見られるということである．これらの岩石は必ずしもきわめて厚いものではなく，また以前に説明された岩相対比の法則とは矛盾すると思われる[2]ような結びつき方で，他の岩石としばしば共存している，そのような例は，ノールウェイのシルル系，中部欧州のデヴォン系と石炭系，ウラルの石炭系と二畳系，アルプスのユラ系と白亜系とに知られている．堆積が即座に沈降を相殺することができず，さらにまた海岸と深海とが直接に接するようになったということから，ここでは時としては沈降がひじょうに迅速だったという結論がひき出される．けれどもこのことによって，地向斜の特殊な本性——その運動性あるいは易動性——を認めることができるのである．地向斜が特有の堆積作用のほかに，同時に海底火山の抛出物と噴火作用によって特徴づけられることを考えに入れると，この事実は重要性を深める．ここにでてくるのは鉄およびマグネシウムの珪酸

---

1) 特に次のものを参照すること．DEECKE: Die alpine Geosynklinale (アルプス地向斜) Neues Jahrb. f. Mineral. usw. Beil., Bd. 33, 1912.

2) アルプスでは時としてたしかに深海堆積物と思われるものが沿海堆積物と接して現われている.

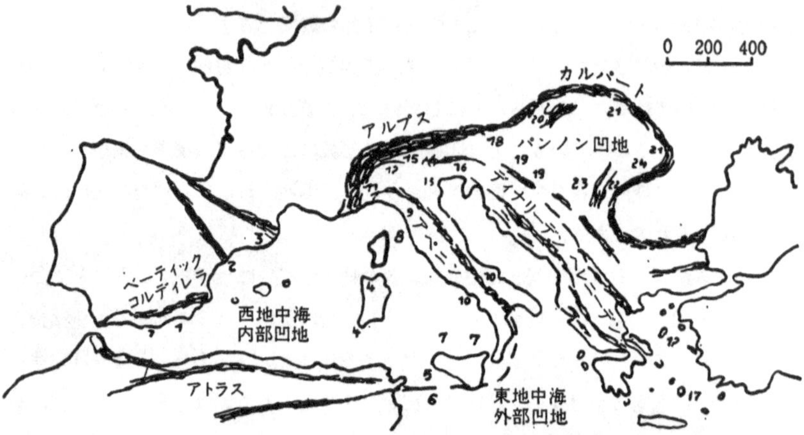

第43図　南欧州におけるアルプス型の紐状褶曲とその火成作用．ニグリによる．

塩がいちじるしく珪酸の乏しいことを特徴とする注意すべき岩石系 Gesteinsstamm——塩基性のいわゆる緑色岩——である．それらは，ボヘミアのアルゴンキアンにおけるスピリット Spilit．ノールウェイのシルル系の緑色熔岩，カレドニア褶曲をうけた英国のシルル系中の枕状熔岩 Kissenlava，中部欧州のシルル系とデヴォン系およびウラルのデヴォン系と石炭系中の輝緑岩層，アルプス・ディナリデンおよびアペニンの中生界におけるオフィオリット Ophiolith などとして知られている．それらはきわめてたびたび，珪酸質でラディオラリアに富む堆積岩と関連して産出し，その堆積岩は半深海あるいはむしろ深海の沈積領域に属している．したがって我々は，活発な火山活動や塩基性緑色岩という特殊な岩石の産出と密接な関連のある大きな運動性，迅速であるが不均等な沈降は，褶曲作用《以前》の地向斜の歴史の絶対的な特徴であるといってよいと思う．それは易動陸棚との根本的な差異である．

もう一つの注意すべき造陸運動の様式の特徴は，堆積物の輪廻的区分，すなわち海進および海退の規則正しい序列が，地向斜内ではしばしば欠けているという点にある．すなわち，ここでは一部は，まったく単一でひじょうに厚い一連の岩石，すなわち多くの地層を包括して連続的な沈降を示すものである．また一部は，沿海生成物と深海堆積物とがかなり不規則にとなりあって産出し，しかもその間に中間型も輪廻的関連もないのをみることがある．地向斜空間はけっして単一のものではなく，深海部の間に無数の浅部を包含している．現在では，これらの絶間なく生じている浅部はいわば後期の褶曲の幼胚であるという事実について多くの証拠がある．したがって地向斜空間は隆起と盆地とに分たれるが，それらは準備時相において多少とも継続的に発展したもので，以前におこなった運動の分類ではディクティオゲネーゼの要素とみなすべきものである(61 頁参照).

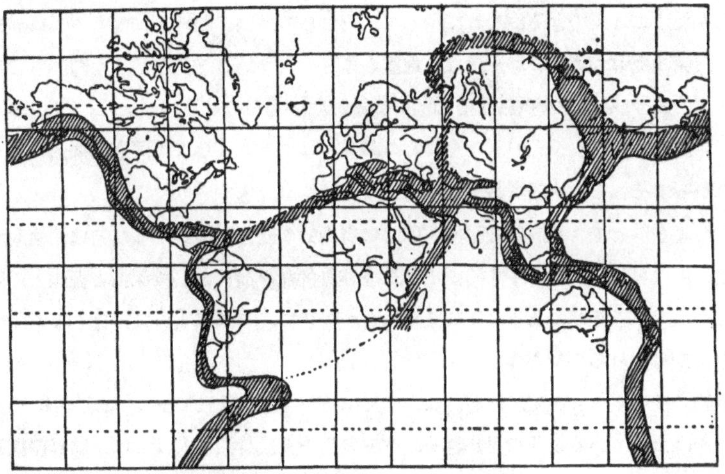

第44図 中生界の地向斜．ダッケによる．

地向斜においては，いちじるしい沈降をともなう準備期のつぎには，造構運動の時相がつづき，そのばあい構造は変化し，地面はいちじるしく上昇させられる．この造山運動の主要時相において，堆積物は最高度の多様性と不規則性を示すにいたり，これははげしい連続的な海底の運動と明らかに関係をもっている．このようにひじょうな多様性を示す地層は，アルプスにおいては《“フリッシュ”》Flysch*とよばれているが，この言葉は今日では，そのような《“間造山的”》すなわち造山時相の間に堆積されたすべての堆積岩に対しても用いられている．

造構運動のあと，すなわち山地が海面上に出現したあとでは，堆積物は個々の凹地に集中し，それらの凹地は上昇する山地の砕屑物によって埋められるようになる．スイスの方言によって《モラッス》と呼ばれ，造山運動の過程に関しては《後造山的》であるこのような“破砕的” detraktiv 堆積岩(削剝作用によって出現したもの)は，その出処に応じて，とくに山地の周辺ではひじょうに粗い礫質の特性(ナーゲルフルーNagelfluh)を示しており，それから盆地に向っては砂岩・石灰質岩および粘板岩に移

* わが国ではいかなる理由によるかは不明であるが，フリッシュを泥相の卓越する単調な岩相の地層であると自己流に決めている人々がいる．

行するが，これに対して外側の盆地周辺では，堆積作用は前帯 Vorland の位置が低いことに対応してとるに足らぬものとなり，いちじるしく石灰質である．この非対称的な相の分布は，縁辺凹地 Saumsenke または外側凹地 Außensenke の特殊な目じるしとみなすことができる．これに反して，それらの外側の凹地と山地の内部に形成された内側凹地 Innensenke とでは，地層の厚さの大きいこと，ひじょうにいちじるしい輪廻的区分(堆積物を供給する山地の衝撃的な隆起の結果)のみられること，および有機体の濃集(石炭と石油)がひんぱんにおこなわれることなどが両者に共通であり，したがってそれらの状態は易動陸棚に近づく．

このようにして，地向斜と褶曲山脈との規則的な結合を観察するならば，地向斜や褶曲山脈はきわめて動きやすく，その造陸運動的な発展において深海と高山との間をふらついている空間であると定義することができて，これによって陸棚との対照性が明瞭に定められるのである．

生物学的発展において，地向斜は，すでに(137 頁)暗示しておいたように特殊な役割をはたしているように思われる．褶曲作用や変成作用がしばしば生物界の痕跡を消滅させてしまったので，地層区分はここではたいてい陸棚におけるよりはるかに不鮮明にしかおこなわれず，さらには認めにくくさえある．しかしながらここの地向斜，すなわち変化の早い多様な外的条件のある地域こそ，海棲動物界の発生の中心がありえた所であって，その上，“アブレーガー”として動物が陸棚に到達した移動の経路も地向斜にあったかもしれないということは，多くの事実の証明するところである．

地向斜の造構運動

動きにみちた造陸運動的発展という前述の過程を特徴とし，しばしば多くの地層にまたがっている準備時相 Vorbereitungsphase の後に，地向斜では褶曲最強期 Faltungsparoxymus がはじまるが，その空間的過程は，褶曲胚すなわち隆起と盆地によってある程度まで下絵ができあがっているのである．

その結果生じた構造の変化は，すでに造構運動の節で考察した．簡単なばあいには圧縮褶曲が形成され，複雑なばあいには地層の逆転が見られ，時としては基盤の結晶質岩が本質的により新しい堆積物の上に運ばれるというようなことさえある．この地層逆転の古典的な地域はアルプスである．ここでは数十キロメートルにおよぶひじょうにはげしい押しかぶせ断層が生じ，55 頁でのべたように，物質とそのもろさおよび層理の程度(厚層かまたは薄層理か)のいかんによって，過褶曲または押しかぶせ断層が生じたということについては，今日ではもはや疑問は存しない．

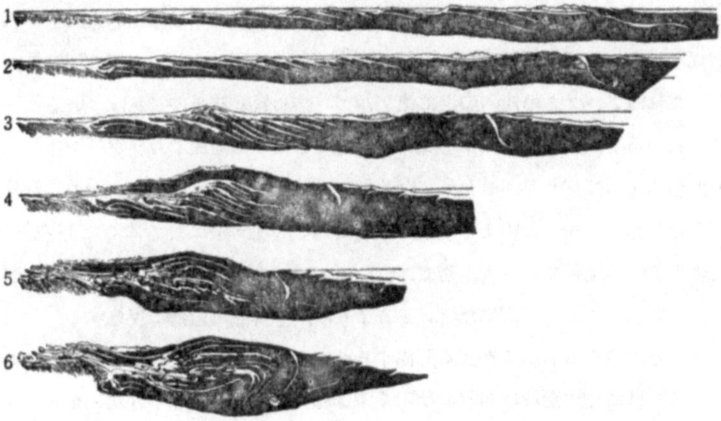

第45図 シュタウブによるアルプスの発生．1と2の段階は中生代における幼胚的褶曲で，隆起部と盆地にわかれたことを示す．3〜6の段階は古第三紀における連続的ではげしい圧縮作用(造構運動)で，それは今日観察されるが解決し難い褶曲とデッケンのもつれを形成するに至ったことを示している．白——若い堆積物，黒——古い堆積物，一部は結晶質岩．第19図(61頁)をも参照．

この運動によって，たとえば昔はほとんどラゴ＝マジオーレ湖*の平野に横たわっていた岩石塊は，フィーアワルトステット湖の沿岸まではこばれ，東アルプスの結晶質の基盤と石灰岩質の上部層は遠く西アルプスの上に押しかぶさった．アルプスのデッケン説のこの根本的事実については，今日ではもはや全然うたがいの余地はない．それはとくに，まったく同じような現象が中部および北部欧州の石炭紀およびカレドニア変動期の山地にもすでに知られているからである．今日問題となることは，もっと局地的な問題である．すなわち運動の範囲と方向，過程の時間的・空間的単一性である．このばあい，岩相的に異なる岩石と岩相的に類似する岩石の堆積空間の決定という以前に討議された問題が，主要な役割をはたす．なぜならば，がんらい隣接していたものと，後になってはじめて造構運動によってたがいに緊密に接着するようになったものとを区別することは，しばしばこの根拠によってだけ解決されるからである．この考察方法の誤りの原因は以前に討議されている．褶曲山脈の生成に関する重要な

* イタリアのスイス国境附近にある．

特殊点のいくつかに手をつける前に，現在までの考察の結果からえられる三つの確定事項を示すことにしよう．

1. 造構運動によって地向斜は本質的にいっそうせまい空間に圧縮される——それはしぼり出されて，最後には，がんらい隣接していたブロックの一部の下積みにさえなる．これはアルプス地向斜の上に東アルプス結晶質岩石がのしあげていることによってもわかるし，同じようにボヘミア塊状地のまわりの褶曲したデヴォン系が大古代の片麻岩によって押しかぶせられている——したがってはるかに古い褶曲の時代の押しかぶせがある——ことによっても知られている．地向斜はまさに，たわみやすく“動きやすい”地帯であって，褶曲運動のばあいには，全体としてわずかしか動かされない，たわまない，不活発なブロックよりは，もっと可塑的に反応する．

2. 我々に見える形態は表面に関係するものだけである．なぜならば，すでに示したように，褶曲や過褶曲は無限にひろく深部にまで続くことはできないからであって，下部では運動の形はまったく異なっているにちがいない．

3. 褶曲運動は地形学的にみられる高い山脈の形成とはかならずしも一致しない——それは海面下においてさえも生じうるのである[1]．山脈の上昇はむしろ後期の（ディクティオゲネーゼの）過程であって，おそらく地向斜から固いブロックへの変換を支配する巨大な地殻の厚化 Verdickung と関連するものであろう．

アルプス造山運動の詳細や，デッケン説の特殊な問題性はここでは検討できないが，二つの根本問題についてはなお簡単にふれておかねばならない．

褶曲山脈の帯状構造

今日まで確認されたことからすると，地表付近の褶曲と深部における褶曲とは互いに異なった性格をもつものである．東アルプスにおけるように，褶曲をうけた上部構造の下に結晶質の基盤があり，その褶曲運動や変成作用はどこでも上部構造の褶曲運動よりは古期のものであるようなところがある．したがってこの基盤は新しい褶曲運動にあたっては単一な固い塊状地として反応し，褶曲はうけないで，せいぜい押し集められ，重なりあって押しかぶせられるだけである．このばあい，上部構造と基盤との間には運動面が存在するにちがいなく，上部構造はいわば基底部と分離しているということは明らかである．我々はこの種の例をユラ山地と北スイスのアルプスとに知

1) そのことはハールマンが彼の著書波動説 Oszillationstheorie において正しく強調している．

っている(54頁の第13図参照).

他のばあいには，上部構造の下にやはり同じように結晶質の基盤がよこたわっているが，ここでは結晶作用と褶曲運動とが上部構造の運動と同じ古さのものであり，したがって褶曲運動は前とは別の型をなしていることが明らかになっていることがある．上昇した圧力と高い温度のもとで生ずる深処の部分的運動は，結局結晶片岩を形成するようになるが，この部分運動は上部階層では，岩石の古いゲフューゲをしばしばほんのわずかしか変えないようなブロックの転移をひきおこす．したがって構造は下部では流状であり，上部では屈折したり破壊したりしている．そしてサンダーのいうよ

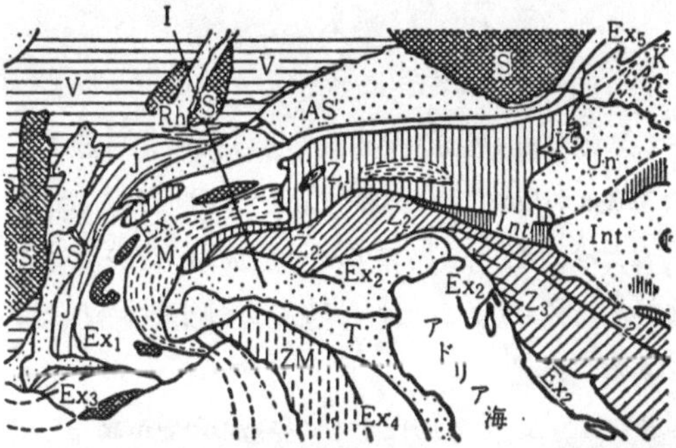

第46図 a. コーバー KOBER によるアルプス造山帯の区分．
V と S—前陸地，
AS—外部凹地，
J—ユラ山地，
Ex—外帯，
M—変成帯，
Z—中心帯，
Int—内帯．

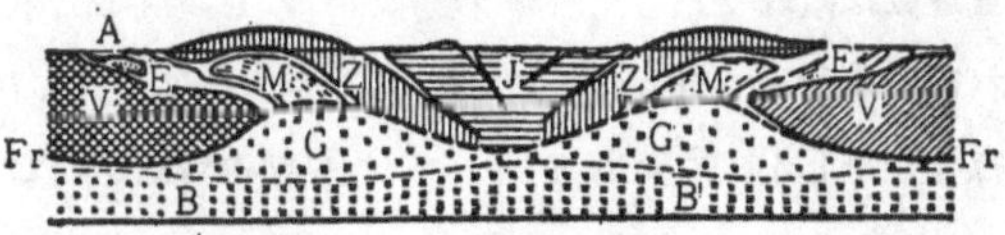

第46図 b. 複造山帯の模式断面図．説明は a に同じ．G—花崗岩被殻，B—玄武岩被殻．コーバーによる．

うに，結晶片岩に沿うて関連のあるデッケン山脈が配列している．そのような現象は西アルプスのペニン帯(ヴァリス Wallis)，エルツ山脈，ノールウェイ山脈から知られている．

さて，デッケン山脈の破壊はいろいろな形でどんどん進行するので，アルプス山脈ではこの上下階層の累重関係は，しばしば並置関係のように見えることがある．さらにまた地殻のさまざまな部分においては，階層の上下の境界はたしかにもともといろいろな高さに存したという事実もある．比較的固定した地域においては，境界は動きやすい地向斜におけるよりは深いところに位置し，地向斜内部では加熱作用と熔解作用とは高く上方におよび，上殻部をも占有するのである(上昇するミグマティット前線)．

以上のことの結果として，アルプスにおいては上述の造山運動の諸型が帯状に配列

しており，そしていずれの帯も歴史的には異なった発展を示しているのである．次の三つの帯が区別される．

1. 《ヘルヴェチア》帯は西アルプスの北部地区を形成し，南はアールおよびモンブラン塊状地までふくんでいる．発達の歴史に照してみると，この帯はがんらい陸棚であり《石炭紀》に褶曲をうけてその後平坦化された下部構造と，つぎのような堆積物(下から上へ)をともなう上部構造とから成り立っている．

間隙の多い三畳系

厚いユラ系

厚い，成層した白堊系

砂質－粘土質古第三系

このような堆積作用の大輪廻の後にはじめて褶曲運動がはじまった．この運動の主要な本質は，古期の褶曲をうけた基底部から堆積物を切断することにあった．これらの堆積物は横臥褶曲によって厚くたたみこまれて，今日では，最初にあったところの基盤よりは北の方に存在している．したがってここでは，深部の方の階層はそれよりずっと以前に固化されていたのである．

2. 《ペニン》帯はその南に接続している．ここではすでに発達の歴史が異なっている．すくなくとも石炭紀の褶曲運動は微弱であった．ユラ紀にははげしい沈降と単調な堆積作用とがはじまり，それにともなって無数の海底噴出(塩基性岩)が生じた．それがどれだけ長くつづいたかはまだたしかに説明されていない．早期の褶曲運動であると仮定する意見が強くなっており，白堊紀の運動であることがたしからしい．ジェニー JENNY は強力な理由によってユラ紀におけるはげしい褶曲運動さえ証明している．褶曲の型は深部階層はひろい範囲において比較的可塑的であること，すなわち高温下ではげしい運動をうけ，それによって変成した岩石であることをものがたっている．メルカントゥール Mercantour—ペルヴー Pelvoux—モンブラン—アール塊状地をむすぶ線の南側にある西アルプスの全体は，この型に属している．この線はリグリア海岸からグラウビュンデンまで追跡することができる．それに属している堆積物の一部は北方のヘルヴェチア帯の上におし上げられている．東アルプスでは，タウェルン塊状地 Tauernmassiv はある程度までこれにかぞえることができる．したがってここでは変成作用は“間造山的”であり，いいかえれば褶曲運動の途中に生じたものである．

3. 《東アルプス》型は，アルプス西地域ではペニン帯の南のせまい帯状地だけを形成する細長い土地(イタリア海地域)において発達しているが，ずっと東部ではアルプスのほとんど全体の幅を占めている．この型の発達はさらに異なっている．すなわち古期の結晶質岩で，後にはごくわずかしか運動をうけない基盤が，つぎの一連の若い岩石をのせている．

厚い，一部無層理の三畳系

互層のユラ系と早期白堊系

しばしば欠如する古第三系

中期白堊紀に最初の強力な造山運動がおこり，つぎに不完全ではあるが晩期白堊紀と古第三紀に堆積作用が復活し，その後さらに第二の造山運動がおこった．この造山運動のおわりに広範な花崗岩の貫入がおこった(バヴェノ Baveno，ディスグラチア Disgrazia，アダメロ山 Adamello)．

東アルプスが一部ペニン帯の上に移動されたということについては何も疑問はなく，意見の相違が生じるのはただ，運動のひろがりと同一性に関することだけである．さらに，東アルプスの塊状地は古い部分的構造を変えることなくブロック状に移動したことが明らかに認められる．この運動は高い水準に生じており，塊状地全体は下部構造をもふくめてデッケン山脈とみなされるが，それに関連する深部階層には我々は接することができない．

全貌をまとめると，つぎのようになる．すなわち地向斜の型を示すのは本来は中央のペニン帯だけであり，その北と南には古期結晶質で古期の褶曲をうけた基底をともなった陸棚が存在する．そうして南方の東アルプス陸棚はペニン帯にのし上った．北部のヘルヴェチア帯はその運動に抵抗したので，この運動は若い堆積物(三畳系—第三系)をその下部構造からかき取るという働きをなしえただけである．

この帯状区分について根本的に重要なことは，それが中部欧州の古期石炭紀の山地においても，それどころか，実際既知の古期および新期の褶曲山脈のすべてにおいて，正しく同じ特徴をくりかえしているということである．コスマット KOSSMAT の表現にしたがい，さらにそれを修正することによって，石炭系の(ヴァリスカンの)山脈をつぎの帯に区別することができる[1]．

---

1) “石炭系のアルプス”には現在では断裂地塊が存在するだけなので，帯状区分が認められるのはおそかった．

第47図　ヴァリスカン山脈の区分．ブブノフとコスマァトによる

1.　北部レノ－ヘルシニア帯(南イングランド，ライン頁岩山地，ハルツ，ポーランド中部山脈，おそらくは東部ズデーテンも)．歴史的発展は，シルル系から早期石炭系までの厚い堆積物の生成と，そのあとで晩期石炭紀の前とその期中におこった褶曲運動を示している．結晶質の地層は構造の形成に関与せず，褶曲構造は圧縮褶曲と押しかぶせ断層とを示しており，マグマの逆入はまれである．それは多くの点においてヘルヴェチア帯と同等なもので，切断面によって基底部と区別されているにちがいない上部階層の型である．

2.　サクソン－チューリンゲン帯(ブルターニュ，オーデンワルト，チューリンゲン，フランケンワルト，エルツ山脈，リーゼン山脈，西ズデーテン)．古期古生代のいちじるしい堆積作用のほかに，いちじるしい古期の造構運動と変成作用のあることが特色であり，その時期はエルベ河の東方ではカレドニア期のものであり(ルガン構造 lugischer Bau)，西部ではもっと古いものと思われる．2番目の褶曲運動はズデーテン時相のものである．塩基性の海底噴出火山岩は，しばしばこの時相に見うけられる．私は最も重要な段階だけをあげることにし，ここでは比較的微弱な褶曲の中間段階はつねに問題にしないことにする．堆積岩と結晶質岩石に同一の作用をおよぼしたことがこの褶曲運動の特徴である，花崗岩質岩石の一部は褶曲運動の途中ではじめて迸入したものであり，西ズデーテンにおいてはたしかにもっと古期の，この地域のカレドニア時相におけるものである．けれども，もっと若い造構運動もまた，規則的なマグマの活動のあることが特徴になっている．褶曲形態はペニン帯とひじょうに類似していることを示している(エルツ山脈，オデンワルトなど)．中部欧州においてもこの帯は《深部階層》の性格を示している．

3. モルダヌビア帯(フランス中央台地の一部，シュワルツワルト，内ボヘミア)．発達の歴史からみれば，すでに先古生代に形成された古期片麻岩が認められる．古生代の堆積物は間隙が多く，ボヘミアのように比較的完全なところでは，北部の状態とは異なっている．とくに早期 ヴォン系の厚い石灰岩は注意をひくものであって，東アルプスの三畳系がただちに想起される．造山運動はデヴォン―石炭紀の転換期に始まり，相接する地帯が"ブロックとして"押しかぶせ断層を示し，モルダヌビア帯自身の本質的な褶曲運動は示していない．その後においてもまた運動は，新期石炭紀の花崗岩の広範囲の迸入をともなった古い片麻岩ブロックの破砕作用にかぎられている．ここでも東アルプスの構造型に対する類似性は完全である．

たとえばウラル山地も同じような帯状構造をもっており，そこでは西から東へつぎのように分けられる．

1. はげしく褶曲しているかまたはデッケンの中にある石炭系とデヴォン系の堆積岩帯．
2. 結晶片岩の構造帯．
3. 塩基性深成岩の構造帯．
4. 塩基性噴出岩と変成岩状の堆積物の構造帯．
5. 片麻岩と花崗岩の構造帯．
6. 変成岩状堆積物の構造帯．

ここでは1と2はヘルヴェチアないしレノ－ヘルシニア帯に，3と4はペニンないしサクソン－チューリンゲン帯に，5は東アルプス帯に相当するものであるが，これに対して6の位置はまだ確かではない．おそらくそれはすぐ後で述べる"オロゲン"

の反対の翼をなすものであると思われる.

注意深く観察してみると，欧州とアジアや一部のアメリカの新第三紀褶曲山脈も，あるいはたとえば北欧州のカレドニア山脈のような古期山脈も，いずれも類似の構造配列をしめしており，したがってそれを地向斜内の褶曲運動の規則的な成果として，いくら強調してもけっして十分ということはないのである．したがってコーバーが外帯(ヘルヴェチア帯)・変成帯(ペニン帯)・内帯(東アルプス帯)という三つの帯を区別しているのは，まったく正しいといえる.

この帯状配列がどの範囲まで完全なものであるかということは，ここでは研究しないこととする．アルプス地域では，東アルプスには南方でディナリーデンがつけ加わり，それはのちに独立した山脈として遠く西部バルカンまで達している．歴史的にそれは東アルプスと密接にむすびついているが，アルプスとは反対に南にむかって運動している．中部欧州でも，モルダヌビア帯の南方に，なお一つの比較的ひろい石炭紀の帯状の山脈があるが，それは後に第三紀褶曲運動によって変形されたので，我々はその最初の形態については今日ほとんど知っていない.

西部では西へ，東部では東へ過褶曲した構造帯をもつウラル山地もまた似たようなものであって，コーバーによれば，地向斜から生じた完全な帯状の山脈は対称的に組立てられ，さきに述べた3区分の分帯順序の2方向へのくりかえしによってできているが，そのばあい両部分における運動は外側をむいている(第46図b)．両部分の間には，実際に動かない，いいかえればもとの場所に止まっている中心の構造帯(中心帯)があり，それは所によってはアルプスのばあいのようにまったくしわくちゃにされていることもあるが，また所によってはカルパート山脈とディナリーデン(西バルカン)の間のハンガリア地塊のように一つの幅ひろい“中間山脈”を形成することもある．しかし，褶曲地帯の完全に対称的な重複はまれであって，たいていのばあいにその一部は抑圧されてしまうか，または減殺されるかしている.

褶曲山脈の帯状構造は，造山運動の根本的な原因の解明にとってとくに重要である．それは，我々は一方ではよく保存された若い山脈において，他方では深部まで露出された古期の軀幹山脈において，さまざまな深度における個々の構造帯の現象形態を研究することができ，このようにして時代は異なるが同じ構造をもった山地を比較することによって，運動形態が深部に向って変化することを確認できるからである．それについては，地球の深部構造の問題をとりあげるばあいに，もう一度考えることにしよう.

地向斜とそれから生じた帯状に区分された褶曲帯は，比較的せまい帯状地をかたちづくり，さまざまにまがりくねったり分岐したりして，大陸塊のあいだを貫通している．このように特殊な動揺性を特徴とする“弛緩帯”（コスマット）はたいてい《オロゲン(造山帯)》と呼ばれている．この帯は，褶曲運動に対して多かれ少なかれ抵抗する，古い安定な大陸核(ブロックと陸棚)にからみついている．このような固い部分に対しては《クラトオゲン》Kratogen（コーバー）または《クラトン》Kraton（シュティレ）という名称が採用されている．

横圧作用 Transversalstörung

地質学的描写は，褶曲山脈を個々の弧状地帯に分解することをつねとしている．中部欧州では西部アルモリカンおよび東部ヴァリスカン弧状地帯，第三紀の山脈では西

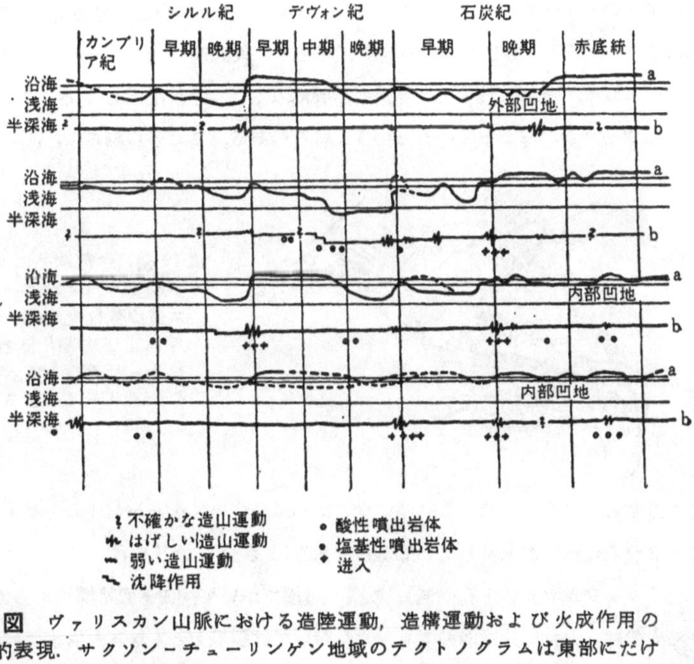

第48図　ヴァリスカン山脈における造陸運動，造構運動および火成作用の図的表現．サクソン-チューリンゲン地域のテクトノグラムは東部にだけあてはまる(208頁)*.

* サクソン-チューリンゲン帯のオシログラムはチューリンゲンよりはむしろ東エルベ地域(ルガン構造)に関するものである(第5図に関しても同様である).

アルプス・東アルプスおよびカルパート山脈の弧状地帯について論じられている．ところが個々の構造を詳細に深く究めようとすればするほど，ますますこの区分はひじょうに模式的なものであることがわかるのである．

明瞭な弧状構造は，がんらい外帯においてだけ明瞭に連続するものである（レノーヘルシニア帯・またはヘルヴェチア帯）．内帯はもっとひどく錯綜している．とくにモルダヌビアと東アルプスの片麻岩核は新しい弧状構造をまったく示していない．それらは比較的固化していたので，弧状に褶曲をうけないで，突当ってくる水平運動の影響のもとに破壊しなければならなかった．山脈の運動方向によこたわっているこのような断裂帯については，近頃になってやっと注意されるようになったばかりである．中部欧州の石炭系山脈については，今日すでにまったく多くのことが知られている．そのなかで最も重要なものはシュワルツワルト附近のライン河谷縁辺部，ドナウにいたるまでのチューリンガーワルトとバイエルンワルトの西南境界線（プファール Pfall），ラウジッツ押しかぶせ断層，ズデーテン周辺断層である（第 49 図参照）．この線の本質は，それに沿っては普通の断層にみるような垂直運動はなくて，相接する岩塊の水平移動がおこっているというところにある．これらの割目は片麻岩地塊の基

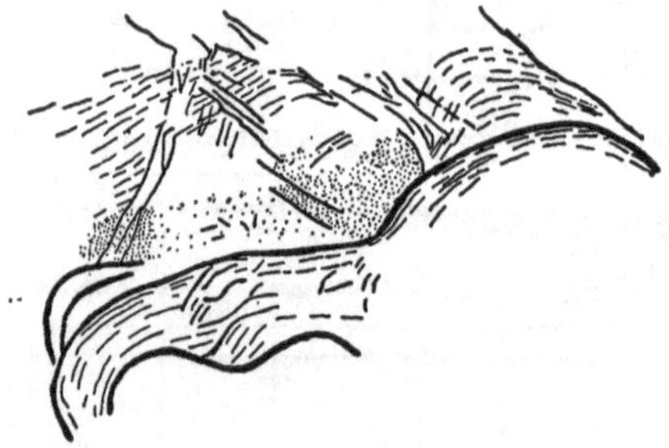

第49図　中部欧州におけるヴァリスカンおよびアルプス造山帯を走向線，横圧作用および古期片麻岩塊（点をうった部分）で示したもの．クロースによる．

盤に達するほどの，ひじょうに深いものにちがいない．なぜならば，そこからしばしばマグマの産出物が上昇しているからである（ラウジッツ花崗岩，パッサウ花崗岩，一部のシュワルツワルト花崗岩）．軟質の地層において撓曲や弧状構造としてあらわれるものは，かたい片麻岩のブロックにおいては裂線をともなった階段状の前駆地帯になるのである．

それではアルプスにおいても同様な構造が示されるであろうか？それができるという根拠が実際に存在する．そこでの情勢からすれば，とりわけ最南部の東アルプス地

帯においては多数の横断破砕を予期することができ，遠く北部においては弧状撓曲がそれにつけ加えられるにちがいないであろう．ユディカリア線 Judicarienlinie というのは北北東に走るいちじるしい擾乱部で，ガルダ湖 Gardasee からブリクセン Brixen までつづき，そこで東に方向を転ずるものであるが，ヘリッチはすでに数年前に，この線は，水平移動の性格をもっており，その線にそって東部における結晶岩山脈がはるか北方におしうごかされたということを証明している．アダメロ山地の大きな新期の花崗閃緑岩の岩株がその線と関係のあることは注意すべきである．

さらに重要なのは，東アルプスと西アルプスの境界線はこの線に平行なことである．エンガディン Engadin—シルヴレッタ Silvretta—レーティコン Rhätikon の線に沿って東アルプス帯は遠くペニン帯に乗り上っている．ここでは運動は，他のアルプスにおけるように北方に向うものではなく，むしろ北西に向ってレーティコンにおいてはじめて旋回し，ふたたび北に向うのである．したがって，ここでは東アルプス弧が横にペニン弧に乗り上っていることが認められる．後方の古い結晶質の片麻岩ブロックにおいては，造弧作用のかわりに水平移動があらわれるが，それがまさにユーディカリア線である．アルプスの東縁およびカルパートにいたる移行帯も同じように解釈することが，私にはまったく可能に思われる．そうすると，アルプスとハンガリア平原との明瞭な不連続も，原因はおそらく水平移動であり，可塑的なカルパート弧に対する硬い補足物をなしているのであろう．このカルパート弧の南西翼は，ムルアルプス Muralpen において北西部に向う回転運動か，またはカッチベルク線に沿うタウエルン塊状地の押しかぶせ断層を仕上げている．西アルプス弧・東アルプス弧およびカルパート弧は，南方の結晶質地塊の北にむかう階段状の前駆地帯にあたるものかもしれない．

ヘリッチとサンダーの思考方法にもとづくこの解釈は，西アルプスのデッケン説と

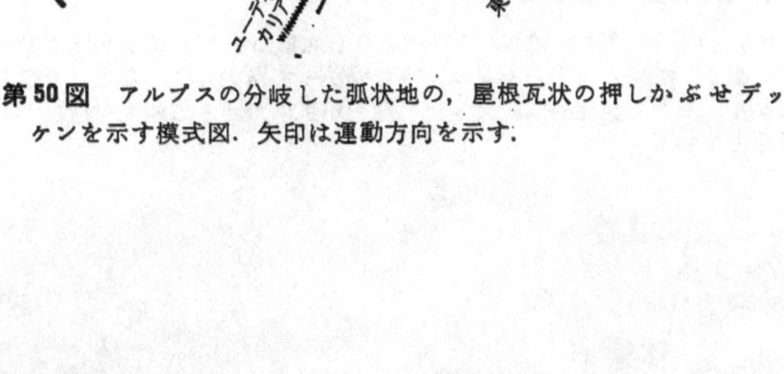

第50図 アルプスの分岐した弧状地の，屋根瓦状の押しかぶせデッケンを示す模式図．矢印は運動方向を示す．

はたしかに対立している．デッケン説は単一の南一北運動を仮定し，したがってペニン帯が東アルプスを通じてアルプスの北縁まで押しかぶせられていることを仮定している．しかしこの運動の単一性はまだ議論されるべきものであって，西から東にむかう“屋根瓦状の”押しかぶせデッケン運動をともなった階段状の前駆地帯には，個別性の考え方の方が調和しやすいのである．ヴァリスカン山脈に対する類似性はこの解釈でとくに明らかになる．

しかしながら他方この解釈によれば，一つの褶曲山脈において完全に単一な運動方向を語ることはできないことになる．そのことはアルプスのデッケン説の二三の基礎にとっては重要である．もし運動がいたる所で単一ならば，アルプスのいたる所でヘルヴェチア・ペニン・東アルプスのデッケンというまったく同じ順序でかさなりあっているのがみられるにちがいない．したがって，東アルプスの東縁部では，このデッケンの下に数千メートルもの厚さの深部デッケンの集りがよこたわっているにちがいないと思われるが，ちょうどここでは山が最も低いので，それは真実らしくない[1)]．もしも運動，すなわち北への衝動がいろんな場所で強さが異なっており，しかも時としては造陸運動の性格をもった帯の向きに斜めの方向をとるとするならば，あまり模式的ではないが，機構的には理解しやすい，地向斜の褶曲空間像を得るようになるのである．

相接する地塊の側方への水平移動をともなう底の深い運動面は，かならずしも褶曲山地にかぎられるわけではなくて，すでに凝固したかたい地塊にもあらわれるということは，強調しなければならない．そのような運動は，たとえばオスロの地溝断裂の周辺地塊や西スエーデンの鉄片麻岩帯(南東スエーデンの花崗片麻岩地域の向側)に対して想定することができる．したがってそのばあい，大陸地塊の全体またはその一部からなるブロックにおける運搬が問題となるのである．幾何学的にみると，そのような運動は無限の深部まで続くものではなくて，一つの運動面によって下部を限定されていると仮定しなければならない．それは，上位のかたい地殻部分が可塑的かまたは流体状の基底部の上を動かされたということを意味している．このような推論は，ウ

1) コスマットは，中央アルプスの特徴であり，比重の小さなデッケンの岩石の集りによって支配されている重力の不足は，東にむかって消失していることも示した．このこともまた，しかも決定的に，デッケン構造が東にむかって強度を増加するということと矛盾している．

ューゲナーによってうちたてられた大陸移動説もしくは大陸水平漂移（エパイロフォレーゼ）への一つのかけ橋となるものである．それについては，地殻運動の機構を論ずるときにもっと詳細に問題をとりあげることにしたい．ただし，我々がいま問題にしているのは“自由な漂流”ではなくて，鉛直な運動面にそう“軌道附の”運動（クロース）すなわち“パラフォーレン”Paraphoren（ザイドリッツ v. SEIDLITZ）であることを確認しておかねばならぬ．

地向斜の火成作用

いままで論ぜられてきた他の地殻要素とは反対に，地向斜とそこから生じた褶曲山脈とは，おびただしい堆積物とさまざまな火成岩の存在することが特徴となっている．これらの火成岩には不整合状または被覆物のようにひろがっている噴出岩だけでなく，典型的な内位深成岩も存在している．そのばあい，明瞭でしかもよく定義できる，火成岩の歴史的な噴出順序が見られ，その順序はすべての地向斜に規則的にあらわれるのである．

ゴルドシュミット[1]の基礎的な研究によってよく知られているノールウェイのカレドニア地向斜から出発すると，つぎのことが認められるであろう．地向斜地域内では主として沈降によって特徴づけられる造陸運動の準備期においては，主に塩基性化合物（鉄とアルカリ土類にとみ，珪酸にとぼしい）のマグマの噴出によって特徴づけられる強烈な地表火山活動が時おり支配的であった．イギリス地向斜において特殊な枕状の節理をもったいわゆる枕状熔岩 Kissenlava (pillow-lava) によって特徴づけられるものは，ゴルドシュミットのいう緑色熔岩の系統のものである．中部欧州の石炭系山地およびウラル山地においては，デヴォン系と早期石炭系の輝緑岩と輝緑凝灰岩に同様な構造をみることができ，それらはまたコルディレラとアンデスの中生界からも知られている．第三紀のアルプスにおいては，褶曲運動に先立つ緑色岩石またはオフィオリット Ophiolith（主として蛇紋石）の迸出がおなじような役割をはたしている．これらの火成岩は，凝灰岩および時にはまさに深海のものである．堆積物（放散虫岩）とあいともなっており，それゆえにこれらは海底で凝固したことが推論されるのである．このような地向斜におけるマグマ活動の歴史の第1時相は《初生的》（シュティレ）とよばれている．

---

1) 最初（1916年）の解釈はその後，とくにアナテクシスの研究によっていくぶん修正されている．

これより後のある時相において，おそらく造山運動の初期にあたる時期には火山活動は化学的生成物をみても機構的なあらわれかたをみても変化しており，しかもシュティレによれば発作的である．マグマはもはや地表まで進出しない．マグマは深部において高圧・高温のもとで深成岩として凝固する．それにひきつづいてマグマが上昇するさいに，堆積岩山地の内部にしばしば大きな変位面が生ずる．固まった岩石がしばしば明瞭に圧縮されたりすりつぶされたりしていて，造山運動の一部は凝固作用よりも永くつづいたことを示している．ノールウェイでは，古い造山運動の初期にうごかされ，さらにふたたび熔融された岩石が，一部は貫入により，また一部は造構運動によってはこび去られてしまったことが知られており，その侵蝕生成物から集積された礫岩はその後，後背地にはいまも保存されている貫入岩によって，造山運動の進行途中において押しかぶせられている．化学的にこれらの岩石は緑色岩の系統とはっきり区別することができる．まず第一に，それはかなり大きい変化の範囲を示していて，酸性の，珪酸に富む変種もあり，しかもこの方が主である．さらにまた，輝石に富むこと，石灰質長石の多いこと，および水分にとぼしいことなどがいちじるしい．

その後造山運動の末期に，ノールウェイにおいてはトロニエム岩系のものが上昇し，その凝固作用は一部は造山運動より永くつづいた．それゆえこれに属している岩石は，しばしばすこしも圧縮されないでおり，また時としては主要構造線と直接には一致しない境界面をもっている．化学的には珪酸に富むものが多い．ソーダ長石が優勢となり，輝石のかわりに雲母があらわれる．マグマは水分に富んでいた．花崗岩の凝固は造山運動の終末を意味すると同時に，動きやすい地向斜が一つの安定なブロックに転化したことを意味している．

大体において，この模式はすべての地向斜にあてはまる．すなわち酸性の花崗岩は造山時相の終末の特徴をあらわし，その境界面はしばしば周囲の成層岩に対して不整合的である．すなわち花崗岩の造山運動への従属性は，相対的に最も微弱である．

大体においてこの模式はすべての地向斜にあてはまる．シュティレのいう火山活動の《間造山期》の時相について論ずることができるが，その時相ではたいていのばあいに，生成された岩石が大きな変化領域をもち，全体の構造に調和して深成岩体が入りこみ，運動のおわる前に凝固した古いほうの段階と，酸性ないし極端に酸性の岩石をともない，構造と不調和に深成岩体が入りこみ，運動のおわった《後で》凝固した若いほうの段階とが明瞭に区別される．

その上，地向斜内部の最後の造山運動の時相は，しばしばひじょうに長期にわたる表面火山活動によって特徴づけられ，その火山活動はいちじるしい化学性の変化領域をもっている．たとえばヴァリスカン山脈においては，ザール地方，チューリンガーワルト，ニーダーシュレジエンなどにおける塩基性の黒斑岩と酸性の斑岩の主要な噴出がこれに属している．このような《後生的時相》(シュティレ)は地域的にはオロゲンの内部凹地にかぎられており，時間的にはしばしば間造山期の最後の貫入作用と切りはなすことのできないものである．

したがって褶曲山脈の運動の輪廻は深成岩の活動の方面からも定義されるが，この際その定義のなかには，熔流の侵入様式(貫入機構)も，変化する化学性もふくまれるのである．

褶曲作用の後には，一つの褶曲山地のいろいろな帯は，火山活動に関してはまったく異なった行動をする．前凹地において，すなわち運動方向にそって見ると中心を遠くはずれている外縁部においては，火山作用は珍らしい．たとえばベルギー－ウェストファリアの炭田地帯，すなわち中部欧州の石炭系山地の前凹地では，火山作用はまったく欠如している．中部スイスからオーバーバイエルン，ウィーン盆地と前凹地としてのガリシア*をこえて，アルプスとカルパート山脈をとりまいている第三系岩石の発達する細長い地帯では，火山作用は前陸地に対する前凹地の外縁部か，さもなければ前陸地の内部の(ヘガウ Hegau，シュワーベンアルプ)，わずかな場所にかぎられている．生成物の性質は，玄武岩質か，いちじるしい大西洋型か(アルカリ岩)である．

褶曲山脈の内縁部は第三紀の山脈についてしか知られていないが，そこでは，上の例とは逆に，褶曲運動の後に大きな断裂作用と活発な火山活動のみられるのが特色である．上部イタリア平原，カルパート山脈の後背地，アペニン山脈の内縁部のチレニア海はこのような位置を占めている．最後にあげたチレニア海では，火山作用はなお今日までつづいている．ここに噴出するマグマは化学的にはしばしば大西洋型の岩石に属するもので，アルカリカルク鉱物にくらべてアルカリ鉱物が優勢である．

地向斜におけるマグマの輪廻は，すでに述べたように他の地殻要素では欠如している．スカンディナヴィアの大楯状地やロシア卓状地のばあいがそうであるように，褶曲運動からまぬかれているかぎり，それらの地域にはおおむね火山岩がみられないの

* 南ポーランドの州．

である．そのような地域が褶曲運動にひきこまれると，たとえば石炭系山地の内帯に属する中部欧州のモルダヌビア片麻岩のように，いわゆる"短縮された"火山作用の輪廻を示す．すなわちそれは，準備的な初期の時相にみられる塩基性で珪酸にとぼしい岩石を欠いており，わずかに造山運動のおわりに，酸性の花崗岩が主として片麻岩地塊と本来の地向斜との境界にそって下からわき上っているのがみられる．

すでにのべたように陸棚地域では，それとはまたちがった関係になって，造山運動の期間中には褶曲はうけなかったが，はげしい断裂を受ける．ここでは時としてはひじょうに強烈な火山作用がおこなわれ，噴出物が地表面までおし出してくる．化学的にはこのような岩石はやはり地向斜と共通ではなく，大西洋型(アルカリ岩または中性型のもので，たとえば玄武岩)に属している．

したがって，あらたな運動にさいしてはせいぜい断裂運動をともなう反応を示すだけの地向斜の凝固した部分や，すでに安定化した地域(ブロック・陸棚)は，造山運動がおわったあとで，化学的に玄武岩質および大西洋型の熔岩を特色とする特殊な火山活動を示しているということが明らかになっている．この《"末期的時相"》(シュティレ)の現象型としてはとくに，いわゆる台地玄武岩 Plateaubasalt (ゲーキー GEIKIE)またはフルート玄武岩 Flutbasalt (ティレル TYRELL)の巨大な熔岩流出が特徴となっており，その例は安定なカナダブロック(上部湖沼地域 Oberer See)，グリンランド，パラナ地方(南米)，カルルー地方(南アフリカ)，アベシニア，デカン高原(インド)，シベリアのトラップ Trapp*にみられる．

深成岩活動の発展にもとづく地球の大地塊の定義は，純粋に造構運動の過程にもとづく定義よりも，もっと明確であるとみなされる．とくに塩基性岩の海底噴出をともなう準備時相は，地向斜を無条件に他の要素——陸棚とブロック——から区別する一つの判定基準である．

造山帯の地表形態

すでに述べたように，地向斜は帯状の動揺しやすい地殻の一部分で，たいていのばあい隆起帯(浅瀬・列島)と盆状帯がたてにならんでいる．造構運動の途中に生じた構造変化は，かならずしも無条件に海面の上にでることとむすびつける必要はない．時としては海面上に出ることは，ブロック運動または(ディクティオゲネーゼ的な)大褶曲という形をとって造山帯が上昇するさいに，はじめておこることである．しかしな

* 暗色の火成岩．

がらこの上昇は，それ自体としてやはり造山帯の本質に属するものであり，地向斜から山脈への転化を支配する．そしてこの改造作用は侵蝕作用と平行しておこなわれるので，山脈の地形は密接に地質構造と関係している．したがって河谷の先行性というような現象もまた造山帯の特色をなすものである．それゆえ，地質構造と地表形態の一致(向斜＝谷，背斜＝山陵など)すなわち，《調和的な地形形成》は，造山帯の地形学的性格を特徴づけるものであるということができる．

d) 海　盆

おそらく根本的に構成の異なるものと思われる地殻の第四の要素について，簡単にのべなければならない．それはひろがりにおいては他の地殻要素をはるかに凌駕しているのに地質学的にも歴史的にもほとんど論及されえなかったものである．――それは巨大な大洋空間である．

現在の海洋底については，当然ながらごくわずかのことしかわかっていない．深海地域は特殊な，一見したところあまり厚くないらしい堆積が特徴をなしており，その堆積物には陸地から流しだされた生産物にとぼしいことと，低温によって石灰分の少くなっていること，底棲動物群を欠如することなどがその特色*であることが知られている．これに対して，浮游生物の珪酸質遺骸は優勢である．岩石はたいてい緻密で赤色の，ひじょうに均質な，珪酸分に富んだ粘土岩である．いちじるしく珪酸にとぼしい(塩基性の)火山岩の海底噴出は重要な役割をはたしている．海底面の起伏は，最近の深海探険の成果が示しているように，すくなくとも大西洋においては以前に考えられたほど平坦ではない．事実，中部大西洋地域には一つの縦長の隆起帯があり，それは部分的に“海底の高位山脈”の特徴をそなえている．

大西洋およびインド洋型を一方とし，太平洋型を他の一方とすると，その間には，ともかくも根本的な差異があり，ここに根本的に異なる二つの構造型の存在することは，現在ではきわめて可能性が強いように思われる．この差異とはつぎの通りである．

1. 地球物理学的に： 地震波の伝播に関する観察が示すように，大西洋においては，大陸塊の下深くに不連続面が存在するが，太平洋ではこれはまったく欠けている．したがって，太平洋地域では比重の比較的小さい岩石からなる上層が欠けているが，

---

* 最近の深海の研究によって，かなりたくさんの底棲および游泳動物のいることがわかっている．

これは大西洋では数十kmの厚さに達し，大陸の核心部では実際にはもっと厚くなりうるものと推論されている.

2.　地形学的に：　すでにのべたように，大西洋は中心の隆起帯をともなうかなりいちじるしい起伏を有し，それから細い側陵的の隆起帯が“羽状に”隣接する大陸地塊にむかって走っている．それによって地域全体はいくつかの“区画”Feldに分けられ，クロースが示したように，隣接したアフリカのブロックの区分をあざやかに思い出させる.

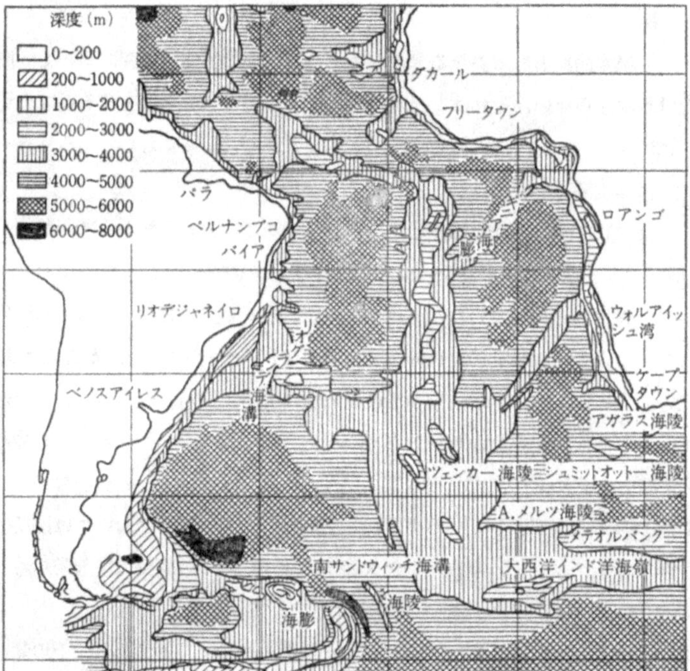

第51図　南大西洋海底の起伏．ドイツのメテオル号探険の音響測深による.

3.　位置的に：　大西洋の沿岸周辺部は相接するブロックの地質構造に不調和に走る断裂帯であるが，これに対して太平洋においてはしばしば調和的であり，いいかえればそれは関連のある若い褶曲山脈の走向に平行である．すなわち大西洋とインド洋は断裂帯によってふちどられるが，太平洋は褶曲帯によってふちどられるのである.

これらの地域において“大西洋型”(アルカリ性)または“太平洋型”(アルカリ－カルク性)マグマが優勢になるということも，以上のことと関連している．

4. 歴史的に： 大西洋は白堊紀以後，インド洋は二畳紀以後に生じたものであることは立証されている．しかし太平洋のばあいは，その海底の位置がかつて海面上にあらわれたと仮定すべき決定的な根拠はなんら存在しないのである．学者たちは，太平洋には太古代のはじめにおこった月の分離による“傷あと”があるのであって，したがって恒久性をたもつのがふさわしいと考えている．

ブロックと陸棚の上には深海沈積物がみられないということは，これらの地域が一度も大洋底であったことはないということを示している．逆に大洋底がかつて海面上に存したかどうかということは，今なお未解決の問題である．

大洋地域に沈下した“陸橋”Landbrücken を想定する仮説は，互いに向い合った海岸の構造の類似性と，おそらく現在沈降している地域から材料の供給をうけているらしい，むかしの堆積作用に関する古地理的資料にもとづいており，さらに陸上動物のむかしの移動経路に関する古動物学的資料にもとづいている．一連のこれらの資料に対しては，のちほどの章で述べるように，他のちがった解釈も許されるのである．また昔は高く，のちに沈降した縁辺地帯があったとしても，それは大洋地域の恒久性全体に対する反証とはならない．

こうして恒久性は，すくなくとも太平洋型の大洋にとっては，まったくもっともらしいものである．したがって大洋はブロックと１対をなすもの，すなわちつねに沈下する傾向の地域[1]である．シュティレは大洋空間は安定な深部地域であって，まったく太古から存在するか(太平洋)，さもなければ地史の途中ではじめて“破壊作用”によって新しく生成されたか(大西洋・インド洋)であると考えている．彼によれば，その深部地域はブロックや陸棚とおなじようにある程度“褶曲作用に対する抵抗性”または硬化状態を示しており，そのことは周囲をとりまく山脈に対しては前地としての作用をするということ，すなわち深部地域にむけられた褶曲運動に抵抗しているということにあらわれている．シュティレはこのような見地から大洋空間を《低位クラトン》Tiefkratone と呼び，これに対してブロックと陸棚を《高位クラトン》Hochkratone と呼んでいる．

1) SOERGEL: Die Permanenz der Ozeane und Kontinente. Stuttgart 1916. (大洋と大陸の永久性)

大洋地域内部における造構運動の作用については，いずれにせよほとんど何も述べられてはいない．海底地震がひんぱんに起ること，強烈な火山作用や大西洋底のはげしい起伏も，この空間が硬化した，“クラトン状の”性質を有するということに対して常に疑わしく思わせる点である．太平洋における海洋底が，ひろい範囲にわたって平坦な起伏を有するとしても(そのことはなお証明を要するが)，それは最大の動揺性という意味に解することもできるであろう．すなわち，造構運動によって生じたすべての均衡の乱れはすばやく平衡をとりもどすのである．おなじような意味で“低位クラトン”の“前陸地”としての特徴は，低位クラトンに向って動いてくる硬化した地塊が可塑的な大洋底物質にのり上げ，その大洋底物質が一種の“緩衝器”の役目をなして運動を途中でうけ止めて，もはや伝達しないということによって完成されるということも可能なのである．このばあいの解釈は，造構運動の原因と性格についての根本的な解釈，すなわち後の章でのべる，まだいちじるしく仮説的な性格をもっている解釈に強くむすびついている．その限りにおいて，大洋地域に関してはまだほとんど述べられないが，このさい，このような空白はとくに，この地域が歴史的解析が不可能であるということによって生じるものであることを強調しておきたい．

e) 分類の結果

地殻の諸要素を，それの歴史的発展にもとづいて特徴づけようという試みの結果，つぎのような単位に区分するのがよいことがわかった．

《ブロック》．恒常的な太古の上昇傾向．厚い，高度に結晶質の深部構造，すなわち厚い，石質の外被(サル Sal)．上部構造は，おそろしくうすく，間隙が多く，不変成で，継変作用による変化がほとんどない．新しい構造は断裂や割目によってだけほのかに示される．

《安定陸棚》．平地と浅海との間をうつり動く．高度に結晶質の深部構造と，厚さ数百メートルにもおよぶ上部構造，上部構造における微弱な継変作用．構造はとるにたらないもので，ひろいヴァールが特徴である．

《易動陸棚》．いちじるしい沈降の傾向．変成岩ではあるがかならずしも完全に片麻岩化していない，褶曲した下部構造．上部構造は数千メートルの厚さをなすが，浅海成堆積物であることが特色である．堆積作用は沈降とつりあっている．継変作用は強度ではあるが，変成作用にまでは進行しない．構造は断裂褶曲(“ゲルマン型”—

シュティレ).

《地向斜》. 強度の運動性——深海と山脈の間をうつり動く. 古期結晶質岩石の下部または深部構造はすくなくとも一般には証明されない. その代り, 塩基性物質のはげしい貫入と溢流とがみられる. 上部構造は時としては厚層をなすが, その特徴や岩相においてはひじょうに不安定である. 沈降はしばしば堆積よりはやい. 続変作用はしばしば変成作用や再結晶作用にまで高められる. 構造はひじょうに強度("アルプス型"褶曲作用).

《海盆》. 典型的な深海堆積作用と深部からの塩基性"シマ物質"の産出のみられる, 大部分の時期にわたって深いかまたは永久的に深い位置をしめる地域. 下部構造または深部構造の存在については, 直接に説明することはできない.

地下資源とその分布の様子もまたこの区分に従っているということは立証された. それらの資源が深処から由来したもの, いいかえれば直接または間接にマグマ起源のものであるばあいは, マグマ活動の一定の型に従って生成し, したがって造山帯と結合している. 資源のうち風化作用によって生ずるものについては, 古期の高地帯と安定陸棚とがそのにない手となっている. また資源が結局堆積岩起源のものであるならば, 相としたがってまた地塊の造陸的特徴が決定的である. たとえば石炭と石油とは, 易動陸棚および, それと多くの点で似ている褶曲山脈の前凹地の典型的な標識である. 石炭はとくに, 内部凹地すなわち褶曲山脈の内部のとくに動揺しやすい長期にわたって沈降している帯状地の標識である.

最後に, 地表の形態もまた, 地殻の個々の領域を, 四つの群の一つに体系的に整理するための有効な基準であることがわかった. 地球の表面というものは, 岩圏と気圏の間の反応帯(風化・侵蝕など)に相当するものであり, この面は地殻運動によって撓曲され, 外因的作用によって《位置を移動させられる》(侵蝕によって下方に, 堆積によって上方に)という考え方から出発するならば, つぎのような関係が明らかになる.

ブロックでは, 内因的運動は弱いものであるかまたは消滅しているかである. したがって気圏との境界面の移動は, 構造のつぎ目 Strukturfuge と直接の関係なしに生ずるのである. それゆえ, 造陸運動と, 《不調和な》地形形成とがその特色である.

陸棚においては, 運動の強さはとるにたりないものであるが, 平らな上部構造は境界面の選択的な移動にとって好都合である, すなわち破壊作用は, 硬くて最も抵抗性のある岩層が表面にでるようにするのである. したがって気圏との境界面は, 造崖性の地形や櫛状構造地形を形成することによって，平坦な地質構造に適合している．これは《協和的》地形形成ということができる．

新しい褶曲山脈においては，撓曲の強度はひじょうに大きいので，気圏との境界面の外因的な移動は，その撓曲のあとを追いかけるようになるのである．したがって地形のすがたの早期の段階では，いずれにせよ，内因的撓曲が地表面のすがたに直接にあらわれるということになる．すなわち山脈は上昇地帯または背斜にあたり，谷は下降地帯または向斜にあたっている．したがってこれは《調和的》地形形成ということができる．

今日多くもちいられている，コーバー[1]によるオロゲンとクラトオゲン（あるいはシュティレのクラトン）への区分は，根本的には上述の区分とほとんど異なっていない．オロゲンというのは，地向斜と，地向斜から生じた高位山脈であり，動きやすいオロゲンは，せまいひもとなって，他の安定した地殻構成の間をあまねくまきついている．旧世界でオロゲン自体の内部にもまた一つの帯状の区分が行われていて，しかもそれぞれ，北方すなわち外側にむかって押しかぶせ褶曲を行なった北の本体 Nordstamm と，アルプスで見られるようにほとんどしぼり出されてしまうこともある安

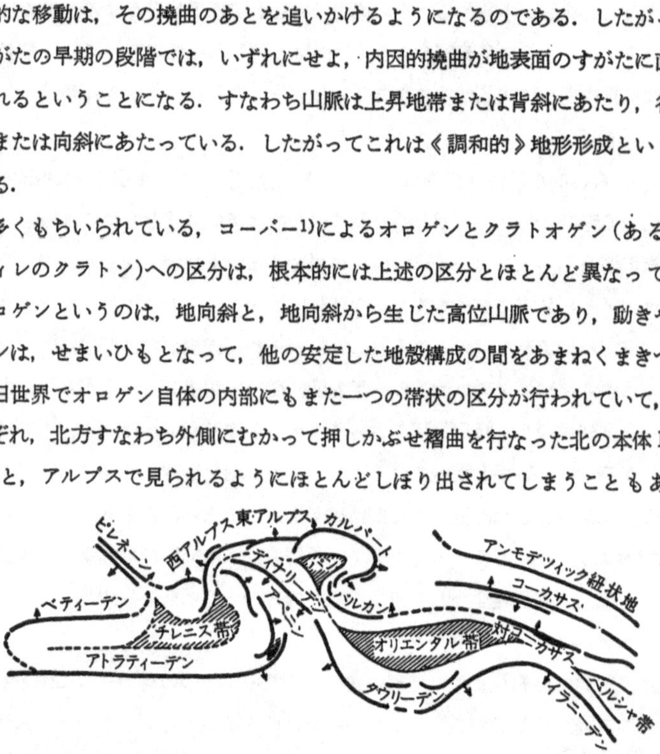

第52図　アルプスのオロゲンの区分．一部はコーバーによる．

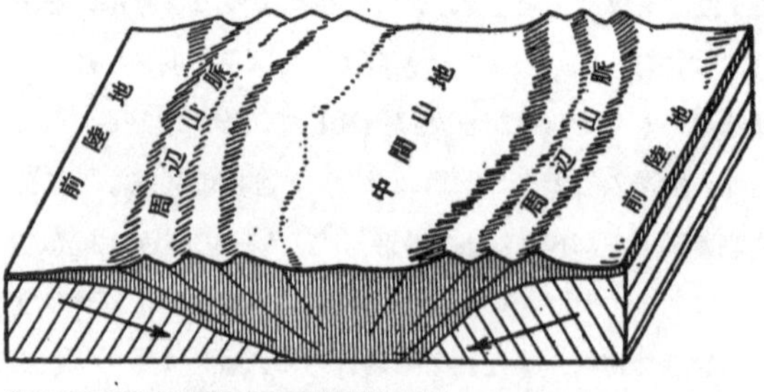

第53図　複造山帯の区分をしめすブロックダイアグラム．コーバーによる．

1) Der Bau der Erde（地球の構造），Berlin 1928.

定な中間山脈と，南方すなわちこれまた外側へうごいた南の本体 Südstamm とにわけられるのである．この本体が外帯・変成帯・内帯に帯状区分されることは，古期および新期に生成されたすべてのオロゲンにおいて立証されている．

クラトオゲンまたはクラトンは本来，オロゲン以外の我々が区別した他のすべての要素を包括する．したがって海盆もまた固化した要素と考えられるかぎり，それにふくまれるのである．この純粋に造構運動の基礎に立っている区別に対して，歴史的区分はもっとはっきりしたものであり，細目にわたる分類を許すように思われる．

ブロックと陸棚とは中間形態によってむすびつけられており，本質的には増加する運動性の系列をあらわすものであることは，すでに強調しておいた通りである．地塊の運動性の程度はじつに，硬化性の大小のあらわれにとどまらず，それに作用する造山力の強さの函数でもある．もしこの強さが十分に大きければ，比較的固化した，地域もまた，もっと大きな運動性を獲得する．たとえば，褶曲山脈の前凹地のばあいがそれで，これはさしあたりは安定陸棚あるいはブロックにさえ属しているが，となりの地向斜の造山運動の期間中には，易動陸棚のような型を呈するようになり，そのことは堆積が厚くなり，造構運動がはげしくなり，石炭や石油のような特定の地下資源に富むようになることなどにあらわれている．地向斜と易動陸棚との間にも中間型があって，たとえば北ドイツの低位平原 Tiefebene と南ロシアのドネツ盆地はこれに属している．しかしながら海の深くないことと火山活動のはげしくないことからすれば，これらはむしろ易動陸棚の部類に入れられる．海盆がどこまで根本的に対立した型をあらわすかということは，すでに述べたようになおよくわからない．

さて歴史的には，上述の四つの要素は永久的であるか，すなわちそれらの性格はすべての時代を通じて持続しているのか，それとも一つの型が急速にしろ漸次的にしろ他の型に移過していくものなのかという問題が生じてくる．それは大陸と大洋の永久性についてしばしばはげしく議論された問題であって，この永久性は，一部はとくにアメリカの地質学者によって肯定され，一部はある大陸から他のある大陸への動物種の移動にもとづいて否定されたものである．この移動はいわゆる陸橋を必要とするが，この陸橋はのちに沈下して今日では深海の一部とならなければならなかったものである．

まず第一に，今日の大陸はその大部分が明らかに何度も海水におおわれたのであるから，陸地と海洋との永久性は一般に唱えることはできないということが確認されなければならない．けれども，これらの海水の氾濫は多くのばあい浅海の特徴を有しているので，ブロックと陸棚との間には，空間的だけでなく，時間的にもあらゆる過渡的なものが存在しうるということを仮定しなければならない．さらに地向斜は褶曲運動によって高い山脈となり，同時にうごきやすい性格を失っていくことを注意すべきである．すなわち“かたまらせ”られ，いいかえればブロックの性格をそなえるようになる．つぎに山地が崩されると，その本体は新しい陸棚海におおわれるようになる．そのことは中部欧州でよく認められるが，ここでは石炭紀の山脈が崩壊したあとで，その基盤または下部構造の上に不均質な陸棚が生じたのである．

したがって我々は，とくにシュティレが述べたように，時代とともに進行してゆく凝固性と同時に，大陸の成長をみることができるのである．すなわち原欧州の太古代の核には，カレドニア地向斜の褶曲運動によってノールウェイおよび英国の地域が併合され，それはのちには一部はブロック，一部は陸棚の性格をもち，したがって《古欧州》Paläoeuropa が生じたのである．古生代の末に，さらに南部においてヴァリスカン(石炭紀の)地向斜が褶曲をうけて大陸核に接合され，その後不均質な陸棚が形成される．そうしてまったく異質な《中欧州》Mesoeuropa が生じた．つぎに第三紀においてこの地域にアルプス山脈の環状地が附加され，それによって大体において今日の大陸《新欧州》の Neoeuropa の輪廓が決定された．現在の地中海はいわばアルプス地向斜——中生代のテーチス海 Tethys——の遺物である．

この大陸核の接合，すなわち進行する凝固性と大陸拡大性は，他の諸大陸においてもみられるが，そのなかに，地球の大地形についての根本法則が疑いもなく存在するのである．

しかしながらなお，逆の過程が可能であるかどうか，したがって大陸部は深海底になりうるかどうか，そして安定地域の内部では地向斜の“再生”Regeneration（シュティレ)が可能かどうかという問題が，まだ未解決にとどまっている．

そのような仮定を確証すると思われる直接の観察はないし，したがって解答はまったく理論的前提に依存しているのであるが，それについては最後の章で簡単に論じたい．その解答は結局，大陸を不動のものと考えるか，それとも大陸が地殻の上を滑動できると仮定するかどうかにかかっている．後のばあいならば，後に大洋の深部に沈んでしまった陸橋というものを仮定することは不要になる．この仮定を支持する直接の観察は実際一つもないのである．

そこでさらに，一方では，大陸間に存在する地向斜のしぼり出し作用によって新しい大陸域が生じうると仮定し，他方では大陸の部分の曳裂 Zerrung すなわち引裂き Auseinanderreißen によって新しい地向斜が生ずると仮定することもできる．この過程は両方とも，大陸は完全に不動であるという仮定のもとには考えられないことであり，このばあいには，深海と地向斜の生成は別の論証しにくい補助仮説を必要とすることになる．

この未解決の問題に簡単に立入る前に（242 頁参照），分類的研究の結果をここに示しておきたい．四つの成因的にも空間的にも互いに関連のある地殻要素が歴史的考察によって定まる．それらは，性格と形成の傾向とが全地質時代を通じていつも同等であるという点においては，《永久的》である．けれども，どんどん進行する凝固作用のために，大陸が生長するという点からすれば，《変化しやすい》ものである．《形態方向の永久性》Permanenz einer Gestaltungsrichtung というこの概念は，大陸と海洋の永久性という素朴な概念とは別のものである．後者は明らかに誤っている．なぜならば，このばあいは，局地的に制約される高度によって生じた陸と海とのまったく偶然の境界を，決定的な判断の基準として使っているからである．

3. 深度的区分

今までの各節では，歴史的生成過程や運動の発展（運動過程）によって，地殻構成の静的要素が定義された．個々の要素はその安定性もしくは凝固性の程度によって特徴づけられ，さらにこの安定性は褶曲運動・変成作用および花崗岩化作用（あるいは固化した熔融体の貫入）によって硬化された，多少とも厚い下部構造もしくは深部構造に支配されるということが明らかになった．このようにして得られた形態はさしあたりまったく静的であって，ブロックと陸棚においては，凝固しない上部構造と凝固した下部ないし深部構造とに階層区分され，それらは同時に二つの発展の時相の時代区分でもあるということ，また，地向斜あるいは造山帯においては，構造全体が変形あるいは組み換え運動をうけているので，このような階層区分はみられないということを示している．このような基礎にもとづいたのでは，さらにすすんだ深度的区分は不可能であり，概して静的分類によっては深度的区分は得られないのである．なぜならば，深度的差異というものは何よりもまず運動型の差異となってあらわれるものであり，したがって構造的変形の本質と原因に関する運動学的理由にもとづいて設定されなければならないからである．その研究と体系化の方法は，このばあい，けっして大きな空間における地史的区分にもとづくことはできない，ここでは，詳細なゲフューゲ解析という逆の方法によって，現在の静的ゲフューゲのの関係からゲフューゲ生成の運動論 Kinematik へもどすことが必要である．しかしその方法によっても，すぐ限界につきあたる．アルプス型山脈の構造のかがやかしい解明は，ここ数十年来おこなわれて来たが，その中ではこのような運動論すなわち構造形成の原因についての問題には解答はあたえられなかったし，また実際解答をあたえることはできないのである．それはつぎのような理由によるものである．

アルプス山脈の構造形態(褶曲・押しかぶせ断層など)は表面的な現象である．まったく幾何学的に考察しても，それが深部に対してどう続いているかということはわからない．それはがんらい次元の形をしめすだけであり，純構造的にさえも立体化はされないのである．それは1辺とそれに隣接する一つの角度を知っただけでは三角形を描くことができないのと同様である．地球上のいかなる山脈も，我々に深部の基盤の構造を明らかにするほど深い谷にきざまれたものはない．古い，ブロックにかたまったオロゲンの片麻岩化した深部構造が侵蝕作用によって邪魔ものから解放されたところのように，基盤が地表に露出している所では，こんどは上部階層の方が侵蝕作用のぎせいになってしまっている．けれども，この深部構造は深部における造山的凝固作用によって現在の構造様式に達したのであるから，そのような上部階層が以前にはたしかに存在していたにちがいないという認識は，この認識を拡張するのを助けてくれる．そのような認識によって，我々はこの深部構造を，構造がさしあたりなにもわかっていないある褶曲山脈の深部に相当するものと考えることができる．ところで，もしも我々が，さまざまな時代の山脈，すなわちさまざまな被侵蝕度でいろいろと異なる深度まで開析された山脈のなかに，同じような構造の幾何学的な形を見いだすならば，そのような歴史的系列をいわば一つの山脈の深部断面と考えることもできるし，それによっておそらく動力学的問題の解決にも有効と思われる横断面をえがくことができる．このような方法上の技巧は，層位学のそれと対照をなすものである．すなわち層位学では空間的な上下関係から時間的前後関係を復元するのに対して，このばあいには，いろいろと異なる時代の構造の遺跡から，それらの空間的関係または上下関係を組立てようとこころみるのである．

このような考察は，運動過程の研究や地球自体から地球についての機構を推論することの実例として，はるか下部に対しても，もっと詳細に行われなければならない．このばあい，地殻の分類上の区分という枠の中でまず重要な事実は，地史における三つの主要な造山運動(新期始生代・ヴァリスカン・第三紀アルプス)は褶曲作用の三つの深度の水準を特徴づけており，それらは運動の形式だけでなく，物質の状態にも特色が認められるということである．

第三紀のアルプス山脈においては，外帯の地表近くの状態は簡単な《地塊移動》または固い堆積物の褶曲という形を示しているが，そのばあい個々の運動型は，堆積物の物質の可褶曲性 Faltbarkeit に関係していて，しかもその可褶曲性は層理の細・粗によって決定されている．変成帯(ペニン帯)はこれに反して，いっそう高い温度において生じた褶曲作用および，それに応じてもっとはげしい変成作用をともなった，いっそう深い水準を示している．

深く開析された胴体の露出した山脈である新期古生代のヴァリスカン山脈(ドイツ中部山脈，ウラルその他)では，帯状区分はたしかにもっと明瞭であるが，すべての帯において造山時相のマグマ的岩石，すなわち褶曲した地層に貫入するさいに地表に達しなかった火成岩体が関与してくることが注目される．そのばあい，外帯(レノ-ヘルシニア帯)ではこのような貫入岩体は最もまれであって，ここでは造山晩期の亜時相の花崗岩によってだけ代表されることがその特色である．貫入岩体はまた，古期の層位的に下位の地層が表面に出てくるような場所には特に出現する．すなわち，主としてデヴォン系からなるライン頁岩山地では最もまれであり，シルル紀の貫入に成るハルツ地方ではいくらかひんぱんであり，また先カンブリア系の地層が地表にあらわれているブルターニュでは最も多数にみられる．一般的にみれば，たいていのばあい不整合によって特徴づけられるカンブリア紀層下位の堆積面は，貫入岩体の貫入のために，ある程度まで受けいれの体制をととのえているのである．ヴァリスカンの変成帯においては間造山期の貫入岩体はいちじるしく大規模であり，このばあいとくに，最初の亜時相の貫入，すなわち褶曲によって変成された深成岩(片麻花崗岩)が大きな役割をはたしている．第三系山脈の水準に花崗岩の貫入の証明されている内帯も，ヴァリスカン地域(モルダヌビア帯)では，花崗岩質材料からなる真の流出のあったことを示しており，ここではふたたびたいていは晩期時相に属している．

したがってヴァリスカン(新期古生代の)山脈の露出水準は《貫入水準》Intrusionsniveauとして特徴づけることができる．古期古生代の(カレドニア)山脈の遺跡もまた本質的にはこの水準に属している．間造山期的に上昇し，明瞭な境界をもった火成岩体がはげしく関与していることは，この水準の特徴である．

古期のいわゆる“根”Wurzelまでけずられた先カンブリア系山地では，すべての岩石が混成作用や花崗岩化作用によって均質化されているので，帯状区分はたいていのばあいほとんど行われえない．堆積岩と火成岩の区別はここでは意義を失い(ウェグマン)，ミグマとそれから生じた混成岩が優勢である．この岩石は可塑的な状態で岩石のゲフューゲ内の部分的運動，したがって一種の流動によって変形されている(110頁参照)．したがってここでは，《岩石流動》の水準に論及しうるのである．

造山帯で区別される地塊の移動，貫入と，岩石流動の三つの水準のなかでは，ブロックと陸棚には現在ではその上部のものだけが認められており，それはすでにのべたように2階建になっている．もしも水平な地塊運動がありうるだろうという以前にのべた考え方が正しいとするならば，その論理的結果として，このような地域においても，どこでもけっして観察の機会のあたえられないような深部に，流動水準があるということになろう．これに反して，地殻の安定部分では固有の貫入水準を欠いているということはかなり確実にいえる．なぜならば，この水準は，運動の機構によって条件づけられる造山帯の特色をあらわしているからである．底の深い断裂があるところだけに，熔融体は蝕昇作用(86頁)によって上部階層に貫入することができるし，そしてここで“地下火山”Subvulkaneとして一つの地表火山活動の(二次的)かまどを形成するマグマ溜りを，場所交換によってつくり出すことができるのである．

上述の点に関するかぎり，直接観察と地史学的推理にもとづいて地殻の深度的区分を実施することができる．観察によってもはや近づきえない地球の深い時分に推定される区分は，主として物理的な間接的な考えにもとづいて外插して組立てられたものであり，したがって地質学的目的にたいしては確実性の小さいものである．

V　地質学的方法論によってみた地球の構造と運動

1.　地質学的基本概念

我々は簡単にこれまでの思考過程をふたたび要約してみよう．なぜならば，そうすることによって，いっそう遠大な研究目標を設定し，それの実現の可能性を知ることが最もよくできるからである．

《最初の》部分で私は，どのようにして現在論的な方法によって，我々が地史の記録すなわち岩石や岩石中のいろいろの包含物から，それらの記録の生成条件やそれから決定される過去の状態を復元できるのであるかを示しておいた．さらにそこで，最初と最後の状態を比較してみることは，岩石の産状に対する論理的に矛盾のない公準を根拠において地殻における運動を確定し，それによって運動形態の分類(造陸運動・ディクティオゲネーゼ・造構運動）をみちびき出すことになるものであることを明らかにした．

《第二の》部分で我々は，とくに輪廻的区分という意味において《時間の分類》を組立てるためには，すでに確認された状態と運動との時間的配列がどういう形とならなければならぬかを知ったのである．

最後に《第三の》部分では，そのように研究された地殻の歴史にもとづいて，地殻自体の自然分類を実施した．それは，似かよった過去と同じ歴史をもっている地殻の各区分を総括することによってなされたのである．こうして《空間の分類》が展開された．

これによって歴史的－地質学的方法の直接の可能性が示されているということができる．なるほど我々は今日，地球のあらゆる地点についてその歴史を正確に述べることができるにはまだほど遠いけれども，こういう目標は結局のところ地球に関する我々の知識を質的にではなく量的にだけ豊富にさせるにすぎないものと思われる．それは我々に地殻の構造と生成について教えるだけであって，地球全体の形成については知らせてくれないのである．せいぜい深さ数キロメートルしか地質学的に解明されていない地殻の変形は，地球全体の変形の函数であり，換言すれば，いかなる直接観察も許さずまたいかなる地史学的記録の考察によっても理解されないような構造と機構をもつ本体の函数を表現するにすぎないものなのであるということは，少くとも可能性をもつものとして顧慮されねばならない．我々が知っているのは《運動》だけであり，この運動から《力》や，力の源泉と所在について直接に推論することはけっしてできない．この意味においては，運動学すなわち運動の理論と，力学すなわち力についての理論とは，はっきり区別されなければならない．

このばあい地史学は，さしあたりなお多くの未知数をふくんでいる地球の構造と生成に関する公式に，ただ《一つの》定数群を供給するだけである．他の一つの定数群は地球物理学によって供給され，3番目のものは，無条件に適用できることは疑問の余地のない一般物理・化学的な検討によってえられる．それにもかかわらず，今日でもなおその公式中にはすくなからず未知数がのこっており，したがってその公式にはまだいくつかの解をゆるすということを忘れてはならない．いい方をかえると，地球の内部とそこにはたらく力についての我々の考えは，一部は地殻，一部は天文学的事実から出発する外插法にもとづいているが，外插法を容認することにはかならずしも完全に疑問がないわけではない．ところで，このばあい，地球の外層部の研究と解釈は，地球内部の研究と解釈とは区別しなければならない．地殻は，その深部の近づきがたい部分でさえも，地表とはひじょうに密接な関連があるので，ここでは地質学的資料についての外插法もある一定の深度までは完全に許容されるのである[1]．やがてわかるように，すくなくとも地殻の場合に物理学的に構成された機構がその歴史的な信頼度にもとづいて探求されるという形で，一種の決定権が地質学的－歴史学的方法に帰するかもしれない．

地核のばあいは事情は異なっており，現在の状態がわかっていないし，また最初の状態についても何も知られていない．それでこのばあいは，研究方法は地質学的ではなくて物理学的－天文学的であってもさしつかえないし，またそうであるほかはないのである．ここではそれについてごく簡単にしか説明できない．発生の出発点すなわち地球の最初の宇宙的段階は，おそらく地核と地殻との厳密な区別が全然なく，それ

---

1)　少くとも，そこから岩石が後にふたたび地表にもたらされたような深度まで，すなわちおそらく《カタツォーネ》まで(100頁)．それはたぶん20～25 kmであろう．

ゆえ地殻の発生の出発点ともみなさるべきものであるというかぎりにおいて，これを概観してみることは必要である．しかしその後の時代では事情は異なっている．なぜならば，岩圏すなわち地球の外部の岩石被覆層の力の収支というものは，今日の見方によれば，深部地殻とはかなり無関係であってよいからである．

2. 地球の内部[1]

我々が知りたいのは，地球内部の物質の物理的状態と，その化学的組成とである．ここでは明らかに，すべての推論は類推法か外插法にもとづいており，そのばあい算定された個々の定数はひじょうにさまざまな確率値をもつものである．

地球内部の《温度》はけっして確定されるとは考えられない．なるほど我々は地殻の上層部において，深部に向って温度の増加する速度を知っている[2]が，この増加率を一定とみなすことはけっして正しくはない．したがって35 km の深部では1000°の温度に達するが，それ以下の深部では(ウォルフによれば120 km の深度)もっと緩漫な増加が期待されるだけであるとみなすのが適当である．

地球内部の温度を見つもるばあいにいつもみられる大きな誤差は，とくに，放射性崩壊のさいの熱の発生が考えられているかどうか，そしてどのようなやり方で考えられているかということに関係している．かつてウィーヘルト WIECHERT は，この熱の源泉を考えにいれないで，地核における温度はたしかに8000°をこえることはなく，おそらく3000°～4000°にすぎないであろうという結果に到達した．ラジウムの含有率は本質的には地殻の外部では豊富であるという——今日ひろく認められている——仮定の下では，2000°～5000°の間の温度が考えられることになった．1929年ウォル

---

1) B. GUTENBERG: Der Aufbau der Erde, Berlin 1925; 同じ著者: Lehrbuch der Geophysik, Berlin 1929, S. 434–500; W. KUHN und A. RITTMANN: Über den Zustand des Erdinnern und seine Entstehung aus einem homogenen Urzustand, Geol. Rundschau 32, 1941; W. KUHN: Homogenität des Erdinnern, Naturwissenschaften 30, 1942; H. HAALCK: Neue Forschungen über die physikalische Beschaffenheit des Erdkernes, Forsch. u. Fortschr. 18, 1942; F. v. WOLFF: Stoff und Zustand im Innern der Erde, Nova acta Leopoldina, Halle, N. F. 12, Nr. 87, 1943; A. EUCKEN: Über den Zustand des Erdinnern, Naturwissenschaften, 1914, H. 14/26.

2) 100 m につき平均3°であるが，局地的および地域的偏差がしばしば生ずる．

フ WOLFF は玄武岩と橄欖石の融点から，地球内部で4650° という温度の極大点をもつ温度曲線を算出した．また1943年に彼は，火山爆発のさいに生ずるガスとその pt-条件についての考えにもとづいて，地球の中心は3877° であると報告している．これに対してクーンとリットマンは，地球の放射性物質の30% が地核に集まっているという仮定にもとづいて，地球内部の温度は12000° と算出した．オイケン EUCKEN は極大値は鉄の臨界温度すなわち約9000° であると述べている．以上のことから，核に対する外插法はまだいかに不確実なものであり，また不確実ならざるをえないかということがわかるのである．

ついでに述べておくがクーンとリットマンによれば，放射性崩壊によって発生する熱を考慮しないとして，地球全体の冷却は10億年間すなわ先カンブリア紀の中頃から計算して22° であるという．ウォルフの計算によれば，地表で結晶作用が始まって以来(すなわちほぼ20～30億年以来)温度は約500° 減少したことになる．したがって実際には，地質学的に証明しうる地史の全期間を通じて，内因的な熱は地表の現在論的な諸関係に対してはほとんど影響をおよぼしていないのである．なぜならば，冷却作用は最初はひじょうに急速であるが，その後はますますゆるやかになり，今では4500万年に1° の割合になっているからである．

地球の《密度》のほうはもっとよく知られており，天文学的資料から地球全体に対する平均値は5.52と算定されるが，一方地表では重力の状態の直接の観察の結果によると2.7～2.8の密度となる．そのことから，地核は本質的に平均値以上の密度を有し，その値は地表で知られているあらゆる物質の比重より大きいものであるということが結論される(グーテンベルク GUTENBERG 1925によれば9～11，クーンとリットマン1941によれば9.9，ハールク HAALCK 1942によれば10.9～14.6)．

比重がわかれば，すくなくともある限界内では《圧力》を決定することができる．地球内部における圧力は大まかなところ，グーテンベルクによれば230万気圧であるが，これに対してクーンとリットマン(1941)は310万気圧，ハールク(1942)は330～450万気圧と報告している．

地球の《“弾性的”》要素すなわち剛性(形状変化に対する抵抗)と非圧縮性(容積変化に対する抵抗)とは，重要な意義をもっている．この要素に関しては意外によく知られているが，それは，一方では陸地における潮汐の測定，他方では弾性波(地震波)の速度と経路が一連の正確な資料を供給し，それから地球全体の値だけでなく，深度によって異なる値をも得ることができるからである．これについては次のようなひじょうに重要な結論が出る．すなわち定数ははじめいちじるしく増加し，約$3 \cdot 10^{12}$ないし$4 \cdot 10^{12}$ cgs単位の剛性率(すなわち鋼鉄のほぼ4ないし5倍)にまで達するが，そのばあいこの増加は30〜60 kmの深度と1200 kmの深度で不規則変化する．しかし2900 kmの深度では，飛躍的でしかも一見おどろくべき剛性率の減少がみられる．

これらの資料はとくに地震の横波の伝播速度からみちびきだされるが，この速度は2900 kmの深度では，ほぼ7.3 km/secに達し，それ以上深くなるとけっして観察されない．すなわち地球の核においては伝播しえないもののように見える．同じ深度で，縦波は13 km/secから8.5 km/secへという速度の飛躍的減少をこうむることは重要である．

地球の弾性に関するこれらの正確な値から，我々はひとまず，地球内部にはいくつかの"不連続面"があって，この不連続面を境として性質を異にする幾層もの殻が互いに区別されると推論するのである．もしも我々が，大西洋では30 kmの深部にあり，大陸ではふつうもっと深く存在するが，太平洋ではまったく欠如している上部層をさしあたり問題にしないこととすれば，つぎのような深度による区分が明らかになる．

外皮帯 Mantel	深さ1200 kmまで
中間帯 Zwischenschicht	深さ2900 kmまで
地核 Kern	地球の中心まで

このような層状構造の本質と原因は，現在でもなおまったく不確実である．一般には，この層状構造は，状態変化か物質変化にもとづくか，またはその両者を合せたものにもとづくとされているが，しかしそのことはやはり疑わしいものである．それどころか，さらに最近では，その構造は連続的でないのだろうか，また地震波の不連続的な速度変化も，横波の振動期間についてのある弾性的函数(減衰期)の変化にもとづくものではないかということが問題になっている．見解の相違の本質を理解するために，方法論的にも興味あることだが——二つの根本仮説を簡単に対照させてみることにしよう．

ふるい解釈は，温度が増加するにつれて地表で知られていた複雑な化合物は分解され，したがって複雑な分子(とりわけ珪酸化合物＝珪酸塩)は外皮帯においてだけ存在できるが，一方深部にむかっては単純な化合物である金属酸化物と金属硫化物が生じ(中間帯)，最後に解離した金属原子(とくにニッケルと鉄)が生ずるという仮定から出

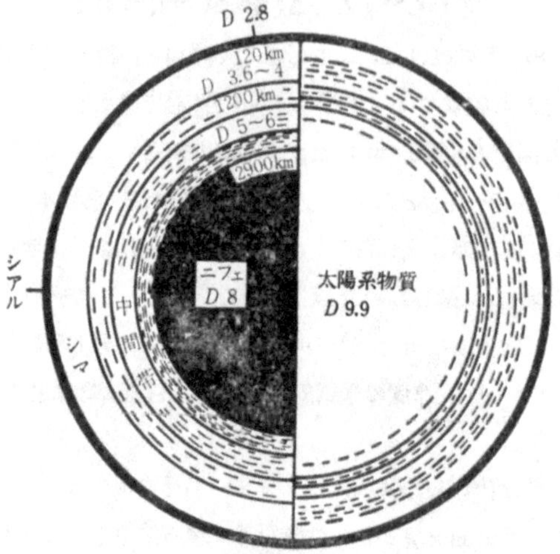

第54図　地球の深度による区分．密度 (*D*)も示してある．

発している．この解釈はウォルフ(1943)によってある程度変更されたが，それによると，中間帯は非晶質の珪酸塩が添加された結晶質の鉄から構成されるとみなされた．しかしながらどちらのばあいにも，ニッケル－鉄の地核というものが仮定されている．すなわち層状構造というものは重力にしたがう層理と考えられたのである．その根拠は，一部は類推に，一部は“現在論的”実験にもとづいている．類推によるというのは，地球に到達した宇宙体すなわち隕石は主としてニッケルと鉄からなっているということによっていて，したがって地球の内部は解離した重金属の原子からなっているという結論はもっともであり，とくにそれは密度分布ともよく一致している．

実験というのは，熔けた“鉱石”が“鉱滓”(上位)・“石塊”および“銑鉄”または“かわ”に分離していく熔鉱炉の過程から推測されることなのである．鉱滓は珪酸塩からなっていて地球の外皮帯に比較されうるものであり，硫化物からなる石塊は中間帯に相当し，銑鉄すなわち純粋な金属の熔融体は地核を予想させるであろう．したがって地球の層状構造または層理は，重力による分離，すなわち本質的には，太陽から分離した地球が，最初の未分化の太陽物質から現在の分化した状態をつくりだした歴史的過程にもとづいて生じたものであろう．

とくにゴルドシュミットの基礎的な地球化学的研究にもとづいているこの仮説を歴史的なものと呼んだとしても，この仮説は地史学的記録の基礎を欠いているために，その点に関するかぎりは他の地史の歴史的方法論とは根本的に異なるものであり，またこの基礎を提供するはずの今日の状態(地球内部)というものが，まさに仮説によって定義されねばならないものであるということを忘れてはならない．したがって観察上の基礎は存在しないのであって，クーンとリットマンが，地球の外層に対しては有効で事実によっても論証されるかもしれない重力による分離ということも，地球の深部に対してはかならずしもあらゆる疑問を解消しうるとはかぎらず，むしろあまり本当らしくないものであるということを指摘しているのも，理由のないことではない．重力の作用は深度とともに減少するということは別としても，地球の内部ではひじょうに大きな粘性が考えられるので，軽い成分からの重い成分のいちじるしい拡散と漏出 Absaigerung とは不可能にひとしいと思われる．したがってクーンとリットマンは，重力による層理は外層だけに固有のものであり，深度がますにつれてまず鉄の含有量が増加すると仮定した．しかしその後は，高い粘性のためにもれ出ることのできない揮発分の含有量も上昇し，とくに水素の含有量はいちじるしく上昇し，したがって地球の内部は実際にはほとんど変化していない太陽物質 Sonnenmaterie からなっているとみなしたのである．この太陽系物質 Solarmaterie とは，緻密につまった種々の元素の原子(重金属のほかにとくに Mg, O, Si)と，その間におしこめられた水素原子と考える．密度を説明するためには，地球内部における高温の下に，原子はその外側の電子殻の一部をはいでしまっているということが十分に認められなければならない．この太陽系物質からなる核はほぼ 4000 km の半径をもつと考えられる．この核の上方でだけ上述の発展(分化)の過程が可能である．

結局，地球内部における物質の状態に関しては，結晶質という特性は 40～70 km の上部の層だけの性質であるらしいことになる．その下によこたわっている部分は“熔流状”すなわち無定形またはガラス状である．このばあいの“流体状”という概念を正確にあらわすために，大部分の“固化した”地表物質の粘性をはるかにしのぐほどのひじょうに高い粘性をもった“流動性”を問題にしなければならぬのであるということをのべておく．これに反して地球内部のもっと深い部分では，高温によってさらに物質の臨界状態または臨界以上の状態が予想され，そのばあい液体と気体の区別は消失する．

このような成果もまた仮説的である．ウォルフは“中間帯”は結晶質の鉄からなっているかもしれず，クーン－リットマンの解釈はとくに物理学的側面(オイケン)から反論をうけているという一連の論拠をのべている．

このような考察の成果は，地球内部についてもっている我々の観念の確実度に関してはなお十分に満足すべきものではなく，説明されない事実や仲介的推論は提出されたあらゆる仮説に存在するのである．しかしそれもまたやむをえないことであって，方法論的および認識論的見地において前述の論議を興味深くゆたかなものにしている．

まず第一に重要なのは，現在論的に解釈された記録にもとづいて歴史的な復元をおこなう本来の地質学的方法が不可能であるようなところでは，現象があいまいになり，したがって推論が不確実になるということである．しかしながらいわゆる“精密な”計算による方法というものは，ただそれだけでは地質学の対象をあつかう時に役に立たぬものであり，それは何よりもつぎの二つの理由によっている：

《第一に》地球内部の今日の状態は，原始の状態と同様に，我々にはごくわずかしかわかっていないかまたはまったくわかっていない．したがって完全な地質学的観察をなすための出発点が欠けているのである．温度示数が3000°～12000°の間を変化するかぎり，また地震波の速度変化が物質の不均質性にもとづくのか，それとも波動の振動期間と機構の緩和時間の間の変化しやすい関係にもとづくものであるかがわからないかぎり，あるいは地球の最初の状態が太陽物質からなるガス球 Gasball の状態であるか，それとも微惑星 Planetesimale の集合であるかが確認されないかぎり，地球内部の進化について無理に述べ立てることは不可能である．なぜならば，明らかにいくつかの未知数をふくむ方程式が問題となり，したがっていくつかの解答がゆるされるからである．

《第二に》中くらいの大きさの物理学から，たとえば熔鉱炉の過程から出された実験的結論は，地球全体の状態に直接あてはめることはできない．ルカシェウィッチ LUKASCHEWITSCH はすでに1908年に全地球に関してモルの力 molare Kräfte は分子力 molekulare Kräfte を凌駕しているといっている．すなわち地質学の立場では，拡散・対流・分化などの諸過程は，地球のような大きな次元の対象物においてはまったく別の経過をとるか，または阻止されるかもしれないのである．

このようなことを確認しても，それはけっして現在主義の批判にはならない．なぜならば，それによって物理・化学法則の根本的な適合性を変えるものではないし，ただ実験的に吟味できない領域にまでそれを応用しないように警告しているだけだからである．精密科学の計算による方法は，それ自身の目的だけに容認されるのであって，いいかえれば歴史的に吟味されたものでなくては，なんら確実な地質学的結論とは認められないのである．

けれどもここにのべたような考察から，地球の発展について《一つの》結論はえられるように思われる．鉄－ニッケル核の仮説も太陽系物質核の仮説もともに，最初に均質な地球の状態があって，それがのちには完全にまたは部分的に重力によって分離されたとしている．第三の可能性は存在しないように思われる．両仮説に対しては，地球の“太陽起源の”heliogene生成が前提となっている．いいかえれば地球は単一体として太陽から分離し，外から内にしだいに冷却したのである．チェンバーリンCHAMBERLINの微惑星仮説は，微小な宇宙体がぶつかりあって地球が生じたというものであるが，この両仮説とは調和できないように思われる．

3. 地球の外層の構造

地殻の構造と機構に関する我々の知識にとっては，地球内部の状態と構造についての観念はごくわずかな価値しかないものである．もしも分化作用の過程が2300～2400 kmより深部にはほとんど及ばないとすれば，この機構は外皮帯にかぎられており，したがって機構という見地からすれば，鉄核の仮説における“中間帯”をも含めた核とは無関係のものである．実際には殻部の力学にとっては一般に上部の100～200 kmが問題になるにすぎないことがわかるであろう．

ところで，地核の構造がまったく物理学と天文学の資料だけからみちびきうるのに反して，地球の外層の解明には地質学の資料，とくに既述の歴史的にみちびき出された地殻の分類上の資料も考慮されねばならない．分類的な考察の結果，我々は地表に種々な可動性(移動性)と種々の運動傾向をもった地塊を区別できるようになった．その結果，地殻の最外部はけっして地球全体をとりまく均一な殻ではなくて，むしろ個々の地塊からなるモザイクを呈するにちがいないということになる．この経験的成果は物理学的に二つの方法によってさらに展開されるのである．すなわち

1. 密度(重力)の研究．地表における重力測定の結果は，地殻は重力に関しては広範囲にわたって均一なものであることを示している．それはけっして自明の理ではない．なぜならば，ある高原または山地から切りとられた岩石の円筒Gesteinszylinder*は，海底から切りとられた，同じ直径で長さが数キロメートル短い円筒と同じ重さをもっているということになるからである．いいかえれば，海洋の容積不足は密度の過剰によって補償されているのである．しかも実際，平均密度は大陸では2.7～2.8,

* 地殻を鉛直方向に円筒状に切り取ったと想定したもの．

海洋では2.8〜3.1である．この知識をもととして，比重の小さい外殻が重い内被の上に浮んでいるという——いろんな方法で証明される——観念から出発して，地殻均衡論（イソスタシー論）Theorie des isostatischen Ausgleichs が樹立されたのである．

外殻は堆積物と，アルミニウムに富んだ酸性の（すなわち珪酸にとんだ）比重の小さい深成岩とからなっているが，これをシュースはシアルまたはサル Sal（シリシウム[珪素]－アルミニウム）とよんだのであった(73頁参照)．その比重は約2.7であって，岩石は一般には花崗岩質の組成をもっている．シアル殻に対してはさまざまな値があたえられている．花崗岩層は平均10〜20 km と考えられ，これにさらに堆積物が加わるので，大陸地域においては部分的には40 km かそれ以上にもなるとみつもられる．

外皮帯の深部は重い塩基性の（すなわち珪酸にとぼしい）部分からなっており，シマ（シリシウム－マグネシウム）とよばれている．その比重は上方の部分では3.0であり，化学組成は橄欖石玄武岩またはアルカリ玄武岩に相当している．深部にいくと比重は3.6まで増加し，橄欖岩またはエクロジット（柘榴石－緑輝石岩）が推定される．すでに注意したように，深部にいくと鉄の増加も予想される．

したがって比重の小さな上位のシアル層は厚さが均等でなく，また重力の均衡をとろうとするので，高く突出している地塊は，水中にうかぶ氷塊と同様に，シマ塊の中にも深く浸っているにちがいない．このばあい，高く突出している地塊は山脈の崩壊するさいに荷重がとりのぞかれ，それに応じて上昇するが，軽い堆積物のつまってくる凹地は荷重されて沈下すると予想される．そのことは当然，シマの基盤にある程度の流動性や可塑性を要求するものである．ウォルフによれば40 km の深部では玄武岩の熔融点に達するということを考えにいれるならば，これは十分考えられることである．もしもクーンやリットマンのいうように，物質はそこの圧力に対応する熔融点（＝結晶点）以上の温度では流動状であるとするならば，外層の深部はこのような意味では結晶質でなくて流動状でなければならないが，そういっただけではこの物質の——おそらくひじょうに高い——粘性度については十分に言いつくされていない．地震波のような短時間の衝動に対しては，この部分は“固体の”行動を示すが，長時間を要する衝動のばあいには，“緩漫な可塑性”（サロモン）を呈し，いいかえればまさにその上に休止している地塊の“漂流”運動をゆるすのだと仮定してよいだろう．

今日，合理的とみなされているイソスタシーの理論によれば，120 km の深度で地殻の各地塊の重力の差異は平均化される．通常は純粋に理論的な意義しかもたないこの地殻均衡面の下では，地球は“力学的に静止した”ものとみなされる．しかし最近ではたしかに震源の深度が 700 km にもおよぶ地震が立証されているので，ある種の運動(拡散・対流)は均衡面の下でもありうるし，実際あるらしいのである．

イソスタシー的な重力均衡の理論は今日一般に認められているといってよい．地質学上の地殻の分類について，これを解釈するには，次の二つの方向が可能である．

a) 地塊はシアル層の厚さによって区別されるか，

b) それとも，シアル層は一般に海洋地塊にはまったく欠けているか．

ウェーゲナーは，地球上の高度分布は後者の仮定のほうが有利であることを指摘している．最初の仮定によれば，地表では平均値の高度が最大の頻度を示すものでなければならないことになる(確率曲線 Zufallskurve)．ところが統計的な計算の結果では，海面上約 100 m と海面下約 5000 m という高度に，二つの頻度の極大値をもつ二重曲線がえられるのである．したがって地球上には大陸水準面と海洋水準面とがある

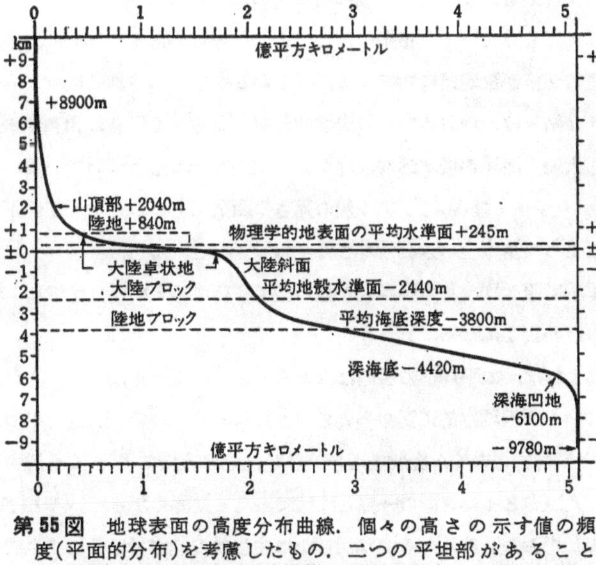

第 55 図 地球表面の高度分布曲線．個々の高さの示す値の頻度(平面的分布)を考慮したもの．二つの平坦部があることは，平均大陸水準面と平均海洋水準面が存在し，両者の間に急な大陸斜面があることを示している．グーテンベルクによる．

ことになり，それは明らかに後の仮説に好都合であり，すなわち根本的に両者を区別する方に有利である(第55図).

2.　弾性波の速度．この解釈はグーテンベルクの研究によって確認された．縦波の速度は大陸内部では5.4〜6.0 km/secで，40〜50 kmの深度で飛躍的に8 km/secまで増加するが，太平洋下では7 km/secの表面速度を示し，深度による飛躍的な速度増加が認められない．大陸の下では，状態または物質の突然の変化にもとづいているにちがいない不連続面が存在するが，太平洋の下にはそれを欠いているということは明白である．したがって，比較的軽い大陸の殻皮層Rindenschichtが太平洋の下では実際には存在しないという推論は，すくなくとも真実らしい．おどろくべきことには，このような不連続面が大西洋の下では欠けていないで，大陸の下におけるものの半分の深度の位置に存在しているのである．ヘルゴランド島とシュワルツワルト(ハスラッハ)における戦後の大爆発のさいに，人工地震波を観測した結果，ある程度の修正がおこなわれた．それによると，花崗岩殻の厚さは，ともかくも北海地域では今まで考えられていたよりもはるかに小さく，またそれが大きな値に達するシュワルツワルトにおいてさえも，これまで大陸に対してあたえられた平均値よりもいちじるしく小さい値にとどまっている．将来は，このような差異があるばあいに，地塊の歴史的および構造的性格が決定的に対応するかどうかが明らかにされるにちがいない．

以上のような結果は，地質学的－歴史学的分類とともかく容易に調和するものである．すなわち大陸と海洋の根本的対立はシアル殻の有無にもとづいている．大陸地塊内部の差異(ブロック・陸棚)はシアル殻の厚さの函数であるという可能性がきわめて強い．これによって基本型の永続性もまた十分に説明される．

さてこの解釈に照せば，ある基本型が他の型に移行するという，すでに227頁で提出した問題はどのようになるであろうか．

この考えによれば，太平洋型の海洋はほとんど大陸になりえないし，また逆の過程も想像しがたい．古地理学的基礎からときおりこころみられた反証(古期の太平洋大陸)はほとんど説得力がなく，動物地理学的論争は他の方法によっても説明される．それに反して大西洋とインド洋の一部とは別で，たとえ薄くなっているとはいえ“シアル殻”を有しており，これらの海は明らかに中生代の途中ではじめて生成されたものである．隣接した大陸地塊が漂流してちりぢりになるばあいに表面に出てきた，むき出しのシマを問題としているウェーゲナーの解釈は，たとえうすくとも大西洋にシアル殻が立証されるという事実とは調和しがたいものである．その点に関するかぎり，大規模の沈降がこれらの大洋でおこなわれたということはとにかく考えうるのである．

これに反して，ブロックと陸棚との間には空間的にあらゆる中間体が存在するが，時間的にもこのような中間体が考えられるのである．我々は，山として高く位置している地域は同時に侵蝕地域であり，したがって表面の軽いシアル層の不断の減少にさらされているはずだということを注意しさえすればよい．イソスタシー的な重力均衡の仮説によれば，これらの物質の減少は浮上によっておぎなわれるということが仮定されなければならない．そこにブロックの長期的な上昇傾向を説明できる可能性がある．他方では，隆起と侵蝕のこのような組合せはシアル層の厚さの減少と同じ意味であり，したがって実際には陸棚の状態への漸近化を示すものといえる．結局その差異は一度は平均されるにちがいなく，そしてブロックと陸棚の本来の関係は逆になることができるのである．

なおこれに関連して地向斜が説明されるとよい．上述のことから，地形的に高位山脈にあたる，褶曲や圧縮をうけた地向斜は，重力均衡説によれば，軽いシアル殻がとくにいちじるしく厚くなったところを示しているものでなければならないことが明らかである．そのことは物理学的(重力測定)や岩石学的(酸性深成岩にとむこと)経験とも完全に一致する．我々はこのように厚くなった地帯がたえず侵蝕されて，ふたたび陸棚になるまで“けずり落される”ということを，歴史的にも知ることができる[1]．

褶曲作用の前の地向斜の状態に関する問題は，本質的にもっと錯綜している．それはとりわけ，明白な地向斜(正地向斜 Orthogeosynklinale)が今日知られていないか，あるいは地向斜があると推定される場所はひじょうに深くて，じかに観察できないような海底になっているということによるものである．

歴史的な観察によって我々は，褶曲以前の地向斜は沈下傾向の優勢な，ひじょうに動揺しやすい空間であったということを知っている．この特性が地向斜を易動陸棚に近づける．2番目に重要な目じるしは，主として塩基性の，すなわち比重の大きい岩石の海底噴出が多いということである．そこに海盆との類似がみられる．したがって地向斜が地殻の薄弱な場所，すなわちシアル層が減少しているかあるいは欠如している場所を示しているという可能性も十分にあるわけである．

---

1) たとえば“石炭紀のアルプス”すなわち現在のドイツ中部山脈のばあいもそうである．

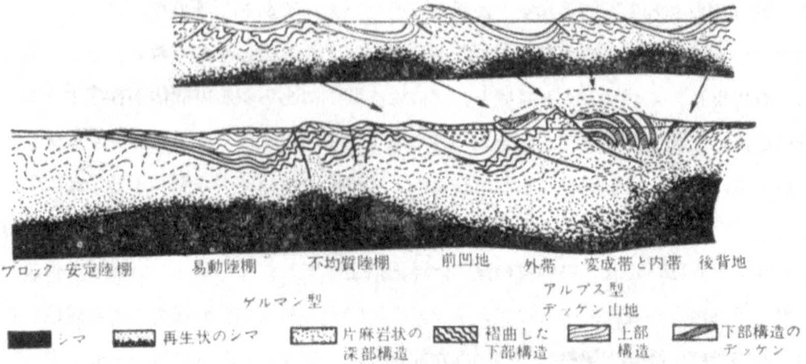

第56図 褶曲以前の地向斜の深部の区分(上)と，スカンディナヴィアーアルプス間の現在の地質断面にみられるさまざまな要素の深部の区分.

そこで地向斜は外側の岩石圏*の底まで降下している溝 Furche と考えられる．その不安定性，特殊な堆積状態，火山作用などは，そのことから理解できる．したがって，その後におこる造山運動のもつ意味は，そのような“地殻の薄弱地帯”が二つの大陸ブロックの相互間の圧力によってしめつけられるというように推論されるものである．けれどもそのことは後で問題にしなければならない．ここでとりわけ我々の興味をひく問題は，地向斜は新しく生じ(再生し)うるか，それとも太平洋のように原始状態からその輪郭が示されていたかということである.

この問題に対する一つの解答は，現在ではまだかなり仮説的な性格をおびているものである．ともかくも我々は歴史的な基礎に立って，ある程度まで，いくつかの地向斜の経過ばかりでなく，その発生についても跡をたどることができる．塩基性の，すなわちシアル殻の基底から由来したマグマのいちじるしい流出とむすびついた沈降過程は，断裂作用だけではなく，シアル殻の弛緩作用 Lockerung としたがって分離 Distraktion のあったことを立証している．ノールウェイにおけるカレドニア地向斜ではいわゆる“褶曲地溝”が直接に論ぜられるが，それはたしかに圧縮によってではなく，それよりずっと以前にシアル殻の分離によって生成されたものと思われる．たがいに直交する地向斜を注意深く比較してみると，準備期と造山期が両者によってそれぞれ代表されていることがわかるのである．たとえば東北－西南の走向を示すカレドニア地向斜の“断裂帯”が先カンブリア紀後期のある時期に生じたが，そのとき欧州

* Äußere Steinmantel＝シアル殻のことか？

の他の部分では先カンブリア紀後期の東－西方向の褶曲作用がまだ活動中であった．シルル紀－デヴォン紀の移りかわりの時期のカレドニア造山帯の褶曲作用は，それとほとんど直交するウラル山脈における地向斜設営と同時におこったが，一方ウラルの褶曲はまたそれに直交する分離の傾向をともなっているようにみえる．そのような関係は，それ自体として本当らしいものである．なぜならば，ある特定の方向における圧縮は，いずれもそれと直交する方向の分離傾向をともなわなければならないからである．造陸運動の輪廻についての議論からすでに明らかにされたように，地殻の占める平面は変化してきたので，分離と収縮の傾向のくりかえしは可能性の範囲内にあるものであり，これが地向斜の生成と発展の基礎になっていることはきわめて可能性がつよいように思われる．

このような余論が仮説的な性格をもっていることを私は十分に認めるのであるが，それでもともかく地向斜というものを理解させてくれるのである．地向斜は陸棚とは反対にひじょうな動揺性，迅速な沈降および火山の噴出によって特徴づけられている．その証拠と見られるものは，古期に褶曲または変成されたいちじるしい深部構造および下部構造が欠如しており，また，地向斜は――おそらく――ほとんど大陸基盤の基底まで下っているということである．

したがって陸棚との対照性は，地向斜からははげしく褶曲したアルプス型の山脈が生じるという点だけではなく，何よりもまずその基盤と準備期の発展がまったくちがったものだという点にも記録されているのである．もちろんこのばあいにも中間的要素は存在可能であり，真実ありそうなものである．たとえばボヘミアの古期古生界においては，ときおり“地向斜的な体制”が支配的であったということの証拠として，豊富な火山岩(輝緑岩)があらわれている．またドネツ盆地では舟状海盆の形成 Trogbildung は晩期デヴォン紀に迅速にそして直接にはじまり，おどろくべき沈下をなすにいたったが，その沈下は約 10 km の堆積物(石炭系と二畳系)によっておぎなわなければならないものであった．これに対して火山岩はすくなく，その堆積物と褶曲作用はむしろ易動陸棚を思い出させるものである．これらは，すでに述べた説明によっても十分に理解できるような極限のばあいである．

この区分の元の状態に関する，いずれにせよまったく仮説的な問題について簡単にのべておきたい．前章にのべたように，灼熱流動状態において重力によって生ずる地球の分化作用と，それにつづいて内部に進行する冷却作用を最初の状態と仮定するならば，大陸のシアル殻は外側の鉱滓層に対比することができる．もちろんそのシアル殻は最初の状態のままであるのではなく，たびたび鋳直されたり変形されたりしたかもしれない．ここまでのところでは，このような始原状態の復元は本当らしくないこともない．なぜこの“外側の鉱滓層”は連続的ではなくて，しかも地球の一部分だけをおおっているかという問に答えるのは，もっとむずかしい．ここに二つの考え方の可能性がある．

1.　鉱滓層は最初から非連続的であった．そのばあい古期太古代のブロックは古い核であって，それが一部は漂流しあい，一部は多くの山脈との併合によって大陸にまで成長したものである．しかしながら，この根源構造 Uranlage が不揃いの形を呈することや，大陸が片一方の半球に多いということに対する否定できない解釈をあたえることは，むずかしいのである．

2.　鉱滓層は本来は連続的であったが，のちになって断ち切られた．太平洋の本来の被覆物はのちにアジアまたはアメリカにむかっておしやられたということは十分に認めがたいので，月体分離説 Theorie der Mondablösung とあわせ考えてやっと，この解釈は，蓋然性をもつようになるにすぎない．しばしばくわだてられたこの解釈にグーテンベルク[1]はふたたび関心をいだき，太平洋に“月体分離のきずあと Narbe”が存在するという可能性を考えた．しかしいずれにしても，このような過程は歴史的観察の時間的限界よりずっと以前に生じたものである（“我々が地殻の歴史とよぶものは，月が分離した以後の地殻の歴史にすぎないであろう.” グーテンベルク）．したがってこの結論は，地殻の区分を最初の既定事実とみなければならない歴史的－地質学的考察の中に入らないものである．

もちろん大陸核はたしかに成長したのであるから，この区分は最初はいろいろな点で違った性格をもっていたと考えなければならない．今日の大陸のシアル基底は片麻岩の基盤であって，その構造は後にくりかえされた運動によって形づくられたものである．シアル基盤の“遍在性” Ubiquität すなわちこれが全地球上に分布するということは，前述の論議の結果うたがわしいものになった．なぜならば，シアル基盤の原料になった物質はまさに不連続的な鉱滓層であるからである．この原料からの変換は，とくに何キロメートルもの深さまで侵蝕された地塊においてある程度まで直接観察しうる過程である．大陸の生成が基盤の片麻岩化と原因的にむすびついているというこ

1)　Handbuch der Geophysik, Bd. III, 1930.

とは，私がずっと以前に確認したが，この分野には地球の運動の機構を解釈するための二三の重要な契機があるのである．

4. 造山運動の機構

造山運動の過程の物理学的－力学的解釈は，むかしから地質学的研究に影響をあたえたばかりか，ときにはそれを支配することもあった．これは多くの点で遺憾なことであった．というのは，我々は今日，その解釈の結果としていくつかの理論をもっているが，それは今まで集積されたえずふえていきつつある事実内容と完全な調和をとっていると自慢できるようなものではないからである．その理由はつぎの点に求めるべきである．すなわち，自由に処理できる資料がまだ少しも綜合されていなかった時期に理論的な前提が創設されたということと，さらにそのような綜合に必要な二重の論拠（地質学的および物理学的）があまりにもかえりみられなかったということである．その結果地質学にもちこまれた思弁的な特徴は，しばしば研究を阻止し，その声望を弱めてしまった．

したがって，地質学的－歴史的方法と地球物理学的方法はたがいに代用されるものではなく，むしろあい補わなければならないということを強調する必要がある．結局地質学的考察は，はじめと終りの状態の比較によって，ある過程の経過のできるだけ完全なすがたを供給できるにすぎないのである．それは運動像はあたえるが，作用する力の力学的公式はあたえない．いいかえれば運動学 Kinematik だけをあたえて力学 Dynamik はあたえないのである．運動方向が問題になるばあいにそれを圧力方向に帰してしまうというような運動と力の混同は，まったく多くの混乱をひきおこした．なぜならば運動は，ひじょうに多様に合成しうるさまざまな衝撃力または緊張の結果であるにすぎないからである．しかしながら他方誤解してはならないことは，地史学的ないわゆる“実験”を解釈するさいに疑いもなく決定的な発言権をもっていると思われる物理学も，地質学的に正しく推論された運動像を，それがいわゆる実験的経験と矛盾するからと称して疑ったり否定したりするのは正しくないということである．計算の上から最初は不可能とみなされた運動形態に関するある証言が，のちになって完全に正しいと証明されたという例証を，まさにこの地球物理学の発展が供給してくれるのである．地球物理学者は，両方の方法の区画と組合せを正しく処理できるように，地質学の論理的基礎をよく使いこなさなければならない．

多数の造山運動理論を批判的に論じつくすことは，この特殊な地質学的研究の目的ではない．さらに詳細な研究のためには，ネルケ NÖLKE[1]のむかしの総括と，グーテンベルク[2]およびリューガー[3]によるひじょうに客観的な総括とを参照するがよい．ちょっと研究しただけでも，我々が危なっかしい基盤に立っていることがわかる．すべての計算は，ある仮定のもとでだけあてはまるものであって，いいかえれば多くの未知数を含む方程式なのである．多くの力学的公準にたいしてはよくいって可能か不可能かを論証することができるにすぎず，定量的な値をあたえることはできないのである．

いずれにせよ，この部分的には正反対に矛盾する見解の雑然とした集積から，今日では二者択一がなされるようになったが，このばあいすくなくとも部分的な賛否は地質学的にも理解される．それについて述べる前に，時として重要な局部的解釈を簡単にのべておかなければならない．

地殻の垂直運動——隆起と沈降——は，すでに簡単に暗示したように，地核の上に浮んでいる地殻のイソスタシー的(静水圧的)な重力均衡にもとづくものかもしれない．すなわち荷おろし Entlastung (侵蝕)は隆起を，荷重 Belastung (堆積)は沈降をみちびくものにちがいない．たとえば，現在もなおつづいているスカンディナヴィアの隆起は，厚さ 1000 m をこえる氷期の氷帽 Gletscherkalotte の融解と関連がある．数千メートルの堆積物がたくわえられた二三の炭田(ザール，ニーダーシュレジエン)の深い産状は，まさにこのような堆積荷重の結果とみなされるのである[4]．この過程の可能性は今日ではほとんど疑う余地はないが，その結果として得られるのは——定量的にも定性的にも——部分的解決だけである．定量的には，多くのばあい計算的処理では，荷重の機構ではせいぜい観察しうる垂直変位量の一部しか説明できないことがわかっており，定性的には，水平運動を説明できないし，またこの過程は結局消滅しなければならないから，それを喚起するにはもっとほかの性質の衝撃を必要とするので

---

1) Geotektonische Hypothesen, Berlin 1924.

2) Handbuch der Geophysik, Berlin 1930 の第 III 巻，第 IV 章.

3) Geotektonische Hypothesen. Geograph. Zeitschr. 37, 1931.

4) BORN: Über jungpaläozoische, kontinentale Geosynklinalen. Abhandl. Senckenbergische Naturforsch. Gesellschaft, Frankfurt a. M., 1921. (新期古生代の大陸の地向斜について)

ある.

この種の部分的解釈から眼を転ずると，根本的な見方に対して次の二つの考え方の可能性が生じてくる.

1. 地殻は不動である．すなわちとくに大陸のシアル地塊はその地理学上の平面的位置 Länge-Breitenlage をけっして変えなかった．アルガンはこのような根本的見解を“固定説”Fixismus とよんだ.

2. 地殻は地核の上をすべりうごくことができる．すなわちシアル地塊は鉛直(イソスタシー)だけでなく水平にも移動する．この“変動説的”mobilistische (アルガン)見解は最初ウェーゲナー[1]によって彼の《大陸漂移説》Kontinentaldrifttheorie の中で発展させられた．しかしこれはサロモンの大陸水平漂移 Epeirophorese[2]という中間的表現を使うほうがさらによいと思われる.

この二者択一はやはり純粋に運動学上のことで，いいかえれば運動像だけが問題であって，それが起りうる原因は問題になっていない．もしこの原因，すなわち発生した力の活動を追跡することをこころみるならば，両方の可能性のいずれのばあいにも一連の仮説の全系列を考えなければならない．なぜならば，いかなる運動像の一つにも種々の機構が基礎になりうるからである．ここでは，今日論議の中心になっている仮説をすこし論じることができるだけであって，しかも仮説の形成と仮説の批判とについての方法論をいくらか精密に研究しようという特殊な目的をもって論ずるにとどめる.

《固定説》の範囲内では，次のものがあげられる.

1. 単一の原因による収縮の仮説(地球収縮説 Kontraktionstheorie)．この古いが，しかし多くの地質学者によって現在もなお弁護されている仮説は，1. 地球はたえず宇宙に熱を発散しそれに応じて冷却し，2. 凝固によって容積の減少がおこる，という前提から出発している．したがって最初に凝固した殻は，さらに冷却されて収縮した核に対しては広くなりすぎ，そのために小褶曲 Runzeln や褶曲をつくっておさま

---

1) WEGENER, Die Entstehung der Kontinente und Ozeane. Braunschweig. 4. Auflage.

2) W. SALOMON-CALVI, Epeirophorese, Sitzungberichte Heidelberger Ak. d. Wiss., 1930. この著作は，その他の説についてもすぐれた批判的な概観をあたえてくれる.

ることになる[1)].

2. 原因が二つあるという仮説は，ハールマンの《地殻波動説》Oszillationstheorie とファン＝ベンメレン van BEMMELEN の《波曲説》Undationstheorie に綜合される[2)]. 両仮説とも第一次造構運動と第二次造構運動とを区別している．前者は広域にわたる“波曲”Undationen すなわち撓上(地球のふくらみ Geotumoren)と沈降 Versenkungen (地球のへこみ Geodepressionen)を生ずる．後者はそのようにして生じた地表面の勾配と重力の勾配によって支配され，いいかえれば，ふくらみ Tumore からへこみ Depression へと岩石がすべり落ちることによって生ずるのであり，その結果へこみに荷重作用 Stauung・褶曲作用およびデッケン作用がはじまるのである．このような両仮説に共通な解釈は，ライアー REYER の滑動褶曲仮説 Gleitfaltungs-Hypothese がその先駆をなすものである．両仮説は，第一次造構運動の原因をどう解釈するかという点で相違している．ハールマンはそれに対しては地域的に束縛された鉛直の振動を仮定しているが，その振動は，宇宙的な影響(極の移動など)によってかきみだされるイソスタシーの均衡をとりもどそうとする地球の努力によって生ずるものである．これに対してファン＝ベンメレンは，第一次の造構運動の要素は波曲であると考えたが，この波曲は地向斜の内から外に向って移動するもので，その鉛直運動は本来中性の地向斜のマグマ基盤 Magmaunterlage (サルシマ Salsima)が，上昇する酸性(サル)部分と下降する塩基性(シマ)物質とに分れる分化作用にもとづいているとみなしたのである．したがってこの説では――それはハールマンの見解にくらべると一つの進歩であるが――マグマの流動が説明の中にもちこまれている．

《変動説》は，力の源泉を――移動しうると考えられる――大陸塊(生み出された地塊のクラトオゲン)に求めるか，それともその流動する基盤ないしは地向斜の造山帯に求めるかによってわかれる．最初のばあいは地球全体の運動によっておこる機械的

1) 収縮に都合のよい事実は次のものにみられる．NÖLKE, Geotektonische Hypothesen, Berlin 1924; STILLE, Die Schrumpfung der Erde, Berlin 1922; SONDER, Die erdgeschichtlichen Diastrophismen, Geol. Rundschau 1922 (これに対してはリューガーの批判がある，1923).

2) E. HAARMANN, Die Oszillationstheorie, Stuttgart 1930; それについて著名な地質学者たちの詳しい議論は Zeitschr. der Deutschen Geol. Ges. 1931, 83, S. 254–388 にみられる; R. W. van BEMMELEN, Die Undationstheorie und ihre Anwendung auf die mittelatlantische Schwelle. Zeitschr. der Deutschen Geol. Ges. 85, 1933; 同じ著者の: The Undation theory of development of the earths crust. Report XVI. Internat. Geol. Congress Washington 1933 (1935).

原因が仮定され，第二のばあいには地殻の下部のマグマの流動を力の源泉と見なければならない．

I. ウェーゲナーの《大陸移動の仮説》は，はじめに単一な薄いシアル殻が生じ，それはおそらく全地球をおおっていたものと想像する．この単一な岩圏皮層 Lithosphären-Haut はしだいに割れて(石炭紀以降?)，その個々の部分はたがいにはなればなれに漂移したが，そのばあいに二つの運動傾向が認められる．ユーラシア大陸とアフリカ－インド大陸はたがいに向きあって動き，このようにしてアルプス型の，赤道方向の山脈が生じたのである．南北アメリカ大陸と欧州－アフリカ大陸は西方に移動したが，アメリカのほうが速かったので，両者の間隔は大きくなり，両大陸の間には，“露出したシマ海底”をもった，たえずひろがりつつある大西洋が地球表面に生じた．移動している地塊の前面に，アンデスおよびコルディレラ山系といった巨大な褶曲山脈塊がおしこまれた．その背面には，すなわち太平洋の西海岸においては，“露出したシマ海底”が生じた．この理論によれば，大陸地塊は活発に移動し，いいかえればシマの基盤の上を互いに漂流しながら運動するのである．その運動の原動力は，地球の自転と重力分布によってひきおこされた“避極力” Polfluchtkraft や，潮汐まさつ Gezeitenreibung にもとづいておこる西方漂移 Westdrift に存するであろう．そのほかに，極の変位 Polverlagerung が全体の説明のために必要である．

《グーテンベルクの流動説》Fließhypothese はウェーゲナーの解釈を変えたもので，ユーラシア大陸に対してもアメリカ大陸に対しても，太平洋のほうに向う運動を仮定している．そして太平洋については，グーテンベルクは月体分離の痕跡，したがってシアル欠如を示す場所と考えている．彼によると，大西洋はおそらく地塊の分離流動 Auseinanderdriften によって生じたものであろう．避極力はシアル地塊が赤道に対して対称になるように変位させようとする．シアル地塊をふたたび地表面に平均に配列して重力の平衡をとりもどそうとする力は，地塊の融合 Zerfließen (断裂ではない)をひきおこすのである[1]．

---

1) A. WEGENER, Die Entstehung der Kontinente und Ozeane, 5. Aufl. Braunschweig 1936；それに関する意見として重要なのは，Theory of Continental Drift, a Symposium. The American Assoc. of Petroleum Geologists, Tulsa, Okl. 1928 および A. HOLMES, A review of the continental drift hypothesis, the Mining Magazine 1929；B. GUTENBERG, Die Veränderung der Erdkruste durch Fließbewegungen der Kontinentalschollen. Gerlands Beitr. z. Geophysik XVI, 1927；同じ著者の，Bau und Bildung der Erdkruste, Neues Jahrb. f. Wissenschaft u. Jugendbildung 6, Leipzig 1930.

II. 《マグマの流動仮説》は結局アンペラーにさかのぼるもので，彼は1906年に地向斜内のいわゆる底流 Unterströmung から“褶曲山地の運動形態”をみちびき出したが，これはよく知られているように収縮説とはいちじるしい対照をなしているものである (Jahrb. KK. geol. Reichsanstalt 56). この表現がまったく運動学的にとどまっているのに対して，1919年にシュヴィンナーは (Zeitschr. f. Vulkanologie Bd. V)，気圏における大旋風 Zyklon と逆旋風に類似の対流をマグマ帯の内部に想定することによって，動力学的に基礎づけようとこころみた．これらの主として鉛直方向の流動(上昇－断裂・火山作用，下降－荷重・褶曲作用)は上向と下向の流の間に水平の運動成分をもち，摩擦結合“Reibungskoppelung によって上盤のシアル地塊に変位をおこさせることができる．

対流のおこる原因については，シュヴィンナー自身はくわしくはふれていない．最初ジョリー(1925)によって基礎づけられ，つぎにホームズによってひろく修正された仮説(1928)によれば，その要因は地球内部における放射能による熱発生に求めるべきである．過剰になった熱を外部に，すなわち宇宙に放出するためには，岩石の熱伝導率ではまにあわないので，熱が増してくる現象があらわれ，それが対流を生ずるのである．加熱がどんどん進むことによって，地殻の底層 Substratum の融解作用と，したがって地殻の可動性とを生ずるにいたり，地殻は割れて運動する．このばあい運動する地殻の前面には荷重が加わるが，背面では展張がおこり，深部からの融解した物質の流入をともなう．したがってさらに大量の熱が外部に搬出され，その過程はゆるめられ最後には中止させられるが，そこで熱の蓄積がまた新しく始まるのである．したがって，ホームズが気圏の旋風流動と対比した過程は明瞭な週期的区分を保持し，それについては2億年という週期まで報告されている．しかしながらその過程は

1. 変化する基盤の厚さと，その中にある放射性物質の分布，
2. 上位地殻における変化しやすい厚さと，放射能分布，
3. 地球の自転，

に左右されるので，つねに等しい週期というものを最初から予期することはできない．ホームズによれば地殻の底層における粘性が高いにもかかわらず，なお対流のおこる可能性があるのである．なぜならば，地殻の基盤の粘性は $5 \cdot 10^{17}$ ないし $5 \cdot 10^{23}$ cgs 単位の大きさであると思われるが，一方，ジェフリース JEFFREYS によれば，外皮帯の 2900 km のところで 10^{26} cgs 単位の粘性が，ようやく対流をさまたげていると思

われるからである．ホームズは地殻の下の流動速度は最大でも1年に約5 cmと見つもった[1]．

グリッグス GRIGGS (1939)によれば，対流の機構を起させるためには，放射性の過程がかならずしも無条件的に必要ではない[2]．粘性流動性の下部地殻においては対流が生ずるはずであって，それは，下方に向って温度の増加することと，それに応じて上方に向って密度が増加することのために，物質分布が不安定になるためである．したがって比重の大きな物質は，深い地殻の下部の熱い部分の比較的軽いものの上に横たわっている．温度勾配がひじょうに小さいばあいでも，“流状”帯の厚さが十分に大きければ，これによって対流が生ずるはずである．この過程はグリッグスによれば週期的－輪廻的である．鉛直流動は粘性の物質中では一定の温度勾配に達した時にはじめて開始し，その後速度が増加する．そこでしかしながら，比較的あたたかい物質が対流によって上昇し，そしてこの熱は，岩石の熱伝導度が低いために急速にとりさられることはできず，したがって固い地殻の下にある流状の下部地殻 Unterkrust の上部を“熱する”．その結果ふたたび温度勾配が小さくなり，流速は減少し，最後にはおおむね停止してしまうが，停止しているのは，外部へのゆるやかな放熱の結果，ふたたび不安定な層理ができるにいたるまでのことである．概算してみると，さきに述べた地史の大輪廻に相当する大きさの輪廻が生ずることになる．

我々は簡単な概観によって，地球の機構の解明についての最も重要な試みを学び知ったので，これらのものの中のどれに，さきに十分討議されかつ分類された地質学的素材が最もよく符合するかということを研究しなければならない．そのばあいふたたび，地質学的解釈と物理学的解釈とは区別されなければならない[3]．運動像を地質学

---

1) J. JOLY, The surface history of the earth, Oxford 1925; A. HOLMES, Radioactivity and Earth Movements, Transact. Geol. Soc. Glasgow, XVIII, 1928–1929; 同じ著者, Radioaktivität und Geologie, Verh. naturf. Ges. Basel XLI, 1930.

2) D. GRIGGS, A theory of mountain building. Americ. Journ. of Science. 237, 1939.

3) その他いくつかの仮説としては，リード M. READE の熱的膨脹説，ラッハマン LACHMANN の晶動作用 Kristallokinese，ライアーの滑動説 Gleittheorie のようなものがあるが，今日ではもはやほとんど論じられていない．簡単な批判は，BUBNOFF: Grundlagen der Deckentheorie in den Alpen, Stuttgart 1921 にみられるが，それは一部はアンペラーのむかしの仕事 (Jahrb. österr. geol. Landesanst., 1906)にもとづいている．このアンペラーの仕事は，アルプスの構造の説明には新し

的に決定することが根本的なことでなければならない．それが完全に成功しないかぎり，その原因の説明を物理学者に期待することは不可能であって，せいぜい蓋然性を評価できるだけのことである．

これから，次のような地質学的論議の種々の問題を順次に説明しよう．1．時間の問題，2．構造の形態，3．運動の解析，4．古地理論，5 古気候論．これらの要素を査定することによって，そこに個々の仮説に対する地質学的方法論の立場からの批判と評価が生ずるのである．

5. 仮説と事実

a）地史（時間の問題）

地史学研究の三つの重要な成果が，仮説評価のはかりにかけられるにはとくに適しているように思われる．

1．造陸運動と造構運動の週期性と律動性．海進と海退が汎地球的意義をもつことと，造構運動の時相が全地球上ですくなくとも近似的には同時代性を有し，それをシュティレが造山運動の時代法則に公式化さえしたほどであったことは，地殻運動の機構が《地球全体》に関係のある運動の衝撃によってしか理解できないということの証拠である．律動的な過程が問題になるという事実は，収縮を冷却の結果とし，避極力を重力と地球自転の組合せの結果として示すような，連続的に作用する内力とは一致しがたいものである．なるほどシュティレとソンダー SONDER は，エネルギーの蓄積を仮定することによって収縮説のこのような困難をさけようとこころみたが，それでもこのようにその目的のためにたてられた仮説は論理的にも完全に満足すべきもの

い根本理論の不可欠なことを論証したものである．この予測はアルガン（Tectonique de l'Asie, Intern. Kongreß Brüssel 1922）やシュタウプ（Bau der Alpen, Beitr. zur geol. Karte der Schweiz, 1924）の著作に明らかなように，その真実なことが証明されている．老大家ハイムですらなお大陸移動説を根拠としたのである．

ライアーの滑動説はハールマンの波動説の中に修正された形で復活されている（Stuttgart 1930）．同じような見解は，サロモン（上段参照）が指摘しているようにアメリカのデイリーものべている．それによると，水平運動は地向斜溝 Geosynklinaltrog の落ちこみ Abgleiten とそれに伴う堆積とによって説明されるという．アルプスの運動像の説明にとってこの意見はもはや議論にならない．なぜならば，アルプスの構造は主として，深部方向の重力の運動でなくて，地向斜の包蔵物が重力に抗してその周縁におよぼす圧縮 Auspressung のあることを示しているからである．

ではなかった．なぜならばとくに，たとえばマグマ流動の仮説は過程のそのような週期性を直接に要求するものだからである．

2. ある輪廻のあいだに時計の針と逆方向におこる《海進方向の回転》もまた意義深いものであり，その週期的くりかえしの点でひじょうにいちじるしい地史的研究の成果である．ふりかえって，欧州における海の長軸は海進時相の初めには北々東－南々西の方向をとり，ついで北東－南西となり，最後に西－東に回転したことが問題であることを想い起してみよう．この段階では最もいちじるしい海の氾濫(侵没)が生ずるが，それにつづいて急速に不安定な関係と最後にははげしい造構運動がおこり，その結果として海退と陸地の出現となる．このような関係は明らかにつぎのように解釈されなければならない．すなわち地殻における応力は継続的に，律動的に，そして規則的に変化するが，この応力は静穏な(非造山の)時期には可逆的であり，いいかえればふたたび逆行できるのである(準弾性的関係)．ただ欧州の海洋の軸が東－西方向を向いたばあいだけは，隆起帯は永続的な変形になってしまい，地殻の応力は造構運動の中に解消する．その原因を，欧州では東－西の走向を示し，その方向にそって応力を解放することを助けるような，古期の構造のつぎ目かまたは弱帯に求めるべきであることは明白に想像される．北アメリカや欧州の東の周辺部(ウラル山系)においては，構造のつぎ目は子午線方向に走るので，状況は異なっている．

このような内力の律動的な変化，もしくは，岩石組織論 Gefügekunde にならっていえば“輪廻的にくりかえす応力楕円体 Spannungsellipsoid の回転”もまた，すべての面の収縮という仮説からは理解しがたいのである．なぜならば，とくに，実際には応力の分布は収縮力のほかに伸延力を示し，それもまた方向が変化するからである．固定説的な他の諸仮説(律動説・波曲説)も，それとは一致しがたいものである．

3. 《時相の差異》と《時相の分散》．地史学上の大輪廻はたとえ一般にいたるところで似ているとしても，なおかつ北半球の大陸においても，とくに個々の時相の強さに関係して明瞭な差異が認められる．すなわち，たとえば新期キンメリッジ時相は地中海地域ではあまりみかけないものであるが，これに対して太平洋側の北アメリカや東アジア地域では主要な激変期 Hauptparoxysmus にあたっている．古期キンメリッジ時相は西欧州においてはほとんど目立たないが，その代りウラル地方やアジアの関連地域においては重大な意義をもっている．激変期と方向とは密接な関係にあり，造構運動の衝動はさまざまな由来をもつものと思われる．北半球と南半球の状態の差異はもっと明瞭であり，時相の分散について直接論ずることができる．造構的運動もまたここでは異なった配置を示し，北半球においては少くとも全く二次的な意義しかもたないような激変期があらわれる．そのことは先カンブリア界において，古期古生代・新期古生代・古期中生代(ゴンドワナ大陸)の造構運動において，アンデス山系の“亜ヘルシニア”造構運動(晩期白堊紀)において，そしてまた多くの造陸運動的特徴において認められる．

このような地史の成果もまた収縮説とは一致しがたい．なぜならば，収縮説は全地球における運動の同時性を要求するものであり，時相の差異と時相の分散の解釈，いいかえれば地殻のさまざまな地域におけるさまざまな運動時期は，まったく生ずる余地があたえられない．これに反して，流動説 Strömungstheorie にとっては，時相の差異のあることはなんら困難はないのである．

b)　運動の解析

上部地殻においてみられる運動像は，運動した岩石塊の折れまたは撓みの運動像である．しかしひじょうに深部では，pt－条件が異なっているので，他の運動像が予想されなければならず，したがって，上部地殻すなわち“関係のあるデッケン山地”の褶曲帯やデッケン帯は切断面によって，もっと深部の，地殻下の変形された岩石塊と分離されなければならないということは，すでに古くから言われている．力学を矛盾なく説明するためには，このような深部地質構造の知識も必要であるばかりでなく，むしろ緊急のものであることは明らかである．けれども地球上のいかなる山脈でも，地表の運動像とともに数千メートルも下位に存在する深部の機構が一見されるほどに深く谷のきざまれている処はない．しかしながらここで，我々は時代の異なったオロゲン(造山帯)を知っており，その最古のものはひじょうに深く切りとられているので，深部の機構を一見できるということを想起すべきである．すでにのべたように，古いオロゲンと新しいオロゲンの帯状構造は同じものであるので，関連するデッケン山脈の特定の構造型に相当する深部の運動様式をこのような方法で探知するためには，いろいろと時代の異なる山脈におけるそれぞれの同じような帯の構造を比較しさえすればよいのである．この比較運動解析 vergleichende Bewegungsanalyse の方法論的重要性については，ここでは一つのよい例をくわしく論議することにしたい[1]).

さきにのべたように変成帯はアルプス山脈の構造が最も深くまでみえるところである．第三系アルプスの内部においてはワリスのペニン帯はこの種の典型的な例であり，とくに有名なシンプロン地域では，そこに存在している巨大な背斜構造(クルミナチオン Kulmination)のために，観察しうる最も深い水準があたえられている．さてここではつぎのようなことがわかる(第57図1).

この地域は別れ別れのひろくひろがった円頂構造の群からなり，各構造は変成した地向斜堆積物(グランツ片岩 Glanzschiefer)と片麻岩のひんぱんな互層からできている．円頂構造の内部構造はひじょうに複雑で，明らかに片麻岩の一部は古いものであり，固化した状態でデッケンとして基盤の上に押しかぶさっている．そのことがすべての片麻岩にあてはまるかどうかは，ここでは論じないことにする．花崗岩質片麻岩が間造山期(216頁)のものであり，すなわちそれが熔流状態で，褶曲しつつある地向斜の堆積岩に多少とも整合に押しこまれたものだということは，十分に可能であると私は考えている．それはどうあろうとも，ともかく機械的過程またはマグマ過程によって岩石の材料が蓄積されて生成した円頂構造の複雑な内部構造と，新しい全体の背斜構造とは区別しなければならない．造構期後の広域変成作用 Regionalmetamorphose は円頂構造に特有のものであり，この地域や類似の構造の地域(タウエルン)では，深部につき刺さっている花崗閃緑岩質マグマの貫入によって説明されるものである．円頂構造の深い核部においては，正常の，すなわち変動をうけない，無方向性の粒状の花崗岩があらわれるのは，いちじるしいことである．さらに注意すべきことは，円頂構造の間の横断褶曲 Querfaltung であって，ここではさらに西方にむかう押しかぶせ断層の形成にまで亢進されている．

したがってペニン帯は，衝上した古い岩石からなる地塊を伴い複雑な内部構造と高い変成度を示す平坦な円頂構造と，その間を曲りくねって貫通する新しい地向斜堆積物の地帯に分れている．後者はここでは急立し，わずかな変成度しか示していない．

まったく類似の形は，エルツ山地，フィヒテル山地，あるいはまた，東ズデーテンにおけるメーレンやホーエン低地 Hohen Gesenke の同じような円頂構造などのよう

---

1) S. v. BUBNOFF: Schollentransport und magmatische Strömung. Abhandl. Preuß. Akad. d. Wiss. 1941, Nr. 18 (1942) 参照．また 207〜209 頁，227〜230 頁をも参照のこと．

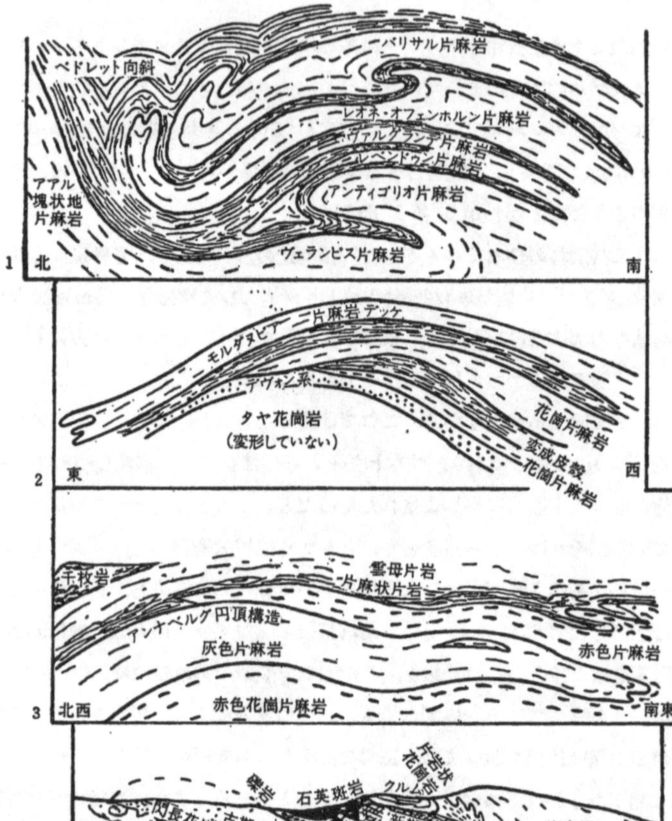

第57図　種々のオロゲンにおける変成帯の断面．1．アルプスのペニン帯．2．ヴァリスカン山地におけるメーレンの円頂構造．3．エルツ山地，ヴァリスカン山地のサクソンチューリンゲン帯．4．南部シュワルツワルト．ヴァリスカン山地のモルダヌビア帯．5．ボルンホルム，スヴェコフェンニーデン Svekofenniden.

にサクソンチューリンゲン帯(ヴァリスカン山地の変成帯)の円頂構造にもみられる．探査の水準が深いのに応じて変成度ははげしく，マグマ起源の岩石の占める部分は増大しているが，根本的にはまったく同じ形が支配的である．とくに我々は，たとえば低地またはモラヴィア帯(シュース)において，片岩状変成岩の堆積物と正片麻岩が複雑な円頂構造中に貯えられているのをみる．その円頂構造は古期岩石(モルダヌビア片麻岩)によって押しかぶされているが，最も内部の核にはまだ無方向で粒状の，すなわち構造的に変動をうけていない花崗岩が証明される．造構期後の変成作用はここでも深部につきささっている花崗閃緑岩と関係をもつとされているが，この岩石は異なったあらわれかたもする(第57図2と第57図3)．

ヴァリスカン山地においてモルダヌビア帯として知られている内帯は，一見しただけでまったく異なってみえる構造型および運動型を示している．その典型的な断面は，たとえばシュワルツワルトをみればよい(第57図4)．ここでは厚い地向斜堆積層はみられず，また片麻花崗岩の核をもった複雑な円頂構造も存在しない．その物質組成はつぎの3要素を示している．結晶質の古期岩石すなわちヴァリスカン造山運動以前にすでに変成岩に改造されていた古い片麻岩，晩期デヴォン紀と早期石炭紀(クルム)の薄層で変成度の微弱な砕屑性堆積岩と，そして造山運動の間または後に貫入した石炭紀の花崗岩とである．

地質構造の傾向は，結晶質の古期岩石すなわち中部シュワルツワルトの片麻岩塊が，南方にデヴォン系とクルム(早期石炭系)の向斜部に押しかぶさっているようになっている．このばあいいちじるしいことは，デヴォン－クルム堆積物はどこでも片麻岩と直接に接しているところはなくて，両者の間にはつねに新期花崗岩が迸入しており，しかも片麻岩の上にデヴォン－クルム層が存在したにちがいないような所では，押しかぶせ断層面にもデヴォン－クルム系の基底面にも，この花崗岩がみられる．いいかえれば，花崗岩の貫入は一部は大きな運動面に沿い，一部は基底不整合に沿っている．花崗岩の一部は片麻岩化されていて，すなわち造構運動以前に固化しており，一部は無方向的，かつ粒状を呈し，すなわち運動以後に凝固している．

個々のばあいを見ると，押しかぶせ断層帯にあらわれる花崗岩は平行組織を有し，北方にかなり急傾斜で片麻岩類の下におちこんでいる．それは断層運動の期間中にその運動に適合して貫入したものである．これに反して，はるか南方でデヴォン－クルム系の基底にあらわれる花崗岩は平らな板状体 Platte かまたは明瞭な円頂構造さえ形成しているが，それらは時代的にも異なり，化学的にもいくぶん異なった花崗岩の別々の薄い岩体から成り立っている．円頂構造の間には，いちじるしく変化しやすい，混成状の閃長質岩石の地帯があるが，それは急傾斜の構造面をもっており，したがってその地方の走向に対してほとんど鉛直である．

さてこのように巨大な花崗岩流はどこからきたのであろうか．熔融体は押しかぶせ断層帯に沿って，すなわち北方の下部から南方上部へとのぼって行き，つぎに運動面や不整合面に沿って平らにひろがったということが明らかである．さらにまた注意すべきことに，その花崗岩は古期片麻岩と化学的に一致しており，しばしばひじょうに密接にとけ合っているので，両者を分離することはむずかしく思われる．したがってこれらの花崗岩は，管からおし出されるねりもののように，片麻岩基盤の熔解した部分が運動のさいにおし出されたものをあらわすという考え方が，明白に出てくる．このことを確認すれば，変成帯の円頂構造との対立はいちじるしく弱められる――それはいわばもはや機構上の対立ではなくて，運びうる物質の対立なのである．すなわち変成帯においては，固い集合状態をなしてあらわれる堆積物が褶曲やデッケンの中に複雑な背斜構造をしてたたみこまれ，内帯においては，熔解した流体状の花崗岩物質がふくれ上って花崗岩塊を生じている．それは同じ機構上の課題を異なった素材について解決したものであって，造構的圧力の影響の下に，あるばあいには固体の，他のばあいには流体の物質が，異なった横断面をもつ新しい空間形態へと変位されるのである．けれどもどちらのばあいにも，最上位の，地表に最も近い構造的要素は古期結晶岩の固い地塊であり，それは新しく生成しつつある構造の上に押しかぶさるのである．

地殻形態の種々な型(ブロック・陸棚・地向斜)のばあいと同様に，ここでも運搬しうる物質の多様性のほうが機構の多様性よりも重要である．後者はむしろ等質のように思われる．しかし注意すべきことはもっとほかのことであり，それは運動像と物質が深部にむかうほど均質化されているということである．

新しい山地の内部，たとえばアルプスの東アルプス帯においては，内帯と変成帯との対立はもっと明確なものと考えられる．しかしながら，そこでもまた巨大な花崗岩流については何もみることはできず，それはなお新期の地層の下にかくされており，ごくわずかな場所で，いわゆる環アドリア山塊(バヴェノ Baveno，ディスグラツィア Disgrazia，アダメロ Adamello)において地層を貫通しているのが見られるだけである．ヴァリスカン山脈における露頭水準はもっと深く，ここでは変成しない被覆層はけずり取られ，したがってずっと以前から変成帯と同列に考えられた運動像が見られる．ここではディアピル状の，深部からおし上げられた花崗岩の貫入水準について述べることができるが，それはしばしばあやまって底盤とみなされることがある．

さて地質学者にとっては，さらに深部の延長がどんな具合であるかを知ること，すなわち地表下1000～2000 m の部分の山脈の断面を研究することは大切なはずである．この欲望はシュワルツワルトではみたされないが，別の地域では可能である．数百万年も前から上昇しつづけ，したがって不断の削磨作用をこうむっているスカンディナヴィアの原始ブロックは，古い先カンブリア山地である有名なスヴェコフェンニーデンのそのような深部断面を地質家に明らかにしてくれる．

深部にむかって物質の均質化が進行するという推測は，ここでは十分に確証される．そこでは全体として花崗岩が広く分布するが，その一部は平行組織をもっていて，いいかえれば運動の前または途中で固まったのである．多くのものは疑いもなく古期物質の熔解作用から生じたものである．けれどもそれに随伴する他の岩石——主として片麻岩——も，つねにひじょうに深い水準におけるはげしい変成作用かまたはさらに混成岩作用（ミグマ化）の痕跡をとどめている．その点に関しては，ここに変成帯と内帯の区別を求めることは無益と思われる．しかしながら，いちじるしく均質になった，変成度の高い物質においては，褶曲山地に関する通常の研究法も役に立たないのである．このばあい小構造の解析，とくにサンダーのゲフューゲ統計学 Gefügestatistik とクロースの花崗岩の構造学を応用することによって，先に進むことができる．これらの方法論をひとつひとつ説明するにはあまり長くかかるので，結論をごく簡単にふれておきたい．

晶出の途中，すなわち凝固作用の途中にある熔融体——結晶粥——が機械的内力たとえば圧力にさらされると，流動状態になる．そのばあい，その岩塊がまだ流動しやすい状態にあるかぎり，線状の流れ fadenförmige Fließe が問題となり，その後凝固が進むにつれて，薄層状運動 laminare Bewegung すなわち板状体が滑りあうことが問題となるのであるが，これに反して固化した岩体では概してなんらの局部運動をもうけず，割れ目の形成という形での圧力の消失だけがみられる．このような運動は岩石のゲフューゲにも反映し，茎状または板状の鉱物は運動に調和して配列され，すなわち，いわゆる“整列” eingeregelt させられるのであるが，そのばあいこの整列は線状や薄層状の流れによってさまざまな性格をもあたえられる．割れ目の網も，当然運動と調和した形になる．したがって，野外における割れ目の方向や岩石薄片にみる鉱物配列の統計的測定によって，岩体の変形についての知識を手に入れることができるのであり，しかもとくに次の点についての知識がえられる．1．運動の性質，2．運動の方向，3．空間と時間における均質性，4．運動と凝固の時間的関係．

このような詳細な解析の成果を，ボルンホルム島の花崗岩基盤という特徴的な例について簡単に述べることにしたい(第57図5と第58図)．

この島の核をなすのは，一部は平面状，一部は線状につくられた平行構造をもつ花崗岩である．この構造は雲母や長石の配列にもとづいており，常に10〜30°北方に傾斜している．雲母の整列状態から完全に明らかになることは，こうした平行構造を生じた運動は線状の流れの段階にはじまるが，その一部は薄層状運動として続行したということであって，そのことはひきちぎられた岩脈やとりこまれた個々の“岩層”や，さらにひじょうにいちじるしい平行構造や物質の分化作用を伴う強められた運動の

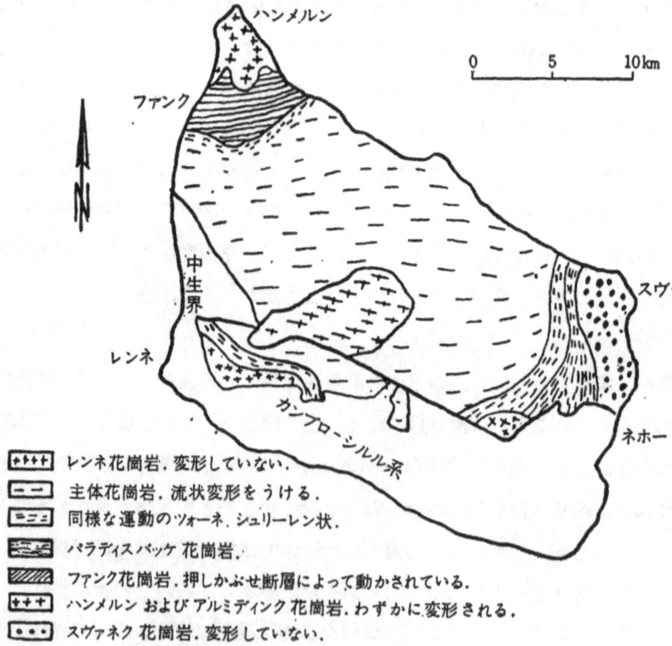

第58図　ボルンホルム島の基底山脈の地質図．カリセン CALLISEN による．

シュリーレンSchlieren*にあらわれている．割れ目の網の解析から推論されるように，凝固の後にもたしかに機械的内力が継続したが，このときには運動は本質的には鉛直上方に向い，すなわち塊状地の円頂構造のような撓上が生ずるにいたったのであって，このことはペグマティットの産状からも推論されるのである．

西北においては，主体をなす花崗岩の上にかなり塩基性で，斑状のファンクVang花崗岩が整合的に重なっている．さて，このファンク花崗岩も同様に南方に向って整合的にうごかされはしたが，その運動はすでに本質的にいちじるしく固化した状態でおこなわれたということが示される．このような運動は流動というよりはむしろ押しかぶせ断層であって，主体の花崗岩との境界附近でだけシュリーレン状組織Schlieriger Verbandがもっと連続的な薄層状の運動への移行を示している．押しかぶせ運動のあとで，主要運動面に沿って北方下部から新期の花崗岩の増援が貫入し，それは主体の花崗岩とファンク花崗岩との間におし入れられてファンク花崗岩をつき上げ，その時にはっきり認めうるような再結晶作用が生じたのである．このような新期の，ほとんど無方向の粒状の花崗岩は，鳥の頭の型をしたディアピル状深成岩体である．そしてそれは一つの特殊な背斜構造を形成していて，古い花崗岩とは対照的に，その構造のつぎ目は急立している(第57図5)．この花崗岩は化学的には主体の花崗岩とはわずかに異なっているだけであり，したがって同じ熔融体の溜りから最後にしぼり出されたものとみなされる．

このような傾向は，内帯と変成帯の高位階層からあげた上述の例に多くの類似を示している．ただ深い水準に相応して，全変形がいわば可塑的か流体的であり，したがって内帯と変成帯のある種の特殊性もここで消失してしまうのである．けれどもここでもまた物質の蓄積が背斜部となるのであって，その背斜部は深部ではマグマの流れにより，上の高い方では地塊の運搬または押しかぶせ断層によってでき上るということが観察されるのである．さらにまたその後の，造構期後の貫入に伴われた背斜構造も知られているが，そのばあいには貫入岩体の天盤に少なからぬ変成作用をひきおこしている．そのすべては，アルプスのペニン帯やヴァリスカン山地のサクソンチューリンゲン帯にある円頂構造や，モルダヌビアの花崗岩塊状地にくりかえしてみられる特徴である．しかし，このような類似はもっとある．たとえば主体の花崗岩の基底に

* ある種の火成岩中にある，多少レンズ状を呈し雑然とした境界を有する不規則な縞の部分(地学辞典)．

は構造的にはほとんど変動をうけていない，無方向・粒状の閃長花崗岩があらわれるといったことである．それに似たことは他の例にも観察される．われわれはここでは，がんらい徹底的にうごいた流体帯 Fließzone の基底に立っているのであるように思われるが，この流体帯はボルンホルム島では厚さ約 10 km と見つもることができる．

さらにまた東部においては，主体花崗岩の構造面が東－西から南－北に旋回し，平行組織は急立することが明らかにされている．ここでは，ななめに走っている，ひじょうにはげしい運動の水準が存在し，それはまったくシンプロンやシュワルツワルトにおける横断褶曲帯を想起させるのである．しかしここでは，そのような水平運動の帯の本来の性質がよく認められる．ゲフューゲ解析の結果によれば，このような運動帯は，南に向って上昇していたマグマの流れが，東部においてはいわば固化した岸に沿って流れていき，その岸との摩擦のために妨げられた結果生じたということが証明されている．もっと深い水準においては水平流動の帯としてあらわされるものも，上盤層においてはまったくさけがたいくさび作用によって容易に水平褶曲の性格を呈するようになる．この急な運動面にも，つぎには新期の，もはや変形されていない花崗岩が侵入しているが，それは，他ではヴァリスカン山地のエルベ河谷地域，ハルツ，東部シュワルツワルトにおける類似の“パラフォーレン”において再三見るとおりである．

さてボルンホルム島で見られた形は，スエーデンの先カンブリア界の北につづく部分にも適用されることがわかっている．全般的に南方に向う局部的運動がさかんであり，高位の固化した階層においては地塊の移動として，また下部の花崗岩塊においてはマグマの流動として，その運動が特徴づけられている．運動帯すなわち強化された運動の水準では，上には押しかぶせ断層があり，下にはいちじるしく規則正しいゲフューゲのみられる小さなシュリーレン状の分化作用，すなわち片麻岩の形成があり，そのばあい運動と凝固作用との時間的関係に応じて，プロトクラスティシュ[1]（原生砕屑的）またはカタクラスティシュ[2]（圧砕作用的）の構造になりうるのである．このようにして生じたマグマ性物質の大量の蓄積，すなわち真の《片麻岩質花崗岩の隆起体》Gneisgranitwülste は，もちろん凝固作用の後にはもはや分化作用を遂行することはできない．それは凝固し，その後の運動に対しては，わずかに弱い撓上作用や，

---

1) 結晶作用または凝固作用《以前》の断層．
2) 結晶作用《以後》の断層．

急立して，大部分が明らかな扇形をなす節理網 Kluftnetz の形成を通じてだけ反応するのである.

したがってこのような最深の水準においては，造山運動は，おそらくは熔解作用によって可動化したと思われるうごきやすい物質が流体状に変態することにあらわれている．もちろんそのばあい，花崗岩隆起体における質量の過剰は，他の場所での不足と相対応するものにちがいない，そのことは花崗片麻岩の円頂構造の周辺にみられるのであって，このような円頂構造は，急立した構造面とはげしい変動とをともなった変成度の高い岩石によって，まわりをせまく帯状に囲まれている．これはまさしく花崗岩物質がしぼりだされたという確実な痕跡である．このような区分構成は中部スエーデンの二三の地域，たとえばウプサラ附近においてひじょうにはっきりとみられるが，ここでは，円頂構造の最も内部の最も深い部分にはふたたび圧縮をうけない花崗岩が出現し，ボルンホルム島，メーレンの円頂構造 Mährische Kuppeln，シンプロンにおけるばあいとまったく同一である．したがって 10 km あるいはそれ以上の厚さに達する隆起はふたたび，分化しない，全然変動をうけないかあるいはほとんど変動をうけない物質を基底としている．いいかえれば，最も深い運動層準は無限の深部につづくものではなく，可塑的な帯もしくは切断面にあたる．それはゲルマン型山脈の断裂褶曲の下に可塑的な岩塩でも生じさせられるものと同じようなものである.

上述のすべてのばあいにおいて，すなわち最も表面的なアルプス山脈，中位水準のヴァリスカン山脈，また深部構造のフェノスカンディアにおいて，同じ機構上の課題を解決することが問題になっているということは，理解しがたいことではない．それは物質が変形して水平的には縮少し，垂直的には延長する断面をとるということである．しかしこの課題の解決は，いろいろ異なった物質についてなされる．すなわち地表的のアルプス山脈においては，厚い地向斜堆積物はせき止められて，たいてい楯形をとるデッケン隆起を生ずるようになる．シュワルツワルトとサクソンチューリンゲンの円頂構造の中位水準においては，ディアピル状に流れ出した熔融体の圧縮現象をともなう押しかぶせ断層が支配的である．これに反してスカンディナヴィアの最も深い水準においては，運動は巨大な花崗片麻岩の隆起に反映されている．円頂構造や隆起の間の物質の欠損帯 Defizitzone* は，地表では急立した押しかぶせの根 Wurzel または横断褶曲となり，深部では傷跡すなわち最も強烈な変動とはげしい変成作用をう

* 低重力値地帯.

けた狭少な地帯となるのである.

地表の地塊運動は一次的のものではなくて，むしろ地塊は深部の流動運動にただ受動的にしたがうにすぎないということ，すなわち深部帯の変形した断面に適合するということは，もとより真実らしいことである．それによってわれわれは，アンペラーがその底流説 Unterströmungstheorie において発展させた概念を確認するようになる．それは，アルプス期の造山運動は基盤の流動的変形に対する地表の反応にすぎず，一群のデッケンは深部の花崗岩の隆起に対応し，押しかぶせの根の地帯はマグマの傷跡に対応するというのである．その運動面は表面では破砕帯として，深部では変動をうけたシュリーレン層準としてあらわれる．《基盤の片麻岩化》は表面における褶曲作用やデッケン作用に対応するものであるということもできる．

われわれの近づくことができる最も深い造山帯の階層においては，地表の造構運動に対比すべきマグマ流動を直接に見ることができる．広範囲に浮動している地層をともなった片麻岩円頂構造は，マグマの堰止め Zusammenstauchung によってはほとんど説明されず，逆に水平流動によるならば容易に説明できるのである．この運動は凝固以前に熔流状で，したがってまったく冷却されていない物質の中で生じたものだから，この運動像は冷却による収縮とは調和しがたいものである．

機構の原理は褶曲山地以外でも同じであり，たとえ固化の程度の変化がはげしいために現象型が変わってくるとしても，ブロックや陸棚も同じ法則にしたがうものと推定される．

たとえば，アフリカの古いブロックは，クロースによれば，安定した地域と，その間を貫通しているひじょうに強力な変動をうけた地帯とに区分される．またシュティレによれば，不均質な陸棚はかたい枠地塊と可動化した枠内構造区とに区分される．それは根本的には基盤の隆起と傷跡との区分にみられるのとおなじ区分であって，ただ構造がもっと大きいだけであるが，そのことは安定性がいっそう大きいということによって十分に説明される．しかしこのばあいもまた，地殻はさまざまな造形的強度をもつ一群の要素網に崩壊し，その反応形式は深部から由来した機械的衝動によって，原初造構運動 Primärtektogenese・大褶曲・深部褶曲 plis de fond などと名づけられ筆者もディクティオゲネーゼという表現で総括したものを生ずるのである (67 頁).

大きな断層面あるいはパラフォーレン(215 頁)に沿って地塊が水平方向に互いに滑りうごくが，このような境界すなわち運動のつぎ目もまた，可塑的な基盤の上を地表地塊が滑ること，すなわちマグマの流れの上を游泳するということがなければ，ほとんど理解しがたいものである．凝固の結果の収縮作用からは，このような運動面は推論することはできない．

c） 構 造 面

アメリカ大陸と欧州－アフリカ大陸のたがいに向いあった部分において，海岸の輪郭や地質構造までがいちじるしく似ていることは，まずウェーゲナーに両大陸塊ががんらいひとつづきのものであるという考えと，したがって大陸漂移の仮説とを思いつかせたのである．しかしながら，構造上の類似性から出発した議論の多くは，きわめてあいまいなものである．

まず北部では大西洋の両側に古いブロック(カナダ，グリンランド－ヘブリーデン島，バルト楯状地)があること，それにひきつづいて一方にはスコットランド－イングランドのカレドニア山地があり，他方ではガスペからペンシルヴァニアのタコニック山地があるということ，その南方では西ヴァリスカン(アルモリカン)弧はアパラキア山地に延長しているらしくみえること，西欧州の第三紀アルプス期の山地はアンティール(西インド)島弧にその片割れがあること，その南方ではブラジルとアフリカの古いブロックが詳細な点でも多くの共通性を示しているということは，いずれも正しい．

しかしながら，このような関係のいちじるしい規則性を認めるとしても，アメリカ大陸が旧大陸から漂流したということに対するはっきりした証明はそこにはまったくみられない．なぜならば，大西洋の両側の地殻構造は，生成の時期からしても，走向からしても，完全には一致しないし，また岩相上の差異もたくさん存在するからである．それで，後になって破壊した仲介的な中間陸片 Zwischenstück があって，そこに両側の地質構造がつづいているかまたは反対方向の環状構造 Schlinge がつくられるのだという仮定を否定することは困難である．もっとも他方では，大西洋の両側における差異は同様に大陸の漂流に反対する十分な反証をあらわすものではないかもしれない．もしも今日，たとえばシュワルツワルトとフォゲーセンとが互いに移動したとするならば，上部ライン地溝の両側での岩石の差異と地質構造の差異はひじょうに顕著だから，後世の観察者は以前の連結関係をほとんど推測できないであろう．

したがって，漂移説を生んだ一群の観察はすくなくとも確かとされるが，しかも漂移説の本来の形でアメリカ大陸が旧大陸から漂流したという意味においてこの観察の結果を解釈することは支持しにくいという，奇妙な事態に直面するのである．

けれども大西洋の両側の類似性は，別の関係においては重要である．フールマリエ FOURMARIER は大西洋と太平洋の両側で，地質構造や地史や岩相に支配的な固有な対称性のあることを指摘した．とくにそれは北大西洋においては最も明白であり，カナダ楯状地の南南西に北アメリカのいわゆる“中央安定地域”が境を接し，同様に欧州ではバルト楯状地の南南東に東欧州の安定陸棚が接している．北アメリカの上述した二つの安定要素は東と南東において新期古生代のアパラキア山脈にふちどられ，それに対応する欧州の要素は，南西において同様に新期古生代のヴァリスカン山脈にとりまかれている．アパラキア山脈は，内陸地溝であるアーバックル-ウィチタ山地 Arbuckle-Wichita-Berge の分岐によって南部では西に曲る．またヴァリスカン褶曲山脈はポドリア塊状地附近で，内陸のアンモデツィア（ドネツ山脈）地溝 ammodezische Furche の分岐によって，南と南東に曲る．西部では北アメリカの中央安定地域はコルディレラ山脈にとり囲まれ，そこには新期古生代の地層も存在している．このことと二畳-石炭系の相的形成とは明らかに，東部においてロシア卓状地をとりまいているウラル山脈をおもい出させる．その南方では，第三系のジブラルタルの環状褶曲はアンティール島弧とは鏡の像のように対比されるのである．

太平洋もまた多くの点で対称な地帯である．アメリカの“海岸山脈”は多くの傾向で東アジアの島弧に相当し，その東方にある大盆地は東アジアの内海に相当し，内海につづくシナのブロックは安定なコロラド地塊に類似しているが，一方カナダ楯状地に向って運動したロッキー山脈は，中部シベリア楯状地に向って押しかぶされた，オルドスからシコターアリンにいたる東アジアの褶曲山脈に対比されうる．たとえ両側の要素の大きさや構造が完全に一致しないとしても，なおかつ褶曲時代，構造の型，さらに相さえも一致していることは，しばしばおどろくべきものである．

南半球においては，太平洋の対称性はいくぶん認められるが，これに対して大西洋のそれはあまり明白ではない．

このような《子午線方向への対称性》はひじょうに明らかな《赤道に対する非対称性》に対立するものであり，それについては，コスマットが1936年とくに強調して次のように指摘した[1]．

北極は海盆中にあるが，南極は古い南極ブロックの中にある．

1) Paläogeographie und Tektonik, Berlin 1936.

北方大陸は地史の経過において，新しい褶曲帯を併合することによって成長の傾向を示し，これに対して南方大陸は継続的な解体を示している．

北方大陸の核は楯形であり，早期に3主要塊状地に分けられた．南方大陸は実際には一つの核——古期ゴンドワナ大陸——を有し，それは一部周辺の隆起した多くのブロックに分割された．

北方大陸は子午線方向に延長した褶曲山脈すなわち圧縮帯(ウラル，コルディレラ，東アジアの島弧，カレドニア変成帯)によって互いに分けられる．南方大陸の間には子午線方向の断裂地域である大西洋とインド洋とがよこたわっている．

赤道方向に地向斜性の弱帯および褶曲帯として地球全体のまわりに追跡される地中海地帯 Mittelmeerzone は，全然対称地帯を形成しない．互いに境界を接しているカレドニア，ヴァリスカンおよび第三紀アルプスの各時代の褶曲帯は北方大陸の周縁にだけ完全に発達しており，北方大陸そのものには，一部欠如している．歴史的に観察すると，地中海の褶曲山脈の建設はかなり一方的に北方大陸の増大の方向にあったわけである．

南北両半球の造陸および造構運動的発展は，前にのべたように時相の相違を示している．

南方大陸(南アメリカ，アフリカ，インド，オーストラリアおよびタスマニア)は南にとがった顕著な形をしているが，北方大陸にはこの形はみられない．これに反して，そこで典型的にみられる南半球の中央の極地海盆 Polarbecken のまわりの陸地塊の集合は，おそらく二畳-石炭紀に実現していたのであろう(サロモン-カルヴィ CALVI の復元による，1933)．

この対称的関係を解釈しようとこころみるばあいには，結晶学の基礎になっているような対称関係の《静的》解釈はもちろんわれわれの役に立たないということを，まず強調しなければならない．けれども対称性の考察は，サンダー，シュミットその他の人によって《運動学的》問題の解決に対して効果的に応用され，とくに岩石や岩体のゲフューゲの成因的分類に対して役立った．この意味においてゲフューゲの学問では等方・六方・斜方・単斜・三斜の対称性を区別しているが，それらはよく定義できる運動像にそれぞれ相当するものである．そのような考察からみれば，全地球の対称性は準単斜晶系ともいうべきであろう．なぜならば，対称面は子午線方向にあって赤道方向にはないからである．

このような解釈はふたたび，地球全体にわたるか，すくなくとも各半球では統一性を保持しているような機構を必要とする．収縮仮説もそのような総括的な機構を前提としてはいるが，この仮説は明らかに対称関係の説明には十分でない．それは，ここでは，圧縮や伸張を必要とし，収縮ならばひきおこすにちがいないような全方向的皺寄せ Runzelung を必要としない機構が要求されるからである．これに反し，マグマ流動は，現在の海流の形やあるいはまた大旋風と逆旋風の軌道を考えてみると，準対称的な輪郭と完全に一致している．なるほど，たがいに無関係な個々の大陸地塊の"自由な"漂流のばあいには，対称的な運動像は容易にあたえられるものではない．けれども，ウェーゲナーが仮定したような自由な漂流は，大陸水平漂移の無条件な前提ではけっしてない．前にのべた水平漂移またはパラフォーレンは，上位地殻の"軌道付の"漂移が生じて，その結果，運動像の一定性と運動方向の対称がもたらされるという可能性の余地をのこしている．われわれが確認した意味においては，これは次のようなことになる．たとえば，南方の大陸地塊が極地から赤道の弱帯の方へうごいて，この地塊の断裂作用に起因したと思われる，子午線方向の対称性を生ずるにいたったにちがいない．この割れ目に沿って個々の部分的地塊は赤道にむかって離ればなれに滑りうごいたもので，それによってそれぞれの地塊の端が極にむかって尖ることも説明されるであろう．

さて地球の運動像は地球上の赤道の弱帯にむかう運動だけで説明できるのか，それとも太平洋もまたそのような弱帯をあらわし，それによって第二の変形面が条件づけられ，これは一時的にはっきりと行動を起すことができて，運動学的な対称性の理解という面では交叉軸 Achsenkreuz が 90° 回転したと考えることによって解釈しうるものであるかどうかということは，ここではこれ以上議論しないことにする．同様に，いかにして極の移動が対称面を変化させるかという問題にも立入らない．そのような問題は何よりもまず純粋に思弁的であり，したがって認識価値の比較的すくないものである．ここでおこなった考察については方法論的重要性を確認しただけであるが，ボルンホルムの例における前述の断面に記されているような微小部分のゲフューゲ解析のほかに，地球全体という規模における一種のゲフューゲ解析的考察も可能であって，この考察はたえず力学的な説明の可能性をせばめていき，その基本的内容と一致しがたいようなものを除去するのである．

d) 地理と気候

固定説と変動説のいずれをえらぶかを論ずるばあいに，古地理学的および気候論的議論はつねに大きな役割をはたしてきたものである．したがってその認識の価値について吟味しなければならない．

今日でははなれている大陸間が以前にはつづきであったという証明や，むかし大陸間をはなしていた海があったことの証明は，しばしば化石動植物の移動経路に関する生物地理学的論拠にもとづいてなされてきた．“固定説的”仮説では，大洋の対岸に陸棲動物の同じ種が出現することは，以前は陸地が結合していたということ，すなわち，いわゆる“陸橋”があって後に沈降したということによって説明しなければならない．このような方法で復元された古地理とそれに必要な陸橋の上昇と沈降とは，ある程度の内部的な不確実さを有しており，したがってこのばあいは，大陸漂移の仮説のほうがより簡単で本当らしい解釈をあたえてくれるということは明らかである．しかしながら生物学的論拠はたいていはあいまいで，生物の移動はしばしば不確実なので，これにもとづくのではほとんど確実性はえられず，せいぜい蓋然性がえられるだけである．

太古の気候を検討するばあいには，状況はもっと有利である．大陸の推定上の漂流は大陸の位置に関しては極から赤道への移動を意味するものであるから，それは気候帯 Klimagürtel の移動となってあらわれるはずである．たとえ我々とは遠くはなれた時代のものとしても，そのような移動は疑いもなく存在したのであり，地史の個々の時代における気候帯は明白に復元することができるのである．

たしかに，ごく一般的にいって，気候帯の移動もまた極の変位によって，あるいは地殻がいっしょにつながって地核の上を移動することによって実現するものだという反対がとなえられるかもしれない．極移動の可能性は，たとえウェーゲナーが仮定したような規模ではないとしても，現在考慮できるものである．それにもかかわらず古気候学の領域では，本来，大陸水平漂移によってしか説明できないような事実が残っている．それに属するものとしては第一に二畳紀の氷期分布があり，その痕跡は南アフリカ，インド北部，オーストラリア，ブラジルその他に知られている．その痕跡のある個々の場所は一部は 90° またはそれ以上もはなれており，したがって一方が極附近にあるとすると，他方は無条件に赤道附近，すなわち氷結作用があるとは思われない，むしろありえないような地域に存在することになるのである．したがって固定説の枠内では，二畳紀の氷期や同時代の他の気候の証拠の分布は，例の説明しがたい事実をかたちづくり，仮説の弱点となっている．なぜならば，この事実は極や気候帯の簡単な移動では説明できず，これに反して移動説の枠内にはひじょうに具合よく順応するからである．それによって——とにかく歴史的ともいえる——気候上の論証は，大陸漂移の可能性に対して，向いあった大洋の周辺部における海岸の発達の平行性よりも，もっと有利な証言をする重要な証拠となるのである．

6. 総　　括

上述の地質学的事実は，固定説的仮説とくに収縮の仮説に対して，一部は明白に一部は少くとも暗示的に《反対》しているものであるということを否定することはできない．運動の週期性，地域による時相の差異，深部における流動状の運動像，運動面の対称性，伸張と収縮の並存，褶曲山脈の帯状構造，褶曲作用のうごきやすい地塊への局地化，パラフォーレンまたは水平移動の出現などは，地質学的な方法によってえられた成果であって，地球の冷却による収縮という考えからは，あるものは全然推論できないし，あるものは複雑な補助仮説の助けをかりてはじめて推論されるのである．地球の収縮に関する物理学上の論議もまたけっして明白で確実なものではない．地球の冷却作用がどんどん進行しているという主張さえも，熱の発散がすくなくとも一部は放射能の作用によって補われているかぎり疑問である．地球の熱の確実な収支表はまだつくられていないが，いずれにしても熱の発散は放射能の作用によっていちじるしくゆるめられるので，たび重なる造山運動によって要求されるような地球の半径の縮小が実現されるためには，その冷却量ではけっして十分ではないのである（234頁参照）．さらにまた機構論の立場からすると，収縮のあらわれが個々の比較的せまい“造山運動”の運動地帯に集中するように，圧力の伝達をおこす能力が，はたして地殻にあるかどうかということが疑わしい．この問題は地球物理学者からは異なった解答をえている．問題になった圧力はあらゆる岩石の剛性率にうち勝つものでなければならないので，その伝達の可能性は最初は却下された．その後ジェフリースは新しい計算にもとづいてそのような圧力の伝達はやはり可能であると認めたが，ただしそのばあいに有効な圧力は褶曲の現象を説明するには不十分であるという条件つきであった．

また地質学的論証は律動と波曲のような“二重の原因をもつ”固定説の仮説にとってもけっして好都合ではない．全地球の準均質な変形面，巨大なクラトォゲンをとりまく細長い地帯に褶曲山脈が配列して，ほとんど隆起 Tumore としては理解できないこと，重力に抗する造構運動(地向斜から前陸へ)，すなわちすべり褶曲の反対物，それらはすべて固定説の理論に対する重要な反証である．

もしも我々が静止している大陸という前提から出発するならば，造山運動の解釈は実際には収縮説の原理にもとづかなければ可能でない．もしもこの原理を捨てるならば，当然の論理として移動する大陸地塊という概念に達することが，とくにアルプスにおいて明らかになっている．なぜならば，この推論は，収縮説の代りとして打立てられた“底流説” Unterströmungstheorie や“嚥下説” Verschluckungstheorie にすでに暗にふくまれているからである．ここ数十年間スイスの地質家たちは，このように，収縮説からの，したがってまた静止した大陸という概念からの転向の道をたどったのである．

たとえ大陸水平漂移すなわち変動説の仮説がそれによって原理的には真実らしくなったとしても，今日存在する材料からはその規模や一般的な機構は推論されない．直接の測地学的証明，すなわち大陸漂流の直接の測定も開始されはじたが(グリーンランドー北アメリカの距離で)，短期間にはなんら完全に満足すべき結果をうるにいたらなかった．たとえば北アメリカの太平洋海岸の地震地帯における直接の現在論的観察はたしかに水平運動にとって好都合であるが，ウェーゲナーが特別に仮定したアメリカ大陸の西方漂流とは矛盾するのである．大西洋が欧州とアメリカの離れたことによって生じたということや，ウェーゲナーのその他の特殊な主張に対しては，現在では強い，そして正当な疑問がもたれている．たしかに自由な漂流というものが存在することは一般に疑わしく，“パラフォーレ”における軌道附の運動は多大の真実性をもっている．しかしそれでも変動説の原則にとって不都合にはならないのである．

変動説の運動像の物理学的解釈は収縮説のばあいほど簡単ではない．個々の可能性については，グーテンベルク[1]の著書を参照して容易に調べることができるので論じないことにして，ここでは，大陸水平漂移を原理的に認めることが次のような二者択一に到達するということに言及するに止めたい．

1.　大陸ブロックの運動は一次的のものである．このばあいは，我々が宇宙的な原

1) Handbuch der Geophysik, Bd. III, 1930.

因を考えようと(地球軌道の偏心半径の変化)，極の変移や極の流動を仮定しようと，あるいは最後にはグーテンベルクのように，太平洋で月体分離によって生じた隙間を，破裂したシアル殻皮がはなればなれに流動することによってふさごうとしていると仮定するにせよ，その運動は最初は地球全体の均衡の変化に起因している．これらのさまざまな力の大きさについては，現在まで，グーテンベルク(1930)が総括的にまとめた概算が知られているにすぎない．

2.　大陸ブロックの運動は受動的である．この大陸ブロックは地殻の下部によこたわる流れやすい帯の流動によって運ばれる．さらにまたこのような流動は，シュヴィンナー[1]のように熱的な均衡流動と考えれば最も容易に理解できる．

そのような熱的流動の原因はもちろんまだ完全には知られていない．けれどもジョリー－ホームズやグリッグスの方法は，この問題に物理的にも手がかりをもたらした．一方においては深部の運動像，他方においては造構運動の週期性は，この説明にとってはなはだ好都合である．

地質学的にいえば，このような二者択一は，最初の現象が構造作用と火山作用(広義の)のどちらであるか，地塊漂移とマグマ流動のどちらであるかという問題に帰着するのである．火山作用を一種の“可塑的な物質をともなった構造作用”(クロース)として理解できる可能性と，マグマの物質的変化がマグマ運動と根本的にむすびついているということの蓋然性との両者が密接に関連していることは，地質学的考察がこの問題の解決にも寄与するであろうという希望を抱かせるのである．

仮説的な推測にこれ以上立入ることは本書の目的ではない．その目的とは，地質学的考察の方法にはっきりとけじめをつけ，いかなる方法によれば，地球の形態という根本問題の説明にも寄与しうるかということを明らかにすることであった．その結果，地質学的方法は，物理学的に解釈されるべき帰納的な像を提供しなければならぬということがわかるのである．その反対に，物理学的可能性から出発している演繹的な方法は，仮説的思弁の域から脱するためにはあまりにも多くの未知なるものをふくんでいる．その方法はしばしば行われたが，その知識は有害無益のものであった．

---

1)　Vulkanismus und Tektonik. Zeitschr. f. Vulkanologie 1919–1920.

追補：地質学における時間概念についての補足

1. 地殻運動の挿話性と連続性

(139-149 頁について)

ギラリーとシュティレの間にかわされた論争によって，造陸運動と造構運動(造山運動)の二元論ともいえる，造山運動は挿話的か連続的かという問題は，ふたたび論議の焦点に移されたのである．“連続体 Kontinuum か分離体 Diskretum か”という問題は，たいていの自然科学において，とりわけ生物学(突然変異と変種)や物理学においてさえ(光量子と光波)たしかにさまざまな関係において重要な役割をはたしているということを確認するのは，興味のないことではない．地質学においては，問題を実験的に解決することは，自然科学の他の部門におけるようには可能でないとしても，このばあい私にとっては，答えは他の科学におけるよりももっと簡単のように思われる．なぜならば私の考えでは，その問題の設定がすべてある誤解にもとづいているからである．

強烈な造山運動によって特徴づけられた時代のあること——最も重要なものをあげると，カレドニア，ヴァリスカン，キンメリッジおよびアルプスの造構運動であるが——については，おそらく一般的な一致が存在する．したがってこの根本的事実は全然論議の対象にはならない．さらにこれら造構運動のなかでは，広範囲のはげしい運動によって，ある——より短かい——時代が区別されるということは，シュティレの著作によって疑問の余地なく証明された．したがって，問題になるのは，このような運動の全世界における同時性とその継続期間だけである．しかしこのばあいまず最初に，たえまなく活動する造陸運動と“挿話的な”造構運動とは，実際には根本的に異なるものであるかどうかが確認されなければならない．両者とも緊張の解放というべきものであって，その速さ，強さおよび作用範囲によって量的にだけ区別されるので，はっきりと境界を引くことはむずかしい．造陸運動は可逆的で造構運動は非可逆的であるということの確認だけが，定性的区別を明らかにするもののように見える．

けれどもこの区別は，明らかにある限界値，すなわち永続的な変形を生ずるような運動の強さの値にもとづいている．ところがその変形は——地域的に変化する——地殻の定数に左右されるものである．したがって同じ強さの緊張がある地域では可逆的変形を示し，他の地域では永続的変形の特色を示したり，“硬化”の程度の異なる地域では，緊張の増加による造構的変形がいくらか異なった時代にあらわれるという可能性がたしかに生ずるのである．

したがって緊張は連続的に変化する状態であるが，緊張の解放は限界値に達したときにおこる非連続的な過程である．地殻が異質であることを考えれば，全世界で運動の完全な時代的一致が存在しないことは明らかになにもふしぎではない．そのばあいに生じうる誤差の大きさについては現在でもまだ見つもることはできないが，シュティレの報告している30万年という時相の長さはむしろ最低値をあらわしているものと，私は考えたいのである．

2. 地球の公転速度は増加するか

(156–158 頁について)

1947年に私がはじめて発表した推測は，地質学における天文学的時代算定と物理学的時代算定の不一致を，太陽のまわりの地球の公転が地史の経過につれて加速されたと仮定することによって克服しようとするものであったが，たとえばシンデウォルフ(1950)らによってしばしば抗議をうけた．それについてはまず，天文学的測定によっては直接の確証や否定は今日あたえられないことを認めるべきである．1936年にシュヴィンナーによって引用されたダーウィン G. DARWIN，ニューカム NEWCOMB およびトーマス THOMAS の資料は現在では通用しない．また，たとえなんらかの意味において正確な現在主義的観察が行われるとしても，変りやすい脈動はつねに起りうるのであるから，それはやはり証明や否定とみなすことはできないであろう．

いずれにせよ古生代において，堆積論 - 天文学的時代算定と放射能による時代算定とは一致しないという顕著な現象は，いつまでも残っている．シンデウォルフ(1950)自身は，古生層の年縞をかぞえて得られた数値があまりにも僅少であることは，堆積作用の間隙を考えても説明できないものであるとのべており，間隙があるとしても，コルンが想像した11年という輪廻の存在はあてにならないという明白な論証をつけ加えている．ともかく，そのようなくいちがいは“堆積過程からみちびかれた時代決定の方法とその前提が不十分であったことに起因している”という議論をもってしてはなにものも証明されえないし，反ばくもできないのである．堆積の間隙が存在しなければ，そのようなくいちがいから論理的には，各単層は1年以上の時間に相当することが明らかになる．しかし地層の縞が規則正しい点については，気候の律動以外のものはほとんど問題にならず，現在の形で存在するそのような縞は四季の変化によってだけ説明されるのであるから，天文学的の1年はむかしは“もっと長い”ものであったという仮定は，その逆のことが証明されるまでは最も確からしいものである．それはとくに，現在と昔の個々の地層の厚さもその考えとよく一致するからである．

しかし私は，すでに163頁で強調したように，この地球公転の加速は，シュッカートによって仮定された(156頁)地史の経過においての堆積速度の加速とは直接に関係はないことを強調しておきたい．前者は気候的－天文学的原因に，後者は内因的－機構的原因にもとづいているからである．堆積作用の加速ということは最近ギラリーによって北アメリカで問題にされている(1949)．

欧州では私は1950年に，その加速は週期的にくりかえし，明らかにはげしい造山運動の時代に関係していることを立証することにつとめた．したがって堆積の速さは地殻運動と直接の関係にあり，その変化は造山作用の週期性を示す証拠となっている．

3. 地質学における輪廻の考え

(158-165頁について)

輪廻の考え自体はすでに古いものであり，暗にわれわれの地層区分の基礎になっているとしても，その最初の詳細な表現は1917年にはじめてバレルG. BARRELによってなされた．その後，とくにグレイボウ，ジョリー，ホームズ，ウンフローフェUMBGROVE，ヴァールWAHLその他の人々はさまざまな概念や諸事実から出発して，地史学的輪廻の模式を確立しようと努力した．けれどもまた時としては，輪廻の考えは完全にしりぞけられたこともあり，たとえば1948年シモンSIMONは地史的発展の汎世界的律動性をすべて否定した．シンデウォルフ(1950年)もまたある程度までそれにしたがった．

輪廻の原因としては，造山作用よりも，むしろ世界的にひろがり比較的短期間の現象である大海進(オルドヴィス紀，中期デヴォン紀，ドッガー階，セノマン階，漸新世)を考えなければならぬということがここでは強調されねばならず，そのことはまた本書で述べたすべてのことがらからも明らかなのである．シンデウォルフはその長さをまったくはっきりと過大評価している．中生代の海進のばあいには，全大陸地域にまたがってこれらの海進がきわめて速く，しばしばわずか一つの帯の示す時間内に，行われたことは，おどろくべきほどのものである．ひじょうに広汎な海進は時としては二三の地向斜(テチス)ではかならずしもはっきりと示されないということ(テルミエ [1952] が強調しているように)，またシモンがとくに証明しようと努力したように，その律動は時としては乱されているように見えるということは，私の考えではけっして問題の核心をついてはいない．1949年に私は，地殻を一次・二次およびさらに低次の要素に区分するのに対応して，一次的な地殻要素だけを変形する運動や，さまざまな低次の要素にそれぞれ効果をあらわしている運動のあることを証明した．それに対応するものとして，それぞれ世界的・広域的・局地的に作用し，さまざまな範囲・強度および継続期間をもった運動として反応する大輪廻・脈動・チクロテムが区別される．このばあい，結果としては，時相の分化や時相の分散をともなうさまざまな振幅の輪廻の累積が生ずるにちがいない．それはちょうど造構時相が材料しだいで，種々な強さと時間的差異を示してあらわれるのと同様である．このようにしてまったく必然的におこってくる差異があるにもかかわらず，汎世界的の広いひろがりを示す大輪廻の時相が判然と明瞭に認められることは，むしろおどろくべきことである．したがって，とくにシモンが述べたスペインのカンブリア系の区分のばあいのように，いくつかの反証がまだ論議の余地あるばあいには，上述のような差異にもとづいて輪廻を否定するのは，私としては時期尚早のように思われるのである．さらにシンデウォルフが主張したように，バルト地域とボヘミアのカンブリア系がどの程度まで輪廻の考えに矛盾するかということも，私には理解しがたい．カンブリア紀の海進時相は両地域において明瞭であり，それらが時代的にいくぶん相違して生じているということも，(二次的脈動の影響によって)早く終了したということも，フェノサルマチア地塊および中部欧州地塊の歴史的に異なった性格からただちに説明されるのである．

輪廻の考えを承認しているバレル，ヴァール，ウンフローフェのような研究者たちが，ここに述べたような考え方とは反対に，同じ長さ(約2億年)をもつ大輪廻というものを予期しているとすれば，それは太平洋地域にとって第一級の事件ともいうべきキンメリッジ造山運動を無視することによってはじめて可能である．このばあいは，すでに述べたように大海進の方がいっそうよく比較できる値をあたえる．太平洋とテチス海の衝動 Impuls の交替というテルミエのあたらしい解釈は，子午線面と赤道面の交替という古いカルピンスキー KARPINSKI の理論にもとづいて，回転する内力方向という考えをとりいれた私の解釈とひじょうによく一致している．なぜならば，とくに第三の北極時相 arktische Phase という彼の解釈は，私の考えでは，私の輪廻の模式において最初の海進時相の領域に自然に編入されるからである．

最後にシンデウォルフの表現について注意しておきたいことは，無機的な地史は，有機界とは対照的に，くりかえすものであるという主張は，条件つきでだけあてはまるということである．なるほど我々は輪廻やくりかえしについて言及はするが，それは全体の位置や力の面にだけ関係することであって，変形した《物質》には関係せず，この物質は変形や変位をくりかえすことによって分化作用を発展させているのである．無機的世界もまた複雑な法則に支配され，地史的過程もまたそれに適応しているかもしれない——すなわち宇宙への輻射作用によって地球の冷却が進行するばあいなどそれである．

4. 大輪廻と生物の歴史

(121-139 頁について)

現在でもなおひじょうに議論の余地ある領域について簡単に述べておきたいと思うが，そのばあいまず第一に，ここではまだ明確な解答を得られない方法論的な困難性を示しておきたい．この領域で発展した意見についてもっとくわしく説明することは，本書の目的を逸脱することにもなろう．

無機界と有機界との関係を説明するには，つぎの三つの問に対する回答がまず第一に必要であるということができる．すなわち，

1. 有機界の進化については時間的法則性(週期性)が存在するか？
2. このような週期性と地史の大輪廻との間に対応または因果的な関係が存在するか？
3. 無機界のばあいとまったく同様に，有機界の進化においても，地史の経過の間に加速作用を認めることができるであろうか？

これらの問に対する回答は今のところ統計的な方法によってだけ可能であるが，このばあいとくに分類単位を定めるときに，根本的な困難に出くわすのである．すでに同等性と同時性の節で明らかになったように，分類単位とその飛躍的または連続的な変化というものは往々にして主観的な概念にすぎず，時代によって分類単位が変化していくことに関する見方はさまざまになされている．したがって動物学における種すなわち現世種は，化石種とはまったく別の基礎の上に立たされているのであり，属という概念が固有の系統発生学的意義をもっているのか，それとも分類的－記載的価値を有するにすぎないのかということは，当分のあいだ完全には証明できそうもない飛躍的な“大変異”Großmutationの現実性とまったく同様に，不確実であるように思われる．けれども，ある属が絶滅するのか，もしくは飛躍的に変化するのかということは，進化の時期を正しく評価するためには重要なことである．したがって，ここに述べた留保条件は，この種の考察のすべてにおいて前提とされなければならない．

さて，生物の進化においてはある程度の週期性が存在することはほとんど異論の余地のないことであって，シンデウォルフによって強調された進化系統の時相区分においては，型の発生 typogenetisch・固定 typostatisch・消失 typolytisch の各時相(系統上の単位の生成・保持・解体)の区別が明らかにされている．けれどもこの律動が生物の大集団について同時的に，同じような方向に経過するということは，あまり確かではなく，迅速に変化する種や属と，ほとんど変化しない種や属とが存在することを考えただけでも，疑わしく思われるのである．シンデウォルフのグラフ的表現によっても，ニューウェル NEWELL とムーア MOORE の新しい統計的総括によっても同様に，進化の転換期をともなうか，または特殊のはげしい分化作用をともなった時期があって，それらは種々の系統に同時に生じたということが示されている(第59図および第60図)．前者は系統進化における型の発生の時相に，後者は型の消失の時相に一致している．さてこのばあいシンデウォルフは系統進化の内的原因というものを考えて，地質学的要因との関係を否定しているが，私にとっては，彼の報告や模式(第59図)からすれば，彼のいう“系統進化の歴史の転換期”と私の大輪廻(とくに第II時相)の海進時相との間にはいちじるしい一致の存在することが明らかに推論されるように思われる．シンデウォルフの主張(122頁)とは反対に，石さんご虫 Madreporarier・おうむがい・筆石の出現，弁鰓類・腕足類および海百合類の固定類などの新しい系統の発生(カンブリア－オルドヴィス紀の過渡期)は先カレドニア輪廻の海

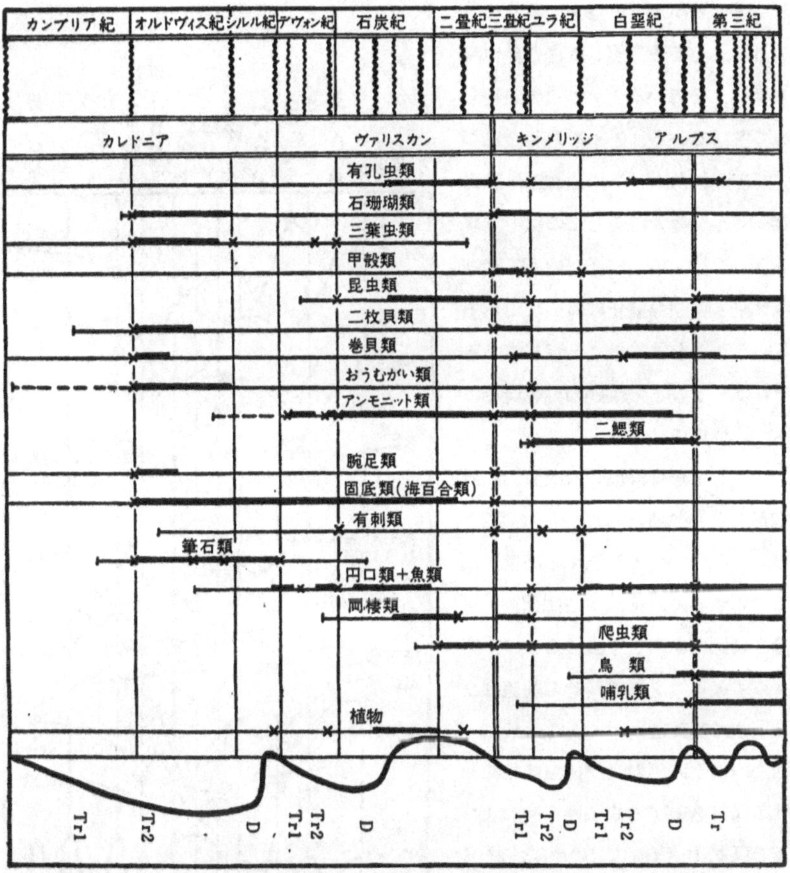

第59図　シンデウォルフによる生物界の進化. 1950. ×印は重要な事件すなわち系統樹の消滅と出現とを示している. 太い線は繁栄期に相当する. 下の曲線は造陸運動の動揺を示している. 海進時相(Tr 1 と Tr 2)と大輪廻の関係がわかる. 上の波線は造構時相をあらわす.

進時相 I/II に生じ, 同様にアンモニットの出現は先ヴァリスカン輪廻の海進時相 I (早期デヴォン紀)に生じ, また六射さんごの出現(二畳/三畳紀)と三畳/ユラ紀過渡期におけるアンモニットの変形は先キンメリッジ輪廻の海進時相 I/II に生じており, けっしてシンデウォルフのいっているように, 海退時相ないし陸地顕現の時相に生じたのではない.

それとまったく同様に新しい属の全体に対する関係数を変異性の尺度と認めている

ニューウェルの図的表現（第60図）からは，その最高値が輪廻の分化時期にあたっているということが明らかにされている．とくに海百合について描かれたムーアの曲線は，進化の多様性が極大に達したのは中期ゴトランド紀・早期石炭紀中期・晩期ユラ紀・晩期白堊紀においてであるということをはっきりと示している．それはちょうど大輪廻の分化時相にあたっている．

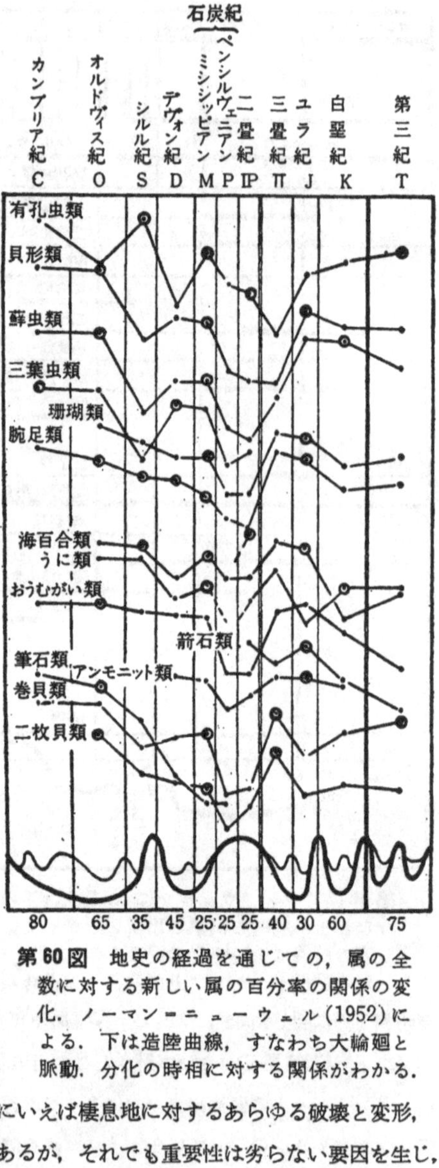

第60図　地史の経過を通じての，属の全数に対する新しい属の百分率の関係の変化．ノーマン＝ニューウェル（1952）による．下は造陸曲線，すなわち大輪廻と脈動．分化の時相に対する関係がわかる．

こうして無脊椎動物のばあいに対応が考えられるならば，その原因そのものについても研究する必要がある．もちろん，それが造山運動と直接の関係があると主張するのは，素朴にすぎるであろう．その関係はひじょうに複雑なものである．マグマ活動の初生時相および後生時相における触媒としての火山性溶液およびガス（Fe, B, CO_2, Cl）の供給，フリッシュおよびモラッスという特殊な棲息域 Biotop の拡張をともなう地向斜の圧縮，新しい深海域の形成をともなう地向斜の再生作用，陸棚と深海との再配置または新大陸の形成作用としての造陸運動，すなわち簡単にいえば棲息地に対するあらゆる破壊と変形，気候その他多くのものが，間接的ではあるが，それでも重要性は劣らない要因を生じ，それが生物界の生活条件をも支配するのである．好都合な地理的条件と気候的条件の組合せを考えなければ，たとえばデヴォン紀の旧赤色大陸 Oldred-Kontinent の河口地域における魚類と四足動物 Tetrapoden の進化も，晩期石炭紀におけるヴァリスカン山地の縁辺凹地における植物界のおびただしい発展も，ともに理解できないであろう．

もちろん，そのような対応があるからといって，生物界においても進化速度が増大したかどうかということに対してはなにも明言されているわけではない．1947年に私は，私が1935年に立てた仮定とは反対に，この問題を無条件には肯定しないということを強調しておいた．その限りにおいては，この問題では私はシンデウォルフの意見に近づいている．ただしそれはまったく異なった根拠によるのである．まずとくに，われわれが進化速度ということばで理解しているものを正確に定義しなければならない．われわれが理論の基礎として，シンデウォルフにならって新しい種の突然発生をとるか，または無数の種と属のなかの分化作用をとるかに従って，結果はいろいろと異なるのである．さらに私にとっては，種や属の生存期間を進化の加速度の尺度として引用することはほとんど不可能に思われる．とくに個々の動物系統の内部における平均生存期間というものは，短命および長命の属が同時に出現するようなばあいには，完全に無意味である．有孔虫のばあいに二三の属が全生代を通じて存続するが，他方では新期古生代の紡錘虫や古第三紀のヌンムリットのように異常に早く変異するものがあることを考えるならば，“7100万年という平均生存期間”ということは，けっして実際的価値をもってはいない．

むしろ進化速度は系統進化の個々の時相において変化し，したがってある意味では輪廻的にさえ経過するという印象をうける．そうすると，生物進化には，定方向の直線的成分のほかに輪廻的成分もあることになり，それは進化速度を規定するものであり，おそらく無機的要因に関係しているであろう．しかしその関係は間接的なものにすぎず，生物的効果はおそらく強度がある一定の限界値にまで増大した時にはじめて期待しうるのであるから，生物の進化過程の一般的な加速度という意味においての模写関係は，けっして必然的に生じなければならないものではない．有機界の過程では定方向の成分は輪廻的な成分よりも優勢であり，無機界の過程では逆である．生命のエネルギーも環境もそれだけでは進化過程にとって決定的なものでなく，両者の間の緊張状態だけが決定的なのである．

5. 最近の文献

S. v. BUBNOFF: Das Alter der Erde und der Gang der Erdgeschichte. Naturwiss. 23, 1935.（地球の年代と地史の歩み）

同上: Rhythmen, Zyklen und Zeitrechnung in der Geologie. Geol. Rdsch. 35, 1947.（地質学における律動，輪廻および時代算定）

同上: Osteuropa und die Zyklische Gliederung der Erdgeschichte. Geol. Rdsch. 37, 1949.（東欧州と地史の輪廻による区分）

同上: Die Geschwindigkeit der Sedimentation und ihr endogener Antrieb. Miscell. acad. berol. Berlin, 1950.（堆積作用の速度とその内的誘因）

J. GILLULY: Distribution of mountain building in geologic time. Bull. Geol. Soc. Am. 60, 1949.（地質時代における造山運動の分布）

同上: Reply to discussion by Hans STILLE. Geol. Rdsch. 38, 1950.（シュティレの議論への回答）

R. C. MOORE: Evolution rates among crinoids. Journal of palaeontology. Vol. 26, Nr. 3, 1952.（海百合の進化速度）

N. D. NEWELL: Periodicity in invertebrate evolution.（無脊椎動物の進化における週期性）同誌.

K. KREJCJ-GRAF: Über die Phasen der Gebirgsbildung. Geol. Rdsch. 38, 1950.（造山運動の時相について）

O. H. SCHINDEWOLF: Der Zeitfaktor in der Geologie und Palaeontologie. Stuttgart, 1950.（地質学と古生物学における時間の要素）

W. SIMON: Zeitmarken der Erde. Braunschweig, 1948.（地球の時間単位）

G. G. SIMPSON: Tempo and mode of evolution. Columbia Univers. Press. New York, 1947（2版）.（進化の速度と様式）

同上: Periodicity in vertebrate evolution. Journal of palaeontology, Vol. 26, Nr. 3, 1952.（脊椎動物の進化における週期性）

H. STILLE: Bemerkungen zu James GILLULYs "Distribution of mountain building in geologic time". Geol. Rdsch. 38, 1950.（ギラリーの論文に関する覚書）

同上: Nochmals die Frage der Episodizität und Gleichzeitigkeit der orogenen Vorgänge. Geol. Rdsch. 38, 1950.（再び，造山作用の插話性と同時性の問題について）

H. u. G. TERMIER: La paléobiologie, fil conducteur de l'histoire de la terre. Revue scientifique Paris, 1952. (地史の手引としての古動物学)

同上: Histoire géologique de la biosphère. Paris, 1952. (生物圏の地史)

J. H. F. UMBGROVE: The Pulse of the earth. 2. Aufl. Haag. 1947. (地球の脈動)

E. WEGMANN: Diskontinuität und Kontinuität in der Erdgeschichte. Geol. Rdsch. 38, 1950. (地史における非連続性と連続性)

事項索引

＊は主要頁だけをあげて他は省略したことを示す

キ

ク

ケ

サ

シ

ス

セ

ソ

タ

チ

テ

ト

ナ

ニ

地名索引

オ

カ

キ

ク

ケ

コ

サ

シ

ヒ

フ

ヘ

ホ

人名索引

地質学の基礎

1959年 4月20日 第1刷発行©

¥ 750

訳 者 湊 正 雄
小 笠 原 謙 三

東京都千代田区神田一ツ橋2ノ3
発行者 岩 波 雄 二 郎

東京都品川区大井寺下町1430
印刷者 小 田 茂 作

発行所 東京都千代田区 神田一ツ橋2ノ3 株式会社 岩 波 書 店

落丁本・乱丁本はお取替いたします 東光印刷・松岳社製本

FSC
www.fsc.org
MIX
Papier | Fördert
gute Waldnutzung
FSC® C083411

Kolibri 360 GmbH
Ferdinand-Jühlke-Straße 7
99095 Erfurt, Deutschland
produktsicherheit@kolibri360.de